辽宁省优秀自然科学著作

经济林病虫害防治指南

栾庆书　王琴　王建军　姜旭　主编

辽宁科学技术出版社

沈　阳

图书在版编目（CIP）数据

经济林病虫害防治指南/栾庆书等主编. —沈阳：辽宁
科学技术出版社，2018.11
（辽宁省优秀自然科学著作）
ISBN 978-7-5591-0939-2

Ⅰ.①经… Ⅱ.①栾… Ⅲ.①经济林—病虫害防治—
指南 Ⅳ.①S763-62

中国版本图书馆 CIP 数据核字（2018）第 208137 号

出版发行：辽宁科学技术出版社
　　　　　（地址：沈阳市和平区十一纬路 25 号　邮编：110003）
印　刷　者：辽宁新华印务有限公司
幅面尺寸：185 mm×260 mm
印　　张：23
插　　页：4
字　　数：510 千字
出版时间：2018 年 11 月第 1 版
印刷时间：2018 年 11 月第 1 次印刷
责任编辑：陈广鹏　郑　红　王玉宝
封面设计：李　嵘
责任校对：尹　昭　王春茹

书　　号：ISBN 978-7-5591-0939-2
定　　价：220.00 元

联系电话：024-23280036
邮购热线：024-23284502
http://www.lnkj.com.cn

本书编委会

主　　编：栾庆书　王　琴　王建军　姜　旭
副 主 编：金若忠　云丽丽　赵润林　赵瑞兴　刘　军　王敏慧
摄影作者：姜　旭　栾庆书　韩国生　迟成刚　胡忠义　高拓新
　　　　　马云波

编　　委：（以姓氏笔画为序）

于砚溪	于恩娜	马云波	马纪红	王一陶	王　玲
王　铮	王　微	王柏军	王敬贤	王熙宁	毛海辉
孔漫雪	兰　鹏	左玲瑞	冯　凯	白玉芬	白宏彪
白慧敏	冉亚丽	齐国华	吕　军	吕树成	吕琳丽
纪万辉	纪　爽	刘　杰	刘秀英	刘尚东	刘　穆
曲　杨	任立学	汤智馥	闫殿利	关维玲	吴海山
杜　勇	苏　颖	迟成刚	陈绍凯	李伟国	李连海
李春悦	杨云博	张连生	张伟一	张伟岩	张树海
张铁利	张海涛	张　莹	张恩伟	张黎黎	孟晓林
范大庆	周亚星	周林生	庞洪涛	胡　岩	胡万金
娄　杰	赵文刚	赵宝忠	赵　海	赵　勇	赵博文
姜兆勇	夏　天	高　纯	高　源	郭翠萍	海玉河
徐　华	徐艳梅	姚秀仕	曹文耀	梁立明	黄锦志
董小波	曾　辉	谭丽娟	潘　兴	鞠秀芝	

前　言

　　近年来，随着辽宁省千万亩经济林建设工程的实施，榛子、核桃、板栗等特色经济林产业在辽宁省迅猛发展，成为农民脱贫致富的有效途径。但是随着经济林面积的不断扩大，病虫害的发生也日益严重，危害种类和面积不断增加，导致减产，质量下降，效益降低。

　　由于受知识水平和技术能力的限制，在生产过程中发生病虫害时，林农往往不知如何有效防治或盲目使用高毒、高残留的农药进行防治，造成防治效果不佳，并使环境受到污染，经济林产品农药残留超标，对这一产业的发展造成严重威胁，如不加以改进，必将严重影响产业的健康和可持续发展。

　　针对这种情况，2015年在辽宁省林业厅有关部门和单位的倡导和资助下，辽宁省林业科学研究院成立了"辽宁省退耕还林经济林病虫害无公害防治指南"编写组，围绕辽宁省构建的榛子，"两杏一枣"，核桃，红松果仁，板栗，文冠果和沙棘，刺龙芽和刺五加，苹果、梨、葡萄、桃等水果，树莓和蓝莓小浆果，核桃楸果材等10大经济林产业带，24种主要经济林树种，开展病虫害无公害防治调研工作，提出各个树种的主要病虫害种类、危害特征、发生危害规律及其防治方法，建立相应的图谱，旨在形成一套生态与生物防治优先、兼顾物理防治、规范化学防治，将无公害防治理念贯穿于经济林建设全过程的技术策略和措施，以指导林农科学防治，实现从源头生产安全高效益的经济林产品的目的，为推进千万亩经济林工程建设和林农脱贫致富保驾护航。

　　编写组在辽宁省范围对经济林病虫害发生和防治情况进行了全面系统的调查，获得大量的生态照片，并结合以往的研究工作成果，有针对性地开展了防治试验等研究工作。同时查阅了大量的相关资料，在此基础上进行了指南的编写工作。

　　本指南将24种树种划分为4大类。对于每种病虫，按照分布与危害、寄主、病原、发生规律或生物学特性、防治方法等进行阐述。

　　编写组分工如下：栾庆书教授负责第1~3章及全部原生态图选配，姜旭工程师负责第4~6章，王琴副教授负责第7~12章，云丽丽教授、栾庆书教授负责第13~16章，金若忠教授、栾庆书教授负责第17~20章，王建军工程师负责第21~24章及病虫索引。全书由栾庆书教授统稿，姜旭工程师编排，栾庆书教授、王琴副教授、王建军工程师校对全部文稿。

　　由于时间紧，编写组在野外调查时未能将病虫所有发生阶段的特征全部发现，拍摄的原生态照片不够全面。但本溪市、朝阳市、阜新市等地的森防技术人员提供了多年积累的相关照片，弥补了不足。尽管如此，本书仍少量引用了文献中的照片，极少量照片，未能联系上作者，待出版后请与本书主编联系。

　　本书的编写也得益于编写组承担4个相关项目，分别是辽宁省科学事业公益研究基金"核桃楸大蚕蛾无公害防治技术研究"（2013002007）、辽宁省自然科学基金项目"辽宁省小浆果经济林主要病害及其综合防控技术研究"（20180550734）、"五加肖个木虱生物学特性及无公害防治技术"（20180550697）和辽宁省百千万人才工程资助项目"软枣猕猴桃茎腐病发生规律及综合防控技术研究"（2018921037）。在此一并表示感谢。

　　在编写本书过程中聘请了辽宁省林业有害生物防治检疫局韩国生教授审稿，他提出了许多宝贵意见。同时，得到辽宁省林业科学研究院领导的关心、各市森防部门及机关林业部门的支持。辽宁省林学会、辽宁省科学技术协会、辽宁科学技术出版社为本书早日面世而竭尽全力，在此深表谢意。

　　本书共编入主要虫害90种、主要病害95种。选取病害图片218张，虫害图片263张。

　　本书可指导林农实际生产、病虫害防治，也可为科研、教学等单位提供参考。因水平有限，时间仓促，书中错误在所难免，敬请同仁多提宝贵意见。

编者

2018年5月

目　录

1 苹果病虫害

1.1 苹果病害

1.1.1 苹果轮纹病 *Botryosphaeria dothidea*（Moug. ex Fr.）Ces. et de Not.

分布与危害

又称烂果病、粗皮病。辽宁主要分布于本溪、阜新、朝阳、营口等；国内分布于苹果主产区；日本、朝鲜也有分布。该病是苹果枝干和果实重要病害之一。对果品生产造成重大威胁，近年有蔓延加重趋势。

寄主

苹果、梨、杏、山楂、李子、桃、枣、海棠等。

症状

主要为害枝干和果实。枝干受害，在皮孔上形成直径为 3~30mm 的圆形或扁圆形瘤状物，红褐色，中心突起，边缘龟裂，边缘龟裂与健康组织形成一道环沟。翌年病斑中间生黑色小粒点，即分生孢子器。严重时病害组织翘起如马鞍状，许多病斑连在一起，使表皮粗糙。果实受害，在成熟期或贮藏期，主要以皮孔为中心生成水渍状褐色小斑点，以此形成同心轮纹状，向四周蔓延，呈淡褐色或褐色，并有黏液溢出。整个果实软腐，表面形成许多黑色小粒点，即分生孢子器。烂果多汁，有酸臭味。叶片受害，产生 5~15mm 近圆形同心轮纹状褐色或不规则褐色病斑，渐变为灰白色并生小黑点，病斑多时叶片干枯早落。

病原

轮纹病病原是葡萄座腔菌 *Botryosphaeria dothidea*（Moug. ex Fr.）Ces. et de Not. 和粗皮葡萄座腔菌 *B. kuwatsukai*（Hara）G. Y. Sun & E. Tanaka，属子囊菌。

发病规律

病菌以菌丝体、分生孢子器及子囊壳在被害枝干上越冬，为翌年初次侵染和连续侵染的主要菌源。7—8月孢子散发，随雨水传播，从皮孔侵入果实和枝干，冻害、修剪、嫁接等造成的伤口，使病菌更易侵入。侵染后表现出明显的潜伏侵染特性。枝干病组织中的菌丝体可存活4~5年，其中前3年能形成大量分生孢子。轮纹病菌侵染果实时，侵入皮孔后菌丝扩展受抑制，潜伏在皮孔周围组织中。4月下旬苹果谢花后、幼果茸毛脱落后及6月初至7月中旬果实迅速膨大、皮孔变大时，为苹果轮纹病的侵染高峰，且潜伏期相对较长，达80~150天，晚期侵入为18天左右。在高纬度的辽宁地区，病菌侵染盛期在6月下旬至8月中旬，高峰期在7月上旬至8月上旬。菌丝侵入成熟果实，会造成细胞质变性和细胞器破坏。

防治方法

（1）铲除越冬菌源。休眠期通过清园，刮除病斑、病皮等措施，认真清除越冬菌源。

（2）刮除病瘤后涂药。50%多菌灵可湿性粉剂50~100倍液、5%安素菌毒清50倍液。用苹腐速克灵3~5倍液直接涂病瘤，不刮除。树发芽前喷铲除性药剂3~5波美度石硫合剂、35%轮纹铲除剂50~100倍液、腐必清50倍液、苹腐速克灵200倍液。

（3）4月中旬至6月中旬，应用0.4%低聚糖素800倍液于发病初期每隔10天左右喷施1次，共5次，并与波尔多液交替使用；也可使用保护性杀菌剂和内吸性治疗剂，如甲托、三唑类、嘧菌酯。落花后10天左右，喷50%多菌灵800倍液、50%克菌丹500倍液，每隔30天喷1次。或喷施1：3：220波尔多液、70%甲基硫菌灵可湿性粉剂等。对不套袋的果实，交替使用石灰倍量式波尔多液200倍液、80%喷克可湿性粉剂800倍液、40%多锰锌可湿性粉剂600~800倍液等。对套袋果实，谢花后即喷80%喷克或80%大生M-45等，套袋前果园应喷一遍甲基硫菌灵等杀菌剂，待药液干燥后即可套袋。

（4）6月下旬至8月下旬，果实膨大期是轮纹病的多发期，交替使用70%甲基托布津800倍液、50%多菌灵1000倍液、50%退菌特600~800倍液、1：2：200波尔多液等，施药间隔10~15天为宜。

（5）9—10月摘除病果深埋。果实脱袋后若有大量病原菌，则喷1~2次喷克、甲基硫菌灵、大生M-45等。贮运前严格剔除病损果。枝干涂5波美度石硫合剂+硅石粉剂（10：4），控制枝干轮纹病。

（6）合理修剪，保持枝果比为（5~6）：1；对于盛果期大树，树高应保持在2.8~3m，主枝4~6个，使树体内相对光强稳定在40%~50%；平衡施肥，在秋施基肥的基础上，生长期追肥和叶面喷肥。另外，施肥水平比正常量增加0.5或0.75倍，有利于减轻轮纹病的发生，而且产量显著增加。

苹果轮纹病为害叶部

苹果轮纹病为害果实

参考文献

［1］孙广宇. 我国苹果轮纹病由两种主要病原引起［J］. 果农之友，2017（03）：35.

［2］张成玲，张田田，路兴涛，等. 10 种杀菌剂对苹果轮纹病菌和炭疽病菌毒力测定的研究［J］. 中国农学通报，2012，28（27）：236-240.

［3］顾雪迎，王洪凯，郭庆元. 苹果、梨轮纹病研究进展［J］. 浙江农业科学，2015，56（8）：1242-1246.

［4］董朝治. 苹果轮纹病发病规律及综合防治［J］. 山西果树，2015（1）：12-14.

［5］范春荣. 苹果轮纹病的防治［J］. 北方果树，2015（1）：44.

［6］李军帅. 苹果轮纹病综合防控技术［J］. 西北园艺，2012，8：33-34.

1.1.2　苹果早期落叶病 *Alternaria mali* Roberts

分布与危害

　　是几种能够引起苹果树早期落叶的病害的总称，主要包括苹果斑点落叶病、苹果褐斑病、苹果灰斑病和苹果圆斑病等。辽宁以及国内分布于苹果产区，其中以苹果斑点落叶病、苹果褐斑病危害最重。苹果树受害后，引起早期落叶，严重削弱树势，甚至使越冬芽萌发和造成二次开花，对翌年的产量影响较大。

寄主

苹果、梨、山楂、李子、贴梗海棠等。

症状

斑点落叶病：主要为害叶片，也可为害嫩枝及果实。叶片发病后，初期为褐色小点，后逐渐扩大为红褐色病斑，边缘为紫褐色。天气潮湿时病部正反面均可见墨绿色霉状物。发病中后期，病斑变成灰色。有的病斑可扩大为不规则形，有的病斑则破裂成穿孔。展叶 20 天内的嫩叶最易受害，在高温多雨季节病斑扩展迅速，常使叶片焦枯脱落。往往造成苹果树在 8、9 月即开始大量提前落叶，严重影响果树树势、苹果质量与产量。

褐斑病：病斑有 3 种类型：①同心轮纹型。中心为暗褐色，四周为黄色，病斑周围有绿色晕环，在病斑中出现黑色小点，呈同心轮纹状。叶背为暗褐色，四周为浅褐色，无明显边缘。②针芒型。病斑似针芒状向外扩展，无一定边缘，上散生小黑点。病斑小，但数量多，常遍布叶片。后期叶片渐黄，病斑周围及背部保持绿褐色。③混合型。病斑很大，近圆形或不规则形，上生小黑粒点，但不呈明显的同心轮纹状。病斑暗褐色，后期中心为灰白色，边缘有的仍呈绿色。这 3 种类型病斑的共同特点是后期叶片变黄，病斑周围仍保持绿色，形成绿色晕圈，病叶易早期脱落，尤其风雨后。

灰斑病：病斑呈圆形或近圆形，黄褐色，初生病斑四周有时有紫红色晕环。后病斑变成灰白色、灰褐色或深褐色，其上散生黑色小粒点。病叶一般不会变黄脱落，但受害严重叶片可出现焦枯现象。

圆斑病：枝梢与叶柄病斑卵圆形，淡褐至紫色；果实染病后，果面产生暗褐色、不规则形的稍突起病斑，其上有黑色小点，病组织坏死硬化。

病原

斑点落叶病：病原菌为苹果链格孢 *Alternaria mali* Roberts，属半知菌，交链孢科，交链孢属。

褐斑病：病原菌有性态为苹果双壳 *Diplocarpon mali* Harada et Sawamura，属子囊菌门真菌，无性世代称苹果盘二孢 *Marssonina coronaria*（Ellis et Davis）Davis，属半知菌，黑盘孢目，黑盘孢科，盘二孢属。

灰斑病：病原菌为梨叶点霉菌 *Phyllosticta pirina* Sacc.，属半知菌，球壳孢目，球壳孢科，叶点霉属。

圆斑病：病原菌为孤生叶点霉菌 *Phyllosticta solitaria* Ellis & Everh.，属半知菌。

发病规律

斑点落叶病：以菌丝在受害叶、枝条或芽鳞中越冬，翌春产生分生孢子，随气流、风雨传播，从气孔侵入进行初侵染。叶龄 20 天内的嫩叶易受侵染，30 天以上叶不再感病。分生孢子 1 年有两个活动高峰：第 1 高峰从 5 月上旬至 6 月中旬，导致春秋梢和叶片大量染病，严重时造成落叶；第 2 高峰在 9 月，可再次加重秋梢发病的严重度，造成大量落叶。品种以红星、玫瑰红、元帅系列易感病；富士系列、乔纳金、鸡冠等发生较轻。

褐斑病：病害的发生与多种条件关系密切：①降雨和温度。冬暖潮湿、春雨早大、夏雨连绵、秋雨较多的年份，发病早且重。在较高温度下，病害潜育期短，扩展迅速。②栽培条件：管理不善、地势低洼、排水不良，造成树势衰弱，发病重。③叶龄与叶位：叶龄 35 天之内的容易感病，11～25 天叶龄的最易染病，36 天以上的基本不再被侵染。当年结果枝上的叶片发病率较非结果枝上的高。树冠内膛下部叶片易发病。④品种抗病性：红玉、红星、印度、金冠、富士、北斗、元帅易感病，祝光、国光、鸡冠、倭锦、青香蕉等发病轻，小国光、黄魁抗病。

灰斑病：春季环境条件适宜时，产生分生孢子，随风雨传播。北方果区 5 月中下旬开始发病，7—8 月为发病盛期。一般在秋季发病较多，为害也较重。国光品种易感病。

圆斑病：病菌以菌丝体或分生孢子器在病枝上越冬，翌年产生分生孢子，借风雨传播蔓延，进行初侵染和再侵染。此病多在气温低时发生，黄河流域 4 月下旬至 5 月上旬始见，5 月中下旬进入盛期，一直可延续到 10 月中下旬。该病发生与果园管理情况、树势强弱、种植品种有关。果园管理跟不上，树势弱，发病重。倭锦、国光、红玉等品种易感病。

防治方法

（1）农业防治。改良土壤，科学施肥，合理修剪，改善通风透光条件。

（2）清除病源。春季彻底清扫落叶，并集中烧毁，减少病源基数。

（3）化学防治。早期落叶病防治必须及早。花序分离期喷 70% 安泰生 800 倍液有较好的预防效果；落花后 7～10 天树上喷 80% 大生 M-45 可湿性粉剂 800 倍液、68.75% 易保水分散粒剂 1200 倍液、10% 农抗 120 可湿性粉剂 800 倍液；套袋前（6 月上旬）再喷一次，套袋后（7 月上旬）用锌铜波尔多液（石灰 1～1.5kg，硫酸铜 0.5～0.25kg，硫酸锌 0.15～0.25kg，水 100kg），保护叶片。8 月进入雨季后，再喷一次 5000～7000 倍液的好力克铲除性杀菌剂。

斑点落叶病引起梨叶破裂穿孔

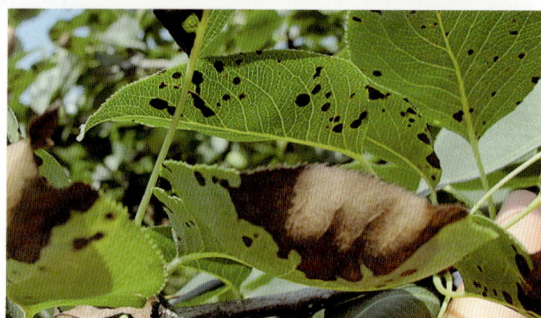

苹果早期落叶病

参考文献

[1] 董向丽，高月娥，李保华，等. 苹果褐斑病在山东半岛中部的周年流行动态 [J]. 中国农业

科学，2015，48（03）：479-487.

［2］张彩霞、陈莹、李壮，等. 苹果斑点落叶病致病菌的鉴定及生物学特性研究［J］. 生物技术，2011，21（04）：58-61.

［3］黄园. 苹果褐斑病病原多样性及品种抗病性鉴定研究［D］. 杨凌：西北农林科技大学，2011.

［4］董向丽、罗丽、王彩霞，等. 苹果褐斑病的治疗药剂及有效施药时期研究［J］. 中国农学通报，2009，25（06）：190-194.

［5］李东鸿、赵政阳、赵惠燕，等. 苹果早期落叶病发病规律与药剂防治研究［J］. 西北农林科技大学学报（自然科学版），2005（05）：76-80.

1.1.3　苹果树腐烂病 *Valsa mali* Miyabe et Yamada

分布与危害

又称为烂皮病、串湿病、臭皮病等，辽宁以及国内分布于苹果产区，是严重威胁苹果生产的一种毁灭性病害，是威胁苹果生产的三大病害（苹果树腐烂病、苹果早期落叶病、苹果轮纹病）之首。

寄主

除了为害苹果外，还可侵染沙果和山荆子等苹果属植物。

症状

主要为害苹果树的主干、主枝和侧枝，也为害果实，不同的受害部位表现出不同的症状。枝干受害，表现为溃疡型和枝枯型两种症状，其中以溃疡型为主。

溃疡型：病部呈红褐色，水渍状，略隆起，病组织松软腐烂，形状多为梭形和椭圆形，当用力挤压时常流出黄褐色汁液，有酒糟味。后期干缩，下陷，病部有明显的小黑点（即分生孢子器），遇到阴雨天气或环境潮湿时，从小黑点中涌出1条橘黄色卷须状物即为分生孢子角，条件适宜的时候释放分生孢子。

枝枯型：多发生在5年生以下的小枝、果台、干桩等部位，每年春季在新梢和剪锯口常见该类型病症的发生，小枝上的病部迅速扩张失水，病部不呈湿腐状，不呈水渍状，迅速失水干枯造成全枝枯死，上生黑色小粒点，在雨水过后生长环境潮湿时，会溢出黄色卷曲物的分生孢子角并释放分生孢子，成为苹果树腐烂病的初侵染源。

果实受害时，其受害部位表现出与溃疡型和枝枯型不一样的症状，病部产生边缘清晰的圆形或不规则的红褐色轮纹，红褐色和黄褐色的轮纹状相互交替向外扩展。一定时间后，果肉变软腐烂并带有酒糟味，病果皮易分离。

病原

苹果黑腐皮壳菌 *Valsa mali* Miyabe et Yamada，属子囊菌亚门真菌。无性世代为

Cytospora mandshurica Miura，称苹果干腐烂壳蕉孢菌，属半知菌亚门真菌。

发病规律

腐烂病病菌一般在病皮内越冬，春季产生孢子，随风雨传播，经伤口入侵。病菌具有潜伏侵染的特点。春季3—5月和秋季7—8月开始发病，早春是发病的高峰季节。晚春后抗病力增强，发病锐减。病害的发生发展与树势的强弱、伤口数目、愈伤能力等有密切关系，管理粗放、结果过多的衰弱树易感病。周期性冻害和日灼也使病害发生。

防治方法

（1）落叶后进行枝干涂白，防病、防冻害和日灼。初冬对表皮新发病斑宜用甲基硫菌灵糊剂（金枝）原膏涂抹，以形成一层保护膜；刮除粗翘皮后及时涂药。结合修剪去病枝集中烧毁。在剪口截面上涂农用链霉素或甲基托布津50倍液。

（2）落叶后发芽前用药物喷施树体。萌芽前再进行一次彻底清园，集中清除残枝、烂叶，树上喷一次5~8波美度石硫合剂，或用1：1：100波尔多液、农用链霉素100mg/kg（10%农抗120水剂1000~1200倍液）、1.5%多抗霉素1000倍液、5%菌毒清400~500倍液等整株喷施。对病疤刮治后可分别用菌毒清50倍液、代森胺（施纳宁）200倍液、过氧乙酸5倍液涂抹，7~10天后再涂抹一次，后用黄泥巴涂抹1~2cm厚，外部再用塑膜包扎严实，一般2~3个月后开始产生愈伤组织。萌芽后再喷一次0.3~0.5波美度石硫合剂。

（3）生长季随时检查刮治的病疤并及时涂药。病疤较小的应采用药泥涂抹，病疤较大的应通过桥接。夏季涂干应以辛菌胺醋酸盐（碧康）和代森胺（施纳宁）水剂50倍液为主。6—7月雨水集中期，树体皮层形成期用0.3~0.5波美度石硫合剂、10%农抗120水剂100倍液或1.5%多抗霉素50倍液涂刷主干、主枝和枝杈部位。果实采收后用43%好力克（戊唑醇）500倍液喷雾。

苹果腐烂病

参考文献

[1] 豆秀英，张秋红，郭彬芳，等. 渭北旱塬苹果树腐烂病发生因素与综合防治调查报告 [J]. 果农之友，2015（3）：35-36.

[2] 王亚红，杜君梅，崔俊锋，等. 苹果树腐烂病全生育期药剂防治技术研究 [J]. 陕西农业科学，2013（5）：83-84.

[3] 肖云学. 苹果树腐烂病发生的影响因素及防治研究 [D]. 杨凌：西北农林科技大学，2009.

[4] 袁丽红. 苹果腐烂病发生原因及综合防治对策 [J]. 瓜果蔬菜，2015，450（1）：43-45.

[5] 李志强，谢超杰. 苹果腐烂病发病规律及防治技术 [J]. 河北果树，2015（1）：13.

1.1.4　苹果白粉病 *Podosphaera leucotricha*（Ell. et Ev.）Salm.

分布与危害

辽宁以及国内分布于苹果各产区。可削弱树势，严重时果树绝收。

寄主

除为害苹果外，还为害梨、沙果、海棠、槟子和山定子等，对山定子实生苗、小苹果类的槟沙果、海棠和苹果中的倭锦、祝光、红玉、国光等品种为害重。

症状

病菌主要为害新梢、嫩芽、叶、花、幼果及休眠芽。苹果白粉病是一种外寄生菌，被害后寄主表面白粉状物是菌丝和分生孢子。病部满布白粉是此病的主要特征。幼苗被害，叶片及嫩茎上产生灰白色斑块，发病严重时叶片萎缩、卷曲、变褐、枯死，后期病部长出密集的小黑点。大树被害，芽干瘪尖瘦，春季发芽晚，节间短，病叶狭长，质硬而脆，叶缘上卷，直立不伸展，新梢满覆白粉。生长期健叶被害则凹凸不平，叶绿素浓淡不匀，病叶皱缩扭曲，甚至枯死。花芽被害则花变形，花瓣狭长、萎缩。幼果被害，果顶产生白粉斑，后形成锈斑。

病原

白叉丝单囊壳 *Podosphaera leucotricha*（Ell. et Ev.）Salm.，属于子囊菌亚门核菌纲白粉菌目。无性阶段 *Oidium* sp.，为半知菌。

发病规律

病菌主要以菌丝潜伏在芽鳞或鳞片间越冬，越冬菌丝在苹果春季萌发时产生分生孢子，孢子借气流传播侵入新梢，并在花后1月内集中侵害嫩芽、嫩叶和幼果，每年4—6月为发病盛期，7—8月高温发病缓慢，8月底再度在秋梢上蔓延，9月后又逐渐衰退。在1年中病害发生的这2个高峰期完全与苹果树的新梢生长期相吻合。白粉菌是专化性强的严格寄生菌。果园偏施氮肥或钾肥不足、种植过密、土壤黏重、积水过多，发病重。

防治方法

（1）农业防治。休眠期冬季修剪，去除病芽，早春萌芽后至开花前复剪。

（2）化学防治。生长期喷药，春季开花前嫩芽刚破绽时，喷洒 1 波美度石硫合剂，或喷洒 15%粉锈宁 1000 倍液。开花 10 天后，结合防治其他病虫害，再喷药 1 次。发病重时，花后可连喷 2 次 25%粉锈宁 1500 倍液或 6%乐必耕 1000 倍液。

苹果白粉病

参考文献

［1］段淋渊，周军，王大玮，等. 苹果白粉病危害防治及抗性资源研究进展［J］. 西南林业大学学报，2015（35）5：104−109.

1.1.5　苹果锈病 *Gymnosporangium yamadai* Miyabe

分布与危害

又名赤星病，辽宁分布于本溪、阜新、朝阳、营口等新栽种区与产区；国内分布于北方果区各地。对苹果叶片为害大，造成病叶变黄，出现丛毛状物，发生严重时，可引起早期落叶，削弱树势，果实畸形早落。

寄主

苹果、大枣、梨等，它的转主寄主有：针叶型柏树。

症状

此病主要为害叶片，也能为害嫩枝、幼果和果柄，还可为害转主寄主桧柏。初患病时叶片正面出现油亮的橘红色小斑点，逐渐扩大，形成圆形橙黄色的病斑，边缘红色。发病严重时，一张叶片出现几十个病斑。发病 1~2 周后，病斑表面密生鲜黄色细小点粒，即性孢子器。叶柄发病，病部橙黄色，稍隆起，多呈纺锤形，初期表面产生小点状性孢子器，后期病斑周围产生毛状的锈孢子器。新梢发病，刚开始与叶柄受害相似，后期病部凹陷、龟裂、易折断。幼果染病后，靠近萼洼附近的果面上出现近圆形病斑，初为橙黄色，后变黄褐色，直径 10~20mm。病斑表面也产生初为黄色、后变为黑色的小点粒，其后在病斑四周产生细管状的锈孢子器，病果生长停滞，病部坚硬，多呈畸形。嫩枝发病，病斑为橙黄色，梭形，局部隆起，后期病部龟裂，病枝易从病部折断。

病原

山田胶锈菌 *Gymnosporangium yamadai* Miyabe，或苹果东方胶锈菌，属担子菌亚门真菌。

发病规律

病菌需要在两类不同的寄主上完成其生活史。在苹果等寄主上产生性孢子器及锈孢子器，在针叶型桧柏转主寄主上产生冬孢子角。苹果锈病菌在桧柏上为害小枝，即以菌丝体潜伏在芽鳞、鳞片、菌瘿中越冬。翌年春天形成褐色的冬孢子角。冬孢子柄被有胶质，遇降雨或空气极潮湿时胶化膨大。冬孢子萌发产生大量担孢子，随风传播到苹果树上。锈菌侵染苹果树叶片、叶柄、果实及当年新梢等，形成性孢子器和性孢子、锈孢子器和锈孢子。锈孢子成熟后，随风传播到桧柏上，侵害桧柏枝条，以菌丝体在桧柏发病部位越冬。4—6 月是发病盛期，7—8 月温度高，发病缓慢，8 月底再度在秋梢上蔓延，9 月后又逐渐衰退。

防治方法

（1）农业防治。禁止在苹果园、梨园、山楂园等周围 10km 范围内种植柏树及建柏树苗圃，这是控制苹果锈病的根本措施。

（2）喷药保护。苹果锈病主要发生在苹果萌芽后的 60 天内，即 4—5 月，6 月中旬以后锈病菌不再侵染。对于周围有柏树，每年发病严重的苹果园，自苹果展叶期开始，每隔 10~15 天喷施 1 次代森锰锌为有效成分的杀菌剂，连喷 2~3 次。

（3）喷药治疗。锈病菌侵入苹果叶片后的 5 天内喷施内吸性杀菌剂（氟硅唑、苯醚甲环唑、三唑酮）能有效控制入侵病菌扩展与发病，喷药时期越晚，防治效果越差。或者在苹果、梨叶片刚开始发病，即出现针尖大小的红点时，立即喷施内吸性杀菌剂。

苹果锈病

苹果锈病锈孢子器

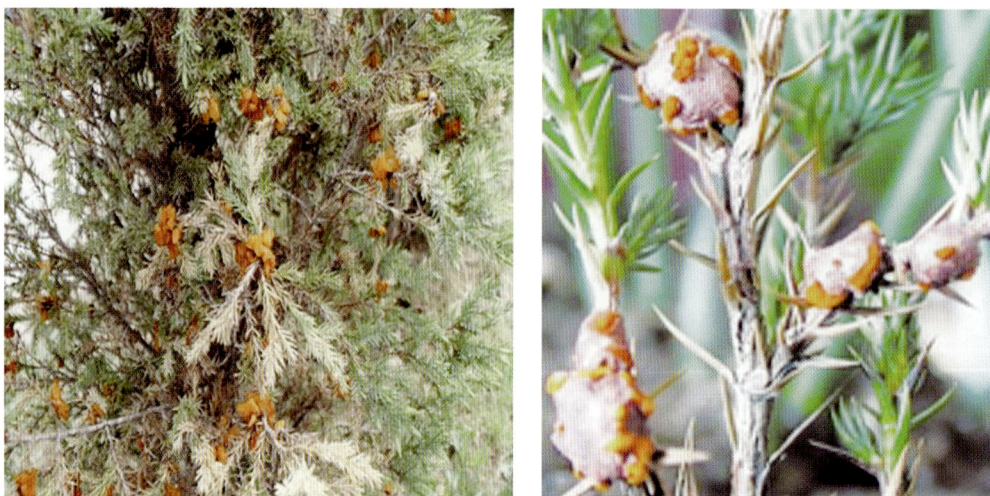

针叶型柏树上形成冬孢子角

参考文献

［1］杨俊秀，王明春. 梨、苹果锈病转主寄主的研究［J］. 西北林学院学报，1989，4（1）：44-47.

［2］董向丽，李海燕，孙丽娟，等. 苹果锈病防治药剂筛选及施药适期研究［J］. 植物保护，2013，39（2）：174-179.

［3］曹洪建，何秀丽，修明霞，等. 苹果锈病成为胶东地区苹果的重要病害［J］. 烟台果树，2008，4：52-53.

1.2 苹果虫害

1.2.1 苹果红蜘蛛 *Panonychus ulmi* Koch

分布与危害

又称苹果金爪螨、苹果叶螨、棉红蜘蛛。属蛛形纲蜱螨目叶螨科。辽宁主要分布于渤海湾沿岸锦州、营口等；在国内分布广泛，北方果区受害较重。苹果红蜘蛛吸食叶片及初萌发芽的汁液，芽严重受害后不能继续萌发而死亡；受害叶片上最初出现很多的失绿小斑点，后扩大成片，以致全叶焦黄而脱落。早期危害严重，可使苹果叶有效面积减少 15%~27%，后期危害严重，可引起提前落叶，当年果实减产，质量降低，并影响来年花芽形成。

寄主

苹果、樱花、海棠、山桃、碧桃、樱桃及红叶李、枫、榆等。

形态特征

成螨：雌体长 0.5mm，卵圆形，红色，体背隆起，表面有浅横皱纹，体背具有明显的白色瘤状突起，每个突起上生有 1 根刚毛，共 26 根呈 4 行排列。雄螨体形略小，尾端细尖，体暗红色。

卵：葱头形，顶部生有 1 根短毛，夏卵橘红色，冬卵深红色，产在 1～2 年生小枝、果枝、果台上。

若螨：冬卵孵化的幼虫橘红色，取食后暗红色；夏卵孵化的幼虫淡黄色，渐变橘红色乃至褐色，足 3 对。若螨足 4 对，体色较幼虫深。

生物学特性

1 年发生 7~9 代，以卵在树干、主侧枝粗皮缝隙、枝杈和树干附近土缝内越冬。大发生时，大枝背面数量也很多。越冬卵的孵化期与苹果的物候期有较稳定的相关性。越冬卵于 5 月初苹果花序分离时开始孵化，且较整齐，此时是药物防治的第 1 个有利时期。越冬代雌成虫于 6 月中旬盛花至落花期间发生最多。第 1 代卵量于终花时达到高峰，终花后 1 周左右是夏卵的盛孵期，此时是药剂防治的第 2 个有利时期。以后因各世代交错重叠，药剂防治困难。苹果红蜘蛛完成 1 代（从卵至成虫）需 10~14 天。苹果红蜘蛛既能两性生殖，又能单性生殖。未交配的雌虫产下的卵全部发育成雄虫，交配过的雌虫产下的卵，雌雄都有。

防治方法

化学防治。应抓住两个关键时期：①4 月上中旬杀卵（越冬卵），可用 50% 四螨嗪 3000 倍液，或 20% 螨敌 2000 倍液；②苹果落花后 15 天左右杀若螨，可用 15% 高渗哒螨灵 1000~1500 倍液，或 5% 阿维·哒乳油 3000~4000 倍液，或 57% 炔螨特乳油 1500~2000 倍液，效果良好。50% 四螨嗪是杀灭螨卵的特效药剂，苹果落花后 7 天左右，5000 倍液喷 1 次。严重发生时，在使用哒螨灵或阿维菌素时，加入 50% 四螨嗪 3000 倍液，成、若、幼螨和卵一起杀，喷药后不易反弹，有效期可维持 1 个月以上。

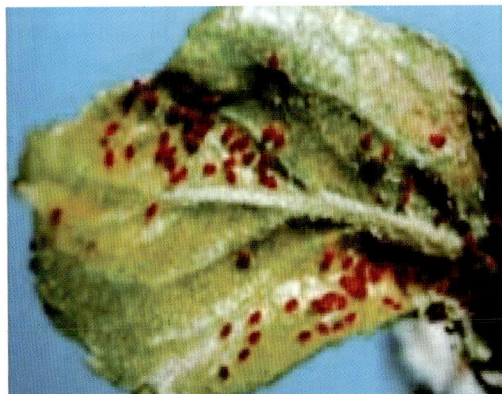

苹果红蜘蛛

参考文献

[1] 赵建戟，杨宏彬，王引娣. 苹果园应用灯板带防治害虫技术 [J]. 西北园艺，2013，12：35-36.

[2] 张慈仁. 苹果红蜘蛛的生物学观察 [J]. 昆虫学报，1974，17（4）：397-404.

1.2.2 顶梢卷叶蛾 *Spilonota lechriaspis* Meyrick

分布与危害

又称苹果顶芽卷叶蛾、拟白卷叶蛾，属鳞翅目小卷蛾科。辽宁省分布于沈阳、朝阳、阜新等；国内除华南地区外普遍分布。此虫能为害幼芽、叶片及嫩梢，常以幼虫将苗木及幼树新梢顶端几张嫩叶卷成一团，吐丝做巢，潜伏其中食害叶片，影响幼树树冠形成和结果，也使苗木发育受阻。被害新梢干枯死亡，不脱落。

寄主

苹果、海棠、山荆子、花红、榛子、洋梨和白梨等。

形态特征

成虫：体长6~8mm，全体银灰褐色。前翅前缘有数组褐色短纹；基部1/3处和中部各有一暗褐色弓形横带，后缘近臀角处有一近似三角形褐色斑，此斑在两翅合拢时并成一菱形斑纹；近外缘处从前缘至臀角间有8条黑色平行短纹。

卵：扁椭圆形，乳白色至淡黄色，半透明，长径0.7mm，短径0.5mm。散产。

幼虫：老熟时体长8~10mm，污白色，头、前胸背板和胸足均黑色；无臀栉。

蛹：长5~8mm，黄褐色，尾端有8根钩状毛。茧黄色白绒毛状，椭圆形。

生物学特性

1年发生2~3代。以幼虫在枝梢顶端干枯卷叶中越冬，少数在侧芽和叶腋间越冬。早春苹果萌芽，越冬幼虫出蛰危害嫩叶。4月中下旬逐渐转移到新梢顶部，吐丝卷缀嫩叶危害。幼虫老熟后在卷叶内作茧化蛹。1年发生3代的地区，各代成虫发生期：越冬代在5月中旬至6月末；第1代在6月下旬至7月下旬；第2代在7月下旬至8月末。1年发生2代时每雌蛾平均产卵66粒，多产在当年生枝条中部的叶片背面多绒毛处。第1代幼虫主要为害春梢，第2、3代主要为害秋梢，10月上旬以后幼虫越冬。成虫有趋光性。

防治方法

（1）人工防治。结合冬季修剪，剪除虫梢，收集烧毁，消灭越冬幼虫。在4月中下旬，认真摘除虫梢卷叶，可减轻第1代幼虫危害。

（2）药剂防治。越冬代成虫产卵盛期和各代幼虫孵化盛期喷药，药剂可用50%杀螟松乳剂1000倍液，或20%杀灭菊酯乳油4000倍液，20%好年冬乳油1500倍液，或75%辛硫磷乳剂2000~3000倍液。苹果现蕾期至开花前喷青虫菌6号1000液倍或Bt乳剂1000倍液。第1代幼虫危害期，可喷灭幼脲3号悬浮剂1000倍液。

（3）生物防治。有条件的果园，可在第1代卵盛期释放赤眼蜂。利用杀虫灯、糖醋液、性激素诱捕器等，诱捕杀成虫。

顶梢卷叶蛾幼虫　　　　　顶梢卷叶蛾为害状　　　　　顶梢卷叶蛾成虫

参考文献

［1］刘建国. 朝阳地区苗圃顶梢卷叶蛾发生规律及防治［J］. 北方果树，2014（5）：36.

［2］曹克诚，郭拴凤，王翠香. 晋中地区顶梢卷叶蛾生物学特性及其天敌［J］山西果树，1981（1）：47-48.

1.2.3　苹果小吉丁虫 *Agrilus mali* Matsumura

分布与危害

属鞘翅目吉丁虫科，辽宁分布于沈阳、朝阳、阜新；国内分布于吉林、黑龙江、河北、山西、内蒙古、山东、河南、陕西、宁夏、甘肃。幼虫在枝干皮层内蛀食，隧道内为褐色虫粪堵塞，皮层变黑、凹陷、干裂枯死。有的果园因其危害而毁园。

寄主

苹果、沙果、海棠、花红及梨、桃、杏。

形态特征

成虫：体长5.5~10mm，全体紫铜色，有金属光泽。头部短而宽，前端呈截形，翅端尖削，体似楔状。

卵：长约1mm，椭圆形，初产时乳白色，后逐渐变成黄褐色。卵产在枝条向阳面、粗糙有裂纹处。

幼虫：体长15~22mm，体扁平。头部和尾部为褐色，胸腹部乳白色。头大，大部入前胸。前胸特别宽大,中胸特小。腹部第 7 节最宽,胸足、腹足均已退化。

蛹:体长 6~10mm,纺锤形,初乳白色,羽化前紫铜色。

生物学特性

1 年发生 1 代,以 2~3 龄幼虫在枝干皮层(少数在木质部)的隧道内越冬。3 月中下旬越冬幼虫开始活动,在皮层下继续穿食为害。4—5 月越冬幼虫长大,食量增加,是为害最严重的时期,每头幼虫为害的面积常达 $14cm^2$,并且可深入到木质部。越冬幼虫在 5 月中旬至 7 月上旬老熟,蛀入木质部,做一船形的蛹室在其中化蛹,蛹期 11~16 天。羽化后需经 8~10 天才从蛹室向外咬一半圆形羽化孔脱出。成虫取食 1~3 周后才开始产卵,卵多产在枝条向阳面的粗皮缝隙中,芽的两侧或小枝条基部不光滑的地方。卵期 8~13 天。初孵幼虫只在表皮下蛀食,隧道蜿蜒,表面破裂有两排小孔,随龄期加大逐渐向皮层深处蛀食。成虫在 6 月上旬至 8 月上旬出现,盛期常在 7 月上中旬,直至 9 月上旬在田间仍可见到个别成虫。

防治方法

(1)加强检疫。苹果小吉丁虫可随苗木传播,应加强苗木出圃时的检疫工作,防止传播。

(2)人工防治。利用成虫的假死性,人工捕捉落地的成虫;清除死树,剪除虫梢,于化蛹前集中烧毁;早春和晚秋结合刮除腐烂病,仔细检查主干、主枝上的病疤边缘、老翘皮缝隙、大枝分杈处等部位,发现枝干溢出琥珀色胶滴,状似冒红油,则用刀挖幼虫或涂药防治。

(3)化学防治。可选用的药剂应以触杀作用的菊酯类为主(如 20%灭扫利乳油、2.5%功夫乳油、2.5%保得乳油 EC、20%氰戊菊酯乳油、2.5%敌杀死乳油、5%高效氯氰菊酯 EC 等),对害虫的药效表现出明显的负温度系数现象,在低温下防效较好。而且此时天敌还未出蛰,使用菊酯类农药不会造成杀伤。因害虫在皮层下为害,还需混加熏蒸剂和渗透剂,以充分发挥菊酯类农药的触杀作用。熏蒸剂可选用敌敌畏乳油,渗透剂可选用特效王等。具体配方是菊酯类农药 100 倍液+80%敌敌畏 EC+特效王,搅拌均匀后,用刷子涂抹于虫疤上,可杀死 90%以上皮层内的幼虫。在害虫为害不重时可结合防治腐烂病,刮杀皮下的幼虫。

(4)保护天敌。苹果小吉丁虫在老熟幼虫和蛹期,有两种寄生蜂和一种寄生蝇,在不经常喷药的果园,寄生率可达 36%。在秋冬季,约有 30%的幼虫和蛹被啄木鸟食掉。

苹果小吉丁虫为害的果园

苹果小吉丁虫为害流胶

苹果小吉丁虫为害状

苹果小吉丁虫幼虫

参考文献

　　[1] 仇贵生，张平，刘池林，等. 辽西地区苹果两种枝干害虫的防治 [J]. 北方果树，2003，(3)：22.

　　[2] 崔晓宁，刘德广，刘爱华. 苹果小吉丁虫综合防控研究进展 [J]. 植物保护，2015，(2)：16-23.

　　[3] 李孟楼，张正青. 苹果小吉丁虫的生物学及其生活史讨论 [J]. 西北林学院学报，2017 (04)：139-146.

1.2.4　苹小食心虫 *Grapholitha inopinata* Heinrich

分布与危害

　　属鳞翅目小卷叶蛾科。辽宁以及国内分布于各苹果产区。苹小食心虫主要在果皮浅层处危害，被害果实果皮变褐，干枯易破，形成 1cm 左右的虫疤。虫疤上有虫孔数个并堆有少量虫粪，将这种虫疤称为"干疤"。如蛀果幼虫被药死没有成活，被害部果皮变青，称之为"青疗"。

寄主

苹果、梨、山楂、桃、李、梅、枣等果树。

形态特征

成虫：体长 4.5~5mm，翅展 10~11mm。全体暗褐色，有紫色光泽，头部鳞片灰色，触角背面暗褐色，每节端部白色；前翅前缘具有 7~9 组大小不等的白色钩状纹，翅面上有许多白色鳞片形成白色斑点，近外缘处的白色斑点排列整齐。外缘显著斜走，静止时两前翅合拢后外缘所成角度约 90°。肛上纹不明显，有 4 块黑色斑，顶角还有一较大的黑斑，缘毛灰褐色。后翅比前翅色浅，腹部和足浅灰褐色。

卵：扁椭圆形，中央隆起，周缘扁平，表面间或有明显而不规则的细皱纹。初产乳白色，后变淡黄色，半透明，有光泽，近孵化时为淡黄褐色。

幼虫：老熟体长 6.5~9mm，全体非骨化区淡黄或淡红色。头部淡黄褐色，前胸盾淡黄褐色，各体节背面有两条桃红色横纹，前面一条粗大，后面一条细小。臀板淡褐色，具不规则的深色斑纹，臀棘深褐色 4~6 齿，腹足趾钩单序环 15~34 个，大多数 25 个左右，臀足趾钩 10~29 个，多为 15~20 个。

蛹：体长 4.5~5.6mm，黄褐色或黄色，第 1 腹节背面无刺，第 2~7 腹节背面前缘和后缘各有成列小刺，第 3~7 腹节前缘的小刺成片，第 8~10 腹节只有一列较大的刺。腹末具 8 根钩状刺毛。茧为长椭圆形，灰白色。

生物学特性

辽宁 1 年发生 2 代，老熟幼虫在树皮缝里、剪锯口周围的死皮、吊树草绳、吊树竿缝里和果筐等处作茧越冬。翌年 5 月中下旬化蛹，6 月上中旬出现越冬成虫和第 1 代卵，盛虫期在 6 月中下旬。成虫白天静伏叶下，傍晚活动交尾产卵，卵产在果实胴部，经 5~7 天孵化出幼虫，爬行到适当部位蛀果为害。经 20 天左右幼虫成熟脱出果外，爬行到适合位置潜入化蛹，蛹期 15 天左右，羽化成第 1 代成虫，成虫产卵繁殖继续为害，8 月上旬为羽化高峰。第 2 代卵初期为 7 月下旬，盛虫期在 8 月上旬至 8 月下旬，脱果盛期在 9 月上中旬，幼虫脱果后爬至越冬场所结茧越冬。

防治方法

（1）消灭越冬幼虫。早春果树发芽前，结合刮治腐烂病，彻底刮除老皮、翘皮下的越冬幼虫，处理吊树用的支竿和草绳，集中处理或烧毁。树下的枯枝落叶和杂草也应清除烧掉。

（2）诱杀脱果幼虫。幼虫脱果前，在树干、侧枝、剪锯口处绑麻袋片或束草，收集脱果幼虫，集中消灭。果实采收期，在堆果上铺盖麻袋和草袋，待幼虫潜入后，集中消灭。

（3）摘除虫果。在苹小食心虫发生不重的果园，可结合疏果，摘除虫果和拣拾虫果，集中处理，这是经济有效的防治办法。

（4）喷药防治。越冬代成虫发生期和第 1 代成虫发生期喷布 50%对硫磷乳油 1500 倍液，或 50%杀螟松乳油 1000 倍液。第 1 代和第 2 代卵盛期各喷 1 次，以 50%对硫磷乳油 1500 倍液和 50%杀螟松乳油防治最佳。成虫发生期如果使用上述 2 种药，那么第 1 代与第 2 代卵盛期应改用 2.5%溴氰菊酯乳油 8500 倍液，或 2.5%功夫乳油 8500 倍液，防治效果也很理想。

（5）利用成虫的趋化性。可利用糖醋液诱集成虫，混合后溶化均匀再加入几滴八角茴香油。

苹小食心虫幼虫　　　　　　　　　　　苹小食心虫为害状

参考文献

［1］刘万达，王禹. 苹小食心虫的发生规律与防治方法［J］. 中国林副特产，2015，138（5）：69-70.

［2］陈川，安克江，杨美霞，等. 苹果桃小食心虫发生规律研究［J］. 农学学报，2015，5（11）：36-39.

［3］吴建忠. 苹小食心虫［J］. 现代园艺，2016（9）：133.

1.2.5 苹果蚜虫 *Aphis citricola* Vander Goot

为害苹果树的蚜虫主要有绣线菊蚜 *Aphis citricola* Vander Goot 和苹果绵蚜 *Eriosoma lanigeum* Hausmann。

分布与危害

绣线菊蚜：又称苹果黄蚜、黄蚜，辽宁以及国内分布于各果品产区。全树的新梢均可受害，被害叶由尖端向背面横卷或横卷不明显，叶外表可见到大量虫体。

苹果绵蚜：又称血色蚜，辽宁有分布，国内分布于山东、天津、河北、陕西、河南、江苏、云南、西藏等。除为害苹果外，还为害花红、海棠、沙果和山定子等。主要在剪锯口、病疤周围、主干主枝裂皮缝、叶柄基部和根部为害。被害处形成肿瘤状，其上覆一层白色绵状物。为国内检疫对象。

寄主

粮、棉、油、麻、茶、菜、烟、果、药和树木等经济植物的重要害虫。

形态特征

蚜虫的大小不一，身长 1~10mm 不等。体小而软，大小如针头。前翅 4~5 斜脉，着生于触角第 6 节基部与鞭部交界处的感觉圈称为"初生感觉圈"，生于其余各节的叫"次生感觉圈"。蚜虫为多态昆虫，同种有无翅和有翅，有翅个体有单眼，无翅个体无单眼。具翅个体 2 对翅，前翅大，后翅小，前翅近前缘有 1 条由纵脉合并而成的粗脉，端部有翅痣。第 6 腹节背侧有 1 对腹管，腹部末端有 1 个尾片。腹管用于排出可迅速硬化的防御液，成分为甘油三酸酯，腹管通常管状，长常大于宽，基部粗，以口针吸食植物汁液。

生物学特性

（1）绣线菊蚜 1 年发生 10 余代，以卵在芽旁和芽腋处越冬。萌芽期越冬卵开始孵化。初孵若虫先集中在芽露绿部位取食为害。苹果展叶后爬到小叶上危害。蚜虫逐渐发育成熟，开始进行孤雌生殖。为害的树，5 月下旬出现被害梢，为害盛期在 6—7 月，此时被害梢明显增多。蚜群内产生有翅蚜，在果园内迁飞传播。到 7 月下旬，产生大量有翅蚜迁飞到杂草上为害，以孤雌胎生方式进行繁殖，进入 10 月又产生有翅蚜飞往果园，交尾产卵。

（2）苹果绵蚜在各地发生代数不同，在辽宁大连，每年发生 13 代。以 1~2 龄若虫在枝干裂皮缝、病虫伤疤边缘、剪锯口周围、1 年生枝侧芽、根蘖基部、根部等处越冬。翌年苹果展叶时，越冬若虫开始在原地活动取食。在大连地区，若虫于 5 月上旬开始扩散，转移到叶腋处为害，逐渐发育为成虫。成虫以孤雌、胎生方式繁殖，同时产生少量有翅雌蚜，向周围树迁移。6 月是全年繁殖为害盛期，此时树干的伤疤处、枝条上、根蘖等处可见到许多白色绵状物，其下部有蚜虫。7—8 月气温升高，不利于蚜虫繁殖。9 月中旬以后，气温下降，又适合苹果绵蚜繁殖，出现第 2 次为害高峰。11 月气温下降到 7℃ 以下时，若虫陆续进入越冬状态。

防治方法

（1）加强检疫。苹果绵蚜是检疫对象，此虫的远距离传播主要靠苗木和接穗。应禁止从绵蚜发生地区调入苗木、接穗。如果发现已调入的苗木或接穗上有绵蚜时，用 48% 乐斯本乳油 1000 倍液浸泡 2~3 分钟灭蚜。

（2）农业防治。合理施肥与灌溉、合理密植，以及加强田间管理等措施常可增强作物抗蚜力，改善植物的生理状态和田间小气候。

（3）物理防治。加强树木管理，剪除被害枝梢，集中烧毁，使用矿物油剂喷雾，在蚜虫虫体或卵壳上形成油膜。采用铺银灰色膜和田间及温室通风口处挂银灰色膜条驱避蚜虫，用黄色粘蚜纸或者将黄油漆涂在塑料薄膜上诱杀蚜虫。

（4）化学防治。萌芽期喷一次5波美度石硫合剂杀灭越冬虫卵，在蚜虫发生严重前用10%吡虫啉6000倍液或8%阿维菌素6000倍液进行防治。秋季10月时用2.5%敌杀死3000倍液，杀灭蚜虫成虫与卵。

（5）生物防治。蚜虫病原性微生物也广泛用于防治蚜虫，如白僵菌、绿僵菌、蜡蚧轮枝菌、菊欧文氏杆菌、禾谷缢管蚜病毒。蚜虫的常见天敌有瓢虫、草蛉、食蚜蝇和蜘蛛等。优势天敌为瓢虫，主要种类为龟纹瓢虫、异色瓢虫和七星瓢虫等。在蚜虫为害期间有条件时也可采用助迁瓢虫等天敌的方法，即捕捉瓢虫释放到果树上控制蚜虫为害。

绣线菊蚜为害苹果叶

绣线菊蚜为害梨叶

绣线菊蚜为害海棠

参考文献

［1］孙丽娟，衣维贤，顾耘，等. 异色瓢虫对两种苹果蚜虫的捕食作用［J］. 西北农业学报，2012，21（07）：39-43.

［2］周新强. 几种药剂防治苹果蚜虫研究初报［J］. 河南农业，2009（03）：18.

［3］张建民. 几种药剂防治苹果蚜虫研究初报［A］. 河南省植物保护研究进展Ⅱ.

1.2.6　苹掌舟蛾 *Phalera flavescens* Bremer et Gery

分布与危害

又称舟形毛虫、苹果天社蛾、举尾毛虫、秋黏虫，属鳞翅目舟蛾科，辽宁分布于本溪、阜新、朝阳、营口等；国内分布于北京、黑龙江、吉林、河北、河南、山东、山西、陕西、四川、广东、云南、湖南、湖北、安徽等。幼虫食害叶片，受害树叶片残缺不全，或仅剩叶脉，大发生时可将全树叶片食光，造成2次开花，影响产量，危及树势。

寄主

苹果、梨、杏、桃、李、梅、樱桃、山楂、海棠、沙果、核桃、板栗等。

形态特征

成虫：体长22~25mm，翅展49~52mm，头胸部淡黄白色，雄虫腹背线黄褐色，雌蛾土黄色，末端均淡黄色，复眼黑色球形。触角黄褐色，丝状，雌触角背面白色，雄各节两侧均有微黄色茸毛。前翅银白色，在近基部生一长圆形斑，外缘有6个椭圆形斑，横列呈带状，各斑内端灰黑色，外端茶褐色，中间有黄色弧线隔开；翅中部有淡黄色波浪状线4条；顶角上具两个不明显的小黑点。后翅浅黄白色。

卵：球形，直径约1mm，初淡绿后变灰色。常数十粒或百余粒集成卵块。

幼虫：5龄，末龄幼虫体长55mm左右，被灰黄长毛。头、前胸盾、臀板均黑色。胴部紫黑色，背线和气门线及胸足黑色，亚背线与气门上、下线紫红色。体侧气门线上下生有多个淡黄色的长毛簇。

蛹：长 20~23mm，暗红褐色至黑紫色。中胸背板后缘具 9 个缺刻，腹部末节背板光滑，前缘具 7 个缺刻，腹末有臀棘 6 根，中间 2 根较大，外侧 2 根常消失。

生物学特性

1 年发生 1 代。以蛹在树冠根部或附近土中越冬。成虫最早于次年 6 月中下旬出现；7 月中下旬羽化最多，一直可延续至 8 月上中旬。成虫多在夜间羽化，以雨后的黎明羽化最多。白天隐藏在树冠内或杂草丛中，夜间活动；趋光性强。卵产在叶背面，常数十粒或百余粒集成卵块，排列整齐。卵期 6~13 天。幼虫孵化后先群居叶片背面，头向叶缘排列成行，由叶缘向内蚕食叶肉，仅剩叶脉和下表皮。初龄幼虫受惊后成群吐丝下垂。幼虫在 3 龄时即开始分散；为害苹果、杏叶时，幼虫在 4 龄或 5 龄时才开始分散。幼虫白天停息在叶柄或小枝上，头、尾翘起，形似小舟，早晚取食。幼虫的食量随龄期的增大而增加，达 4 龄以后，食量剧增。幼虫期平均为 31 天左右，8 月中下旬为发生为害盛期，9 月上中旬老熟幼虫沿树干下爬，入土化蛹。

防治方法

（1）人工防治。苹掌舟蛾越冬的蛹较为集中，春季结合果园耕作，刨树盘将蛹翻出；在 7 月中下旬至 8 月上旬，幼虫尚未分散之前，及时剪除群居幼虫的枝和叶；幼虫扩散后，利用其受惊吐丝下垂的习性，振动有虫树枝，收集消灭落地幼虫。根据其趋光性设置太阳能黑光灯进行灯光诱杀。

（2）药剂防治。药剂为 48% 乐斯本乳油 1500 倍液、90% 敌百虫晶体 800 倍液、50% 杀螟松乳油 1000 倍液。

（3）生物防治。卵期，即 7 月中下旬释放松毛虫赤眼蜂，卵被寄生率可达 95% 以上。幼虫期喷洒每克含 300 亿孢子的青虫菌粉剂 1000 倍液。发生量大的果园，幼虫分散前喷洒青虫菌悬浮液 1000~1500 倍液，防治效果可达 94%~100%；使用 25% 灭幼脲 3 号、苏脲 1 号悬浮剂 1000~2000 倍液。

苹掌舟蛾成虫

苹掌舟蛾卵块与初孵幼虫

幼虫集中为害

苹掌舟蛾低龄幼虫集中为害苹果、海棠

苹掌舟蛾高龄幼虫分散为害及虫粪

参考文献

[1] 雷增普. 中国花卉病虫害诊治图谱 [M]. 北京：中国城市出版社，2005.

[2] 胡忠义. 阜新杏树主要有害生物防治要点 [J]. 农业与技术，2016（21）：84-85+93.

[3] 王楠，王炜. 苹掌舟蛾的发生规律及防治对策 [J]. 陕西农业科学，2016（5）：89+108.

2　梨树病虫害

2.1　梨树病害

2.1.1　梨-桧锈病 *Gymnosporangium asiaticum* Miyabe ex Yamada

分布与危害

即梨锈病，又称赤星病，辽宁省分布于本溪、丹东、阜新、朝阳、营口等；国内整个梨产区均有发生。我国南北果区均有发生，附近种植桧柏类树木较多地区为害较重，主要为害枝叶、嫩梢与果实。

寄主

梨树、杜梨、山楂、贴梗海棠、木瓜等。转主寄主是两型叶桧柏，既有针叶，也有鳞叶，这种锈菌也可寄生于龙柏。转主寄主与苹果锈病有差别。

症状

叶片受害，叶正面形成橙黄色圆形病斑，并密生橙黄色针头大的小粒点，即性孢子器。潮湿时，溢出淡黄色黏液，即性孢子，后期小粒点变为黑色。病斑对应的叶背面组织增厚，并长出灰黄色毛状物，即锈孢子器。毛状物破裂后散出黄褐色粉末，即锈孢子。果实、果梗、新梢、叶柄受害，初期病斑与叶片上的相似，后期在同一病斑的表面产生毛状物。

病原

梨锈菌 *Gymnosporangium asiaticum* Miyabe ex Yamada，属担子菌亚门，冬孢菌纲锈菌目胶锈菌属。病菌需要在两类不同的寄主上完成其生活史。在梨、山楂等寄主上产生性孢子器及锈孢子器，在两型叶桧柏及龙柏等转主寄主上产生冬孢子角。

发病规律

梨锈病病菌必须在转主寄主如桧柏、龙柏等树木上越冬。梨锈病病菌是以多年生菌丝体在桧柏枝上形成菌瘿越冬，翌春3月形成冬孢子角，冬孢子萌发产生大量的担孢子，担孢子随风雨传播到梨树上，侵染梨树的叶片等。梨树自展叶开始到展叶后 20 天内最易感病。病菌侵染后经 6~10 天的潜育期，即可在叶片正面呈现橙黄色病斑，接着在病斑上长出性孢子器，在性孢子器内产生性孢子。在叶背面形成锈孢子器，并产生锈孢子，借风传播到桧柏等转主寄主的嫩叶和新梢上，萌发侵入为害，并在其上越夏、越冬，到翌春再形成冬孢子角。梨锈病病菌无夏孢子阶段，不发生重复侵染。

防治方法

（1）清除转主寄主。在梨园周围 5km 以内彻底铲除桧柏、龙柏等，以清除梨锈病的转主。在新建梨园区，应禁种桧柏。

（2）对转主寄主喷药。在春季梨树发芽前，在桧柏、龙柏和侧柏等植物上，喷 1 遍 1∶2∶200 倍的波尔多液，或 65% 代森锌可湿性粉剂 500 倍液，或 15% 三唑酮可湿性粉剂 2000 倍液喷雾。

（3）对梨树喷药。梨树展叶期喷 1 次 200~250 倍波尔多液或 20% 粉锈宁乳油 500~800 倍液，隔 10~15 天再喷 1 次。若控制不住，必须补喷 20% 氟硅咪唑鲜胺 800 倍液，或 3% 戊唑醇悬浮剂 4000 倍液，5% 己唑醇乳油 1000 倍液，25% 腈菌唑乳油 2000 倍液，10% 世高水分散粒剂 2000 倍液，25% 瑞毒霉 800~1000 倍液，以上药剂任选一种交替使用。花期不喷药。

（4）加强管理。秋天落叶后，彻底清园，结合冬剪除掉僵果、病枝，集中烧毁。深翻土壤，清除杂草，结合农耕施磷钾肥或有机肥，搞好排水与灌溉；做好涂干防护。

梨锈病与相邻转主寄主柏树

锈孢子器

性孢子器

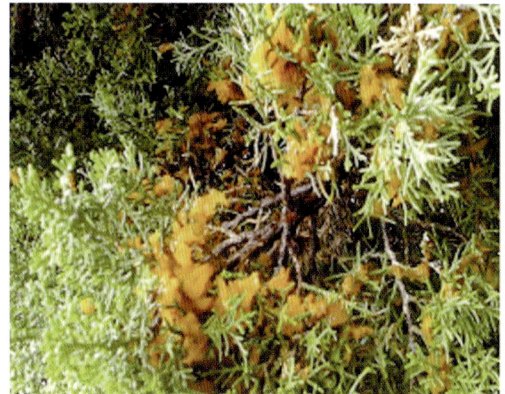

两型叶（既有针，叶也有鳞叶）柏树上形成冬孢子角

参考文献

［1］南边练、胡美绒，吕备战，等. 苹−桧锈病、梨−桧锈病的综合防控技术措施［J］. 现代园艺，2013（14）：65−67.

［2］赵德英，程存刚，张少瑜，等. 梨锈病侵染特征及防治适期研究［J］. 中国植保导刊，2011，31（05）：9−11+55.

［3］吴燕君，洪奎贤，岑铭松，等. 几种新型杀菌剂对梨锈病的防治效果研究［J］. 中国南方果树，2009，38（01）：50−51.

2.1.2 梨黑星病 *Venturia nashicola* Tanaka et Yamanoto

分布与危害

又称疮痂病，辽宁以及国内分布于各产区，是一种流行性强、损失大的重要病害，从落花期一直为害到果实成熟期。

寄主

梨、苹果、李子、山楂、贴梗海棠等，白梨系品种易感病，砂梨系品种抗病性较好。

症状

叶片：发病初期先在叶片背面产生圆形、椭圆形或不规则形黄白色病斑，病斑沿叶脉扩展，后期产生黑色霉状物，发病严重时整个叶正反面皆布满黑霉，叶片正面常呈多角形或圆形褪色黄斑，致使叶片干枯而脱落。叶柄受害产生圆形或长条状霉斑，造成落叶。嫩梢发病形成条状。

果实：果实染病初期表面先形成淡黄色斑点，逐渐扩大长出黑霉，多呈放射状，后木栓化。幼果期发病表现为皱缩畸形不能长大而脱落，较大果实受害，病部木质化、停止生长而形成畸形果，后期果实受害则不畸形，而在表面产生大小不等的黑色、圆形凹陷的病疤，病疤坚硬，常产生星状开裂或龟裂。该病引起梨树早期大量落叶，为害果实致幼果畸形，不能正常膨大。

病原

有性态：子囊菌亚门梨黑星菌 *Venturia nashicola* Tanaka et Yamanoto。

发病规律

（1）不同品种对黑星病的抗性具有明显差异。玻梨、香水梨、西洋梨等是抗病性较强的品种。寄主最易感病的是幼嫩组织。

（2）降雨的早晚、降雨量的大小和持续时间长短是左右年度间病害流行波动的主导因素。

（3）地势低洼、树冠茂密、通风透光不良、湿度较大的梨园，以及肥力不足、树势衰弱的梨树均易发病。

防治方法

（1）清除病源。秋末冬初清除落叶和落果，早春梨树发芽前结合修剪清除病梢，集中烧毁，或在梨芽膨大期用5%~7%尿素溶液或硫酸铵溶液加上0.1%~0.2%代森铵溶液喷洒枝条。发病初期摘除病梢和病花簇，也可在5月中旬结合促进花芽形成环剥大枝基部，宽度与枝粗度之比为1：10，深达木质部，用调好的医用四环素药片填平环剥口，后用塑料条包严。

（2）药剂防治。在梨树花前、花后各喷1次1：2：200倍式波尔多液或30%绿得保胶悬剂300~500倍液。对波尔多液及铜制剂敏感的品种可选用机油乳剂（蚧螨灵）：代森锰锌：水＝10：1：500。20%硅唑咪鲜胺600~800倍液或56%嘧菌酯百菌清 800 倍液，50% 甲基硫菌灵（甲基托布津）可湿性粉剂 500~600 倍液或 50% 苯菌灵可湿性粉剂 1500 倍液、25% 多菌灵可湿性粉剂 250 倍液、50% 凯克星可湿性粉剂 500~600 倍液、25% 氧环宁乳油 1000 倍液、30% 百科乳油 1000 倍液、75% 百菌清可湿性粉剂 750 倍液、65% 代森锌可湿性粉剂 600 倍液等杀菌农药。为增加药液黏着性，减少雨水冲刷，可加相当于药液量 1/3000~1/4000 的皮胶或 500kg 药液中加松香皂 0.5kg，或 0.1%~0.2% 的"6501"展着剂。轻微发病时，20% 硅唑咪鲜胺按 800 倍液稀释喷洒，10~15 天用药 1 次；病情严重时，按 500 倍液稀释，7~10 天喷施 1 次。

梨黑星病叶部症状

梨黑星病叶部与果实症状

参考文献

[1] 井海荣，宋宇静，闫永才. 梨黑星病的发生与防治 [J]. 落叶果树，2015，47（1）：66.

[2] 刘金哲, 刘杏访, 郑丽锦. 梨树常见病虫害的发生与防治 [J]. 河北林业科技, 2013 (1): 70-72.

[3] 杨伟涛, 刘永胜. 梨黑星病的发生与防治 [J]. 现代农村科技, 2017 (2): 37.

2.1.3 梨煤污病 *Gloeodes pomigena* (Schw). Colby

分布与危害

辽宁分布于本溪、丹东、阜新、朝阳、营口等; 国内在整个梨产区均有发生。现已成为梨树的重要病害之一。梨木虱分泌物被霉菌附生, 在被害处生长、发育并产生毒素, 在霉菌及其毒素的共同作用下, 首先破坏表皮组织, 进而为害叶肉细胞组织, 使组织致病进而扩大, 大量失水干枯死亡, 在叶面、果及枝条上形成病斑, 在毒素的刺激下, 引起早期大量落叶, 因而使果品质量、产量降低, 树势衰弱, 使梨树生长受到很大影响。

寄主

主要为害苹果梨、香水梨、苹果等。

症状

主要寄生在梨的果实或枝条上, 有时也侵害叶片。果实染病在果面上产生黑灰色不规则病斑, 在果皮表面附着一层半椭圆形黑灰色霉状物。其上生小黑点是病菌分生孢子器, 病斑初颜色较淡, 与健部分界不明显, 后色泽逐渐加深, 与健部界线明显起来。果实染病初只有数个小黑斑, 逐渐扩展连成大斑, 菌丝着生于果实表面, 个别菌丝侵入到果皮下层, 新梢上也产生黑灰色煤状物。初期能抹掉, 后期用洗衣粉水都洗不掉。

病原

煤污菌 *Gloeodes pomigena* (Schw.) Colby 的病原中文名为仁果黏壳孢, 属半知菌亚门真菌。

发病规律

病菌以菌丝体、分生孢子、子囊孢子在病部及病落叶上越冬, 翌年孢子由风雨、昆虫等传播。寄生到蚜虫、蚧壳虫等昆虫的分泌物及排泄物上或植物自身分泌物上, 或寄生在寄主上发育。高温多湿, 通风不良, 蚜虫、蚧壳虫等分泌蜜露害虫发生多, 均加重发病。此外树枝徒长, 茂密郁闭, 通风透光差, 发病重。树膛外围或上部病果率低于内膛和下部。

防治方法

（1）剪除病枝。落叶后结合修剪，剪除病枝集中烧毁。

（2）加强管理。种植不要过密，适当修剪。改善膛内通风透光条件，增强树势。

（3）喷药保护。休眠期喷3~5波美度石硫合剂，消灭越冬病源。在发病初期，喷50%甲基硫菌灵可湿性粉剂600~800倍液或50%多菌灵可湿性粉剂600~800倍液、40%多硫悬浮剂500~600倍液、50%苯菌灵可湿性粉剂1500倍液、77%可杀得微粒可湿性粉剂500倍液。果病灵、菌毒杀或菌立灭1000倍液，间隔10天左右1次，共防2~3次。初见煤层时，喷1∶1∶300尿洗合剂（即尿素1kg，洗衣粉1kg，兑水300kg）。

（4）该病发生与分泌蜜露的昆虫关系密切，喷药防治蚜虫、蚧壳虫等是减少发病的主要措施。适期喷用40%氧化乐果1000倍液或80%敌敌畏1500倍液。防治蚧壳虫还可用10~20倍松脂合剂、石油乳剂等。

梨煤污病

参考文献

[1] 刘金哲，刘杏访，郑丽锦. 梨树常见病虫害的发生与防治 [J]. 河北林业科技，2013（1）：70-72.

[2] 舒晓玲，李颖华，张华，等. 梨树枝干病害的发生与防治 [J]. 现代园艺，2013（15）：95-96.

[3] 曾现春. 梨煤污病的发生与防治 [J]. 农业科技通讯，1994（8）：26-27.

2.1.4　缩果病（缺硼）

分布与危害

病果表面高注不平，有的果实已失去了该品种应有的形状和特征，剖开果实可见凹陷部位的果肉呈褐色海绵体状；有的果实在凹凸的果面上出现了裂纹；有的果实变成了畸形果。

寄主

梨、苹果、山楂、李子、贴梗海棠等。

症状

主要表现在果实上，严重时也为害新梢和叶片。该病一般表现为 3 种类型，即果面干斑型、果肉木栓型、果面锈斑型。在果园中，通常见到的主要是果面干斑型和果肉木栓型。果面干斑型果实感病的症状一般表现较早，多在落花后 20 天左右的幼果时开始发生。起初果面上有暗绿色或暗红色水渍状圆斑，并随着病害不断扩展，病部表面分泌出黄褐色黏液，皮下果肉呈半透明水渍状，之后果肉变褐至暗褐色，逐渐坏死、病部干缩、硬化、下陷、变畸形。重病果变小或在干斑处产生龟裂。果肉木栓型缩果病在小幼果至果实成熟期陆续发生，通常沿果心线扩展，呈条状分布，果肉变褐色呈海绵状。病果外观变化不大，仅果面略显凹凸不平。用手压时有松软感，红色品种着色早，容易裂果、烂果、落果。

发病规律

缺硼是缩果病发生的实际原因。土壤瘠薄的山地和河滩沙地，硼元素极易淋溶流失；在盐碱性土壤中，硼元素呈不溶性状态，植株根系不易吸收，树体也会表现缺硼症状；钙质含量很高的土壤，硼也不易被吸收；虽然黏质土壤含硼量较多，但有机肥（农家肥）用量少，同样会使缩果病发生。土壤干旱、品种之间对硼元素的敏感程度也有差异。另外，刺吸式口器害虫与机械损伤也会引起缩果病。

防治方法

主要强调提高以土、肥、水为中心的综合管理水平，通过改良土壤、结合秋施基肥，加大有机肥的用量，合理使用化肥，并配合施入一定量的硼砂，每株用量

0.15~0.2kg；干旱年份注意适时灌水。缩果病的防治应该以防治刺吸式口器害虫为主，所以前期杀虫也是防治缩果病措施的很重要的一部分。

梨缩果病

参考文献

［1］黄秀丽. 梨枣缩果病重发的原因及防治措施［J］. 农技服务，2010，27（8）：1014+1088.

［2］郭红秀. 梨枣缩果病的病因与防治［J］. 落叶果树，2002，34（3）：27.

［3］辛显目，徐利平，李卫东. 金花梨缩果病的防治试验［J］. 中国果树，2002（4）：53-54.

2.1.5　梨树腐烂病 *Valsa mali* var. *pyri* Y. J. Lu

分布与危害

又称梨树"烂皮病"和"臭皮病"，辽宁分布于本溪、丹东、阜新、朝阳、营口等；国内在各梨产区均有发生，以东北、华北、西北等地区危害较重。主要发生在7~8年生以上盛果期梨树主干、主枝和侧枝上，病部易发于枝干的向阳面，常引起大枝、整株甚至成片梨树的死亡，是梨栽培生产中危害最为严重的病害之一。

寄主

梨、苹果。

症状

梨树腐烂病主要呈现溃疡型和枝枯型两类，以溃疡型为主。

溃疡型：多发生在主干和主枝上。早春时节，枝干树皮在初期病斑稍隆起，呈长椭圆形或不规则形的红褐色水浸状湿润病斑，皮层组织变松，按之下陷。冬季可扩展为红褐色坏死斑。在梨树生长旺盛期病部扩展减缓，周皮包围的病斑失水干缩下陷。但一般不会烂透至木质部，易剥离的病皮部常流出有酒糟味的黄褐色汁液。夏季病斑沿树皮表皮扩展，产生表面溃疡但轮廓不明显、病组织较软的湿润病斑，严重者伴有树液流出。夏秋季节空气潮湿时，病组织会出现淡黄色卷丝状孢子角。来年在气候干燥时，在病健交界处出现龟裂，表面产生疣状突起，渐突破表皮，病部表面生满黑色小粒，即子座及分生孢子器。病斑逐渐干缩下陷，变深，呈黑褐色至黑色，病健交界处发生裂缝，四周渐翘起，病斑逐年扩展，很少环绕整个枝干。

枝枯型：多发生在极度衰弱的梨树小枝、果台上，形状不规则、边缘不明显的病斑扩展迅速，很快包围整个枝干，使枝干枯死，并密生黑色小粒点。除为害枝干外，腐烂病菌偶尔也会通过伤口侵害果实，形成圆形的褐色软腐病斑，后期中部散生黑色小粒点，全果腐烂。

病原

引发梨树腐烂病的病原为子囊菌亚门真菌黑腐皮壳梨变种 *Valsa mali* var. *pyri* Y. J. Lu。

发病规律

梨黑腐皮壳病菌一般以菌丝体、分生孢子器、分生孢子、子囊壳及子囊孢子的形式在病组织中越冬，并于翌年春季开始活动扩展，雨后出现黄色卷须状物。经雨水等媒介从伤口侵入，在侵染点树皮长势衰弱时扩展形成新生病斑。8年以上的结果树及老树发病相对较重。再者，泡砂土梨园相对青砂土梨园发病重。一般病斑以前两次分枝的粗干上发生为多，我国一般多在西南向，并且多数在枝干向阳的一面。树干分杈的地方也是容易发病的部位。

防治方法

（1）加强水肥管理，增施磷、钾肥和微量元素肥料。

（2）防治枝干害虫，避免和保护伤口。

（3）入冬前刮净腐烂病皮部到露出白绿色健皮为止，再涂上白涂剂。防止受冻，增强树势。

（4）在化学防治中，对主干和大枝基部喷施 1~3 波美度石硫合剂，也可喷施 8000 倍液的 430g/L 戊唑醇悬浮剂。对刮除后的病斑部位，用 1.6% 噻霉酮按 1.3g/m² 进行涂抹防治。

凹陷的梨树腐烂病病斑上的分生孢子器与孢子角

梨腐烂病症状

参考文献

[1] 王永崇. 作物病虫害分类介绍及其防治图谱-梨树腐烂病及其防治图谱 [J]. 农药市场信息，2015，27：68.

[2] 陆燕君. 梨树腐烂病病原菌的研究 [J]. 植物病理学报，1992，22（3）：197-204.

[3] 张子维，赵立会. 梨树腐烂病的发生及防治 [J]. 北方果树，2004（增刊）：98.

[4] 杨迎春，苗春会. 梨树腐烂病发生规律与防治方法 [J]. 河北果树，2010（5）：41.

[5] 刘普，施圆圆，叶振风，等. 梨树腐烂病研究进展 [J]. 安徽农业大学学报，2014，41（4）：695-700.

[6] 牛济军, 王延基, 曹素芳, 等. 梨树腐烂病研究综述 [J]. 甘肃农业科技, 2015 (2): 60-63.

2.2 梨树虫害

2.2.1 梨木虱 *Psylla chinensis* Yang et Li

分布与危害

辽宁分布于本溪、丹东、阜新、朝阳、营口等；国内各梨产区均有发生，尤以东北、华北、西北等梨区发生普遍。直接为害指由梨木虱成虫和若虫直接刺吸梨树叶、果和幼嫩枝条内的汁液，使受害叶发生褐色枯斑，严重时全叶变褐，引起早期落叶。间接为害是指梨木虱分泌物被霉菌附生在被害处生长、发育并产生毒素，使组织致病进而扩大，大量失水变干枯死亡，因而使果品质量、产量降低，树势衰弱，使梨树生长受到很大影响。

寄主

主要为害梨树，鸭梨受害最重。

形态特征

成虫：分冬型和夏型，冬型体长 2.8～3.2mm，体褐至暗褐色，卵具黑褐色斑纹。夏型成虫体略小，黄绿色，翅上无斑纹，复眼黑色，胸背有 4 条红黄色或黄色纵条纹。

卵：长圆形，一端尖细，具一细柄。

若虫：扁椭圆形，浅绿色，复眼红色，翅芽淡黄色，突出在身体两侧。

生物学特性

在东北地区 1 年发生 3~5 代，以成虫在树皮缝、杂草丛中或土缝中越冬，3 月中旬为出蛰盛期，在梨树发芽前即开始产卵于枝叶痕处，发芽展叶期将卵产于幼嫩组织茸毛内叶缘锯齿间、叶片主脉沟内等处。成虫出蛰盛期是第 1 代卵出现初期，叶片展开。若虫有分泌胶液的习性，在胶液中生活、取食及为害。直接为害盛期为 6—7 月，各代重叠交错；到 7—8 月，雨季到来，由于梨木虱分泌的胶液招致杂菌，发生霉变，致使叶片产生褐斑并坏死，造成严重间接为害，引起早期落叶。

防治方法

（1）秋末至早春清理果园、刮树皮和翻树盘。结合施基肥，将落叶、杂草清扫集中，同肥料一起深埋，消灭越冬虫源。秋末灌冻水。

（2）3月中下旬，结合对梨茎蜂和蚜虫的防治在田间挂黄色粘虫板，每亩挂25~30片，诱杀梨木虱的越冬代成虫。

（3）梨木虱第2代若虫集中在新梢顶部为害，发病重的园应集中摘除有虫新梢顶部的5~6片叶深埋或烧毁。

（4）生物防治。梨木虱的天敌有花蝽、草蛉、瓢虫和寄生蜂等，避免喷施广谱性杀虫剂，或避开天敌昆虫活动期用药。

（5）化学防治。使用化学农药应掌握在各代若虫初孵化而尚未大量产生黏液以前。在花芽膨大期（越冬成虫出蛰盛期），全园喷1次4.5%高效氯氰菊酯乳油1500倍液，杀灭梨木虱的越冬成虫；花芽膨大现绿期（第1代卵量高峰期），细致喷1次5波美度石硫合剂，降低第1代卵基数；梨花落70%~80%时（第1代低龄若虫集中发生期），喷1.8%阿维菌素乳油4000倍液或22.4%螺虫乙酯悬浮剂5000倍液混加50%吡蚜酮可湿性粉剂5000倍液或48%乐斯本乳油1500倍液；5月初第1代成虫发生高峰期喷1次2.5%三氟氯氰菊酯乳油2500倍液杀灭成虫。

梨木虱引起褐斑并坏死

梨木虱引起的煤污病

梨木虱成虫

参考文献

[1] 张翠疃，徐国良，李大乱. 梨树主要害虫——梨木虱的研究综述 [J]. 华北农学报，2003，18（院庆专辑）：127-130.

[2] 李大乱, 张翠疃, 苏海峰, 等. 中国梨木虱生物学特性研究 [J]. 林业科学研究, 1992, 5 (3): 278-283.

[3] 张翠疃, 徐国良, 王鹏等. 中国梨木虱为害规律的研究 [J]. 华北农学报, 2002, 17 (增刊): 17-22.

[4] 李大乱, 张翠幢, 苏海峰, 等. 中国梨木虱的危害及防治研究 [J]. 林业科学研究, 1994, 7 (6): 666-670.

2.2.2 叶蜂 *Caliroa matsunwtonis* Harukawa

分布与危害

属膜翅目叶蜂科, 分布于辽宁西部。主要为害梨树, 幼虫食叶呈缺刻或孔洞, 该虫常数十头群集在叶片上, 严重时可将叶片吃光, 仅残留叶脉。雌虫把卵产在枝梢上致枝梢枯死, 影响生长和质量。

寄主

梨。

形态特征

幼虫体色变绿, 头壳呈橘黄色, 老熟幼虫胸部绿色, 腹部橘黄色并由腹部向后黄色逐渐加深, 幼虫胸足 3 对, 腹足 6 对, 第 7 对不发达退化成瘤状。

生物学特性

北方 1 年生 2 代, 以幼虫在土中作茧越冬。翌春 4—5 月成虫羽化, 6 月进入 1 代幼虫为害期, 1 代幼虫 7 月上旬老熟, 入土作茧化蛹。7 月中旬 1 代成虫羽化。2 代幼虫于 8 月上旬开始孵化, 8 月中下旬进入 2 代幼虫发生高峰期, 9 月下旬 2 代幼虫作茧越冬。雌蜂产卵时用产卵管于寄主新梢上刺成纵向裂口, 在其内产 30 粒卵后, 产卵部位纵向变黑, 孵化后新梢几乎开裂或变黑倒折, 卵期 7 天左右, 初孵幼虫群集在叶片上为害。幼虫取食时多以胸、腹足抱持叶片, 尾端常翘起。

防治方法

(1) 农业防治。在春、秋季对梨园进行深翻或浅耕, 可将越冬茧暴露地面, 或埋入土壤深层, 均可杀灭越冬幼虫。清除虫源, 将产卵枝条剪掉并集中销毁。在冬季或生长季节, 扫除枯枝落叶并销毁。根基培土 5~10mm, 使蛹不能羽化或使羽化后的成虫不能出土而死亡。当幼虫低龄群聚为害时, 摘除有虫叶片。

(2) 化学防治。当虫量较大时喷药防治, 可使用 20% 灭扫利 (甲氰菊酯) 乳油 2000 倍液、20% 速灭杀丁 (氰戊菊酯) 乳油 1500 倍液、2.5% 敌杀死 (溴氰菊酯) 乳油 2000 倍液、10% 氯氰菊酯 (或 5% 高效氯氰菊酯乳油) 1500 倍液、25% 灭幼脲 3 号悬浮剂 2000 倍液、20% 杀蛉脲悬浮剂 10000 倍液。

幼虫与为害状

参考文献

[1] 辛娜，王景利，张艳红，等. 北方地区梨树主要病虫及防控对策 [J]. 农业科技通讯，2014，10：256-258.

2.2.3 梨小食心虫 *Grapholitha molesta* **Busck**

分布与危害

分布于辽宁以及国内果品产区。以幼虫蛀入果内直达果心，食害种子和果肉。幼虫还为害新梢，造成萎蔫下垂。

寄主

梨、苹果、桃、杏、山楂、枣、海棠、樱桃等。

形态特征

成虫：体长 5~7mm，翅展 10~15mm，暗褐或灰黑色。下唇须灰褐上翘。触角丝状。前翅灰黑，前缘有 10 组白色短斜纹，中央近外缘 1/3 处有一明显白点，翅面散生灰白色鳞片，后缘有一些条纹，近外缘约有 10 个小黑斑。后翅浅茶褐色，两翅合拢，外缘合成钝角。足灰褐色，各足跗节末灰白色。腹部灰褐色。

卵：半透明，扁椭圆形，刚产卵淡黄白色，后渐变微带粉红。**幼虫**：体长 10~13mm，淡红至桃红色，腹部橙黄，头黄褐色，前胸盾浅黄褐色，臀板浅褐色。胸、腹部淡红色或粉色。臀栉 4~7 齿，齿深褐色。腹足趾钩单序环 30~40 个，臀足趾钩 20~30 个。前胸气门前片上有 3 根刚毛。

蛹：长 6mm 左右，长纺锤形，黄褐色，腹部第 3~7 节背面各有 2 行短刺，腹部末端有钩状刺毛 8 根，蓝白色纺锤形。

生物学特性

1 年发生 2~3 代。越冬代成虫发生在 4 月下旬至 6 月中旬；第 1 代成虫发生在 6

月末至 7 月末；第 2 代成虫发生在 8 月初至 9 月中旬。第 1 代幼虫主要为害梨芽、新梢、嫩叶、叶柄，极少数为害果实。有一些幼虫从其他害虫为害造成的伤口蛀入果中，在皮下浅层为害。第 2 代幼虫为害果增多，第 3 代果为害最重，第 3 代卵发生期 8 月上旬至 9 月下旬，盛期 8 月下旬至 9 月上旬。桃、梨小食心虫第 1 代、第 2 代主要为害桃梢，第 3 代以后才转移到梨园为害。

防治方法

（1）农业防治。春季细致刮除树上的翘皮；单植梨园，在第 1 代和第 2 代幼虫发生期，人工摘除被害虫果；桃梨兼植园，及时摘除被害桃梢；黑光灯诱杀；在北方果区 8 月中旬越冬脱果前，在主枝和主干上，利用束草或麻袋片诱杀脱果越冬的幼虫；在果园中设置糖醋液（红糖：醋：白酒：水 = 1：4：1：16）加少量敌百虫，诱杀成虫。

（2）化学防治。8 月开始卵果率调查，达到 1%～2% 开始喷药，10～15 天后卵果率达 1% 以上再喷药。药剂为 2.5% 乳油 2500 倍液，10% 氯氰菊酯 2000 倍液及 40% 水胺硫磷 1000 倍液，1.8% 阿维菌素 3000～4000 倍液。

（3）生物防治。梨小迷向丝技术，以深圳百乐宝产的迷向丝为例，1 年需使用 1 次，亩用量 33 根左右，持续时间 6 个月以上；悬挂梨小食心虫性诱芯诱杀成虫；在成虫发生高峰后 1～2 天，人工释放松毛赤眼蜂，每公顷 150 万头，每次每公顷 30 万头，分 5 次放完。

梨小食心虫成虫

参考文献

[1] 赵爱平，孙聪，展恩玲，等. 梨小食心虫越冬场所调查及性诱剂诱捕距离初探 [J]. 中国植保导刊，2016，36（12）：24-28.

[2] 冉红凡，路子云，刘文旭，等. 梨小食心虫生物防治研究进展 [J]. 应用昆虫学报，2016，53（05）：931-941.

[3] 雷剑蓓. 梨小食心虫的综合防治技术 [J]. 农业与技术，2015，35（16）：147.

2.2.4 梨大食心虫 *Myelois periuorella* Matsumura

分布与危害

辽宁分布于沈阳、朝阳、阜新、营口等；全国各梨区普遍发生，吉林、河北、山西、山东、河南等受害较重。主要是幼虫危害，在梨树的芽刚刚开始萌动时，越冬幼虫就会开始食害梨树的叶芽及花芽，而且会存在转芽危害习性。一般情况下，在每年5—6月，幼虫会开始进蛀到梨树的果心中，褐色的虫粪会堆积在果孔的外围，这样果实也就会慢慢变得干瘪、变黑。

寄主

梨、苹果、沙果、桃。

形态特征

成虫：体长10~15mm，全身暗灰色，稍带紫色光泽。距翅基2/5处和距端1/5处，各有一条灰白色横带，嵌有紫褐色的边，两横带之间，靠前处有一灰色肾形条纹。

卵：长0.9mm，椭圆形，稍扁，初产时黄白色，1~2天后变红色。

幼虫：体长17~20mm，头、前胸盾、臀板黑褐色，胸腹部的背面暗绿褐色，无臀栉。

蛹：体长12~13mm，黄褐色，尾端有6根带钩的刺毛，近孵化时黑色。

生物学特性

辽宁1年1~2代。各地均以1~2龄幼虫在被害芽内结茧越冬。越冬幼虫在梨花花芽鳞片间露绿时开始出蛰转芽，花序分离时为出蛰终止期。转芽主要为害附近芽，从芽基部蛀食；入芽后，即在芽鳞片内咬食，蛀孔外常堆积有少量缠有虫丝的碎屑堵塞蛀孔。一般幼虫暂不深入芽心。待花序抽出后，幼虫即在花序基部为害，并吐丝缠绕缀连鳞片而使不脱落，将要开花时幼虫蛀空果台，导致花序萎蔫；有个别的幼虫蛀入芽心，食害生长点，使芽枯死，引起第二次转芽为害。待果实长到拇指大时幼虫即开始转入幼果为害。为害的基本规律是从梨芽到梨果，采收果实前，成虫产第2代卵，卵孵化，幼虫进蛀到梨芽内越冬。

防治方法

（1）人工防治。结合冬剪，剪除越冬虫芽。花期和 5—7 月及时摘除被蛀花序和虫果，集中销毁。

（2）保护天敌。在天敌繁殖季节，尽量不使用农药。收集虫果，放到铁丝网里，待寄生蜂（如黄眶离绿姬蜂、瘤姬峰等）（蝇）羽化飞出后，将梨大食心虫成虫消灭。

（3）化学防治。越冬幼虫转芽期和转果期药剂防治可用 50% 杀螟松乳剂 1000~1500 倍液；50% 辛硫磷乳剂 1000 倍液；20% 杀灭菊酯（氰戊菊酯）乳剂 2500 倍液。

（4）性诱剂诱杀。在成虫发生期果园内挂放装有梨大食心虫性诱剂的诱捕器，诱杀成虫。

梨大食心虫为害状

参考文献

［1］郑春燕. 梨大食心虫发生规律及防治方法 ［J］. 河北果树，2014（5）：46-47.

［2］胡树林，成建新，赵霞，等. 梨大食心虫生物学特性的研究 ［J］. 内蒙古农业科技，2002（4）：14-15.

［3］赫玲，张纬. 沈阳地区梨大食心虫发生规律及防治 ［J］. 沈阳大学学报（自然科学版），1993（4）：47-51.

［4］王洪平. 梨树重要害虫——梨大食心虫 ［J］. 农药，2001，40（2）：48-49.

2.2.5 白星花金龟 *Protaetia brevitarsis* Lewis

分布与危害

又称白纹铜花金龟、铜克螂等。属鞘翅目花金龟科，辽宁分布于沈阳、朝阳、阜新、营口、本溪、丹东等；国内分布于东北、华北、西北和华中等地区。成虫为害，取食寄生树的叶、花、果实等。

寄主

树莓、苹果、梨、桃、李、杏、樱桃、葡萄、沙棘等。

形态特征

成虫：体型中等，体长 17~24mm，体宽 9~12mm。椭圆形，背面较平，体较光亮，多为古铜色或青铜色，有的足绿色，体背面和腹面散布很多不规则的白绒斑。前胸背板长短于宽，两侧弧形，基部最宽，后角宽圆；盘区刻点较稀少，并具有 2~3 个白绒斑或呈不规则排列，有的沿边框有白绒带，后缘有中凹。臀板短宽，密布皱纹和黄茸毛，每侧有 3 个白绒斑，呈三角形排列。腹部光滑，两侧刻纹较密粗，1~4 节近边缘处和 3~5 节两侧中央有白绒斑。后足基节后外端角齿状；足粗壮，膝部有白绒斑，前足胫节外缘有 3 齿，跗节具两弯曲的爪。

卵：椭圆形，乳白色，光滑。

幼虫：体长 35mm 左右，肥大，头较小，褐色，胴部乳白色，弯曲呈 "C"，字形。腹末节膨大，肛腹片上有两纵行刺毛，每行 19~22 根，排列呈倒 "U"，字形。

蛹：长 22mm 左右，卵圆形，头端钝圆，向后渐细，初乳白色，渐变黄褐色，羽化前暗褐色。

生物学特性

每年发生 1 代，为害期较长，老熟幼虫在土中越冬，成虫 5 月上旬出蛰，6 月底 7 月初至 8 月中旬是为害盛期。成虫多将卵产于腐草堆下，每处产卵多粒，幼虫群居。成虫具有趋化性、趋光性、假死性。

防治方法

（1）农业防治。在深秋及初冬深翻土地，消灭越冬幼虫，减少白星花金龟的越冬虫源。

（2）利用趋性防治。糖醋液及腐烂果品诱杀是现在普遍使用的防治方法之一。将红糖、醋、白酒与水按照 4∶3∶1∶2 的比例配成糖醋液，对白星花金龟有较好的诱杀作用。除糖醋液诱杀外，也可以利用白星花金龟成虫趋腐性，将腐烂果品装入大口容器里，置于白星花金龟发生较多的田间进行诱杀，减少白星花金龟成虫的为害。

白星花金龟为害梨果

白星花金龟为害梨果   白星花金龟幼虫（蛴螬）

参考文献

[1] 赵天宇, 邓清华, 柴磊, 等. 梨树虫害的发生与防治 [J]. 现代园艺, 2013 (15)：98-99.

[2] 陈光华, 文家富, 王刚云. 糖醋液诱杀果树害虫白星花金龟试验效果 [J]. 陕西农业科学, 2007 (06)：53.

2.2.6 梨卷叶象 *Byctiscus betulae* Linne

分布与危害

属鞘翅目卷象科。辽宁分布于朝阳、阜新、营口、沈阳、本溪、丹东等；国内分布于北京、河北、吉林、黑龙江、江西、河南等；成虫为害梨芽、花蕾、幼果、果柄、嫩叶，被害叶片的下面叶肉被啃食成宽约 1.5mm，长度不等的条状虫口，并卷叶产卵为害，有的 80% 以上的叶片被卷，严重削弱树势；幼虫孵化后，即在卷叶内食害，使叶片逐渐干枯脱落，影响梨树的正常生长发育。被害果受害部愈合呈疮痂状俗称"麻脸梨"及凹凸不平的畸形果。由于果柄被咬伤，常造成大量落果，影响产量和质量。

寄主

杨树、梨、山楂、苹果。

形态特征

成虫：体长约 8mm，头向前延伸呈象鼻状，虫体色泽有蓝紫色、蓝绿色、豆绿色，有红色金属光泽。鞘翅密布成排的点刻。雄成虫胸前两侧各有一个尖锐的伸向前方的刺突。

卵：长约 1mm，椭圆形，乳白色，半透明。

幼虫：长 7~8mm，头棕褐色，全身乳白色，微弯曲。

蛹：裸蛹，略呈椭圆形。

生物学特性

1 年发生 1 代，以成虫在地被物或表土层中越冬。翌年春季的 4 月下旬至 5 月上旬梨树发芽时，成虫开始出蛰活动，为害嫩芽和嫩叶，补充营养后将叶卷成筒状。雌虫把卵产在卷叶上，叶片成卷时，把卵包囊在叶里。每个卷叶有卵 3~4 粒，卵期 6~7 天，卵发生始期为 6 月上旬，盛期为 6 月中旬至 7 月中旬。幼虫孵化后在卷叶内取食为害，致使受害叶片干枯或脱落，幼虫脱果盛期在 7 月末至 8 月上旬。7 月上旬老熟幼虫从卷叶中钻出潜入土中约 5mm 处做土窝化蛹。化蛹始期为 8 月初，盛期为 9 月上旬至 9 月中旬。8 月上旬羽化，出现成虫，成虫出土上树，啃食叶肉，食痕为条状刻痕。9 月下旬成虫陆续入土或在杂草中越冬。越冬成虫 4 月末开始出土，5 月中旬达盛期。

防治方法

（1）新建果园禁用杨树作防风林。老果园附近有杨树，与果树同时防治。

（2）5—6 月，人工摘除虫卷，集中烧毁。在产卵、幼虫孵化盛期，人工摘除卷叶，集中烧毁或挖坑深埋。该方法适于幼林。连续进行 2~3 年可减轻危害。

（3）振落成虫。5 月下旬至 6 月上旬，在成虫出现盛期，利用成虫的假死性和不善飞的特性，振落捕杀。

（4）化学防治。在成虫产卵前用 20% 杀灭菊醋乳油 2000 倍液或 20% 菊马乳油 3000 倍液喷雾。

梨卷叶象成虫

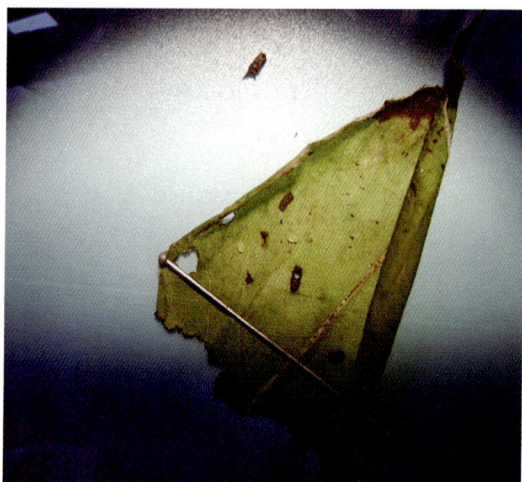

梨卷叶象卵

梨卷叶象幼虫

梨叶受害状

五角枫受害状

杨树受害状

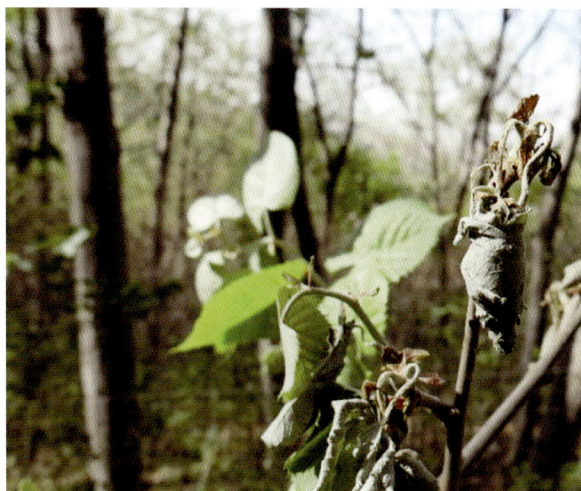

苹果树受害状

参考文献

［1］杨忠伟，徐柏林，刘忠良，等. 梨卷叶象甲的危害及防治［J］. 中国林副特产，1997，40（1）：44.

［2］魏闯先，经淑艳. 梨卷叶象甲的生物学特性及防治简报［J］. 吉林农业科学，1997（3）：73.

［3］杨俊学，张国同，元青山. 梨卷叶象甲的生物学特性及其防治［J］. 森林工程，1999，15（2）：11-12.

［4］卢丽华，王树良，胡振生. 梨卷叶象甲的生物学特性及防治技术［J］. 林业科技，2001，26（4）：26+58.

2.2.7　梨叶肿瘿螨 *Eriophyes pyri* Pagenst

分布与危害

又名梨潜叶壁虱、梨叶疹病、叶肿病等，属蛛形纲蜱螨目瘿螨科。辽宁分布于朝阳、阜新等；国内黑龙江、吉林、河北、河南、山东、江苏、山西、宁夏、陕西、青海、新疆、四川等梨区都有发生。成虫、若虫均可为害，主要为害梨树嫩叶，严重时也为害叶柄、幼果和果梗等。对梨树危害极大。

寄主

主要为害梨树、苹果，鸭梨受害最重。

形态特征

成螨：体微小，体长约0.25mm，圆筒形，白色至灰白色，足2对，尾端具2根刚毛，身体具许多环纹。

卵：很小，卵圆形，半透明。

若螨：与成螨相似，但体小。

生物学特性

叶片被害初期出现芝麻大小的浅绿色疱疹，后逐渐扩大，并变成红色、褐色、最后变成黑色。疱疹多发生在主脉、侧脉之间，常密集成行，使叶片正面隆起，背面凹陷卷曲。严重时被害叶早期脱落，营养积累减少，树势被削弱，影响花芽形成，导致梨果产量下降。1年发生多代，以成螨从气孔侵入叶片组织内，由于瘿螨取食为害导致组织增生而肿大。从春季侵入叶片组织后，该虫一直在叶片组织内为害繁衍，9月成螨从叶片内脱出，潜入芽鳞下越冬。

防治方法

（1）农业防治。及时摘除虫叶，清除落叶和树上枯枝，集中销毁。

（2）化学防治。在花芽膨大时可喷3~5波美度石硫合剂，或含量3%的柴油乳剂，均有很好的效果。在生长季节，当梨叶片上出现疱疹时可喷50%螨代治乳油200倍液，5%尼索朗乳油1000倍液，25%灭螨锰1500倍液防治。以上任选一种，7~10天1次，连续2~3次。

梨叶肿瘿螨为害状

参考文献

［1］陈应武，窦彩虹，张新虎. 梨瘿螨为害梨叶特性及螨瘿组织形态结构［J］甘肃农业大学学报，2003，38（3）：350-353.

［2］刘建华，王福涛. 梨园新害虫——梨叶肿瘿螨［J］北方果树，1998（1）：36.

3　桃树病虫害

3.1　桃树病害

3.1.1　桃树流胶病 *Physalospora persicae*

分布与危害

又称树脂病，病因复杂，几乎每个桃园都有发生。该病在桃树枝梢任何部位都可发生，是一种极为普遍的病害，导致树势衰弱，产量锐减，甚至树体死亡毁园；果实受害时胶体渗出果面；使果实停长，品质变劣，难以食用。桃流胶成为桃产业的一大障碍。

寄主

桃、杏、李、大樱桃等。

症状

一般4—10月间发生，病部流出半透明黄色树胶，尤其雨后流胶现象更为严重。流出的树胶与空气接触后，变为红褐色，呈胶冻状，干燥后变为红褐色至茶褐色的坚硬胶块。病部易被腐生菌侵染，使皮层和木质部变褐腐烂，致树势衰弱，叶片变黄、变小，严重时枝干或全株枯死。

病原

病原菌有 *Physalospora persicae* Abilco & kitaj；*Leptosphaeria pruni* Woronichin；*Cucurbitaria* sp.；*Botryosphaeria berengeriana* de Not. f. sp. *piricola*；*Botryosphaeria ribis* Tode Gross et Dugg 茶藨子葡萄座腔菌；*Botryosphaeria dothidea* 葡萄座腔菌等，而以葡萄座腔菌为多。

发病规律

病菌以菌丝体、分生孢子器在病枝里越冬，翌年3月下旬至4月中旬散发分生孢子，随风传播，主要经伤口侵入，也可从皮孔及侧芽侵入引起初侵染，可进行再侵染。特别是雨天从病部溢出大量病菌，顺枝干流下或溅附在新梢上，从皮孔、伤口侵入，成为新梢初次感病的主要菌源，枝干内潜伏病菌的活动与温度有关。当气温在 15℃左右时，病部即可渗出胶液，随气温上升，树体流胶点增多，病情加重，且土壤黏重、酸性较大、排水不良易发病。

防治方法

（1）消灭越冬菌源。在最冷的 12 月至翌年 1 月进行清园消毒，刮除流胶硬块及其下部的腐烂皮层及木质，集中起来烧毁，然后喷杀菌剂奥力克-靓果安 300 倍液+奥力克-溃腐灵 300 倍液+有机硅一包，消灭越冬菌源，同时还可预防冻害、日灼发生。

（2）桃树发芽前，树体上喷杀菌剂奥力克-靓果安 300 倍液+有机硅，杀灭病菌。

（3）先用刀将病部干胶和老翘皮刮除，并用刀划几道，最后将奥力克-溃腐灵按原液或 5 倍液涂抹即可（注意涂抹面积应大于发病面积的 1~2 倍），严重可间隔10 天再涂抹 1 次。涂抹的最适期为树液开始流动时即 3 月底，以后随时发现随时人工涂粉防治。

（4）化学防治。3 月下旬至 4 月中旬，喷奥力克-靓果安 300 倍液+溃腐灵 300倍液进行预防。5 月上旬至 6 月上旬、8 月上旬至 9 月上旬为侵染性流胶病的两个发病高峰期，在每次高峰期前夕，每隔 7~10 天喷 1 次奥力克-溃腐灵 300 倍液，连喷2~3 次，喷药次数根据病情而定。用生石灰 10 份+石硫合剂 2 份+食盐 1 份+花生油0.3 份+适量水，搅成糊状，对较大病斑刮除后涂药。在树体休眠期用胶体杀菌剂（1kg 乳胶+100g 50%退菌特可湿性粉剂）涂抹病斑，杀灭病原菌。或刮除病斑流胶后，用 5 波美度石硫合剂进行伤口消毒，涂蜡或煤焦油保护。

桃树流胶病

参考文献

[1] 张勇，李晓军，曲健禄，等. 山东桃树流胶病病原菌研究 [J]. 果树研究，2010，27（6）：965-968.

［2］李军，张红嫚. 桃树病虫害的发生现状与防治方法［J］. 现代园艺，2011（11）：61.

［3］任鲁伟，张俊杰. 桃树流胶病的发生与防治［J］. 落叶果树，2015，47（1）：65-66.

3.1.2 桃树腐烂病 *Valsa leueostoma*（Pers.）Fr.

分布与危害

分布于我国各桃产区，主要为害主干和大枝，影响树体营养运输，削弱树势，发病严重时引起死树。桃腐烂病菌是一种弱寄生菌，借风雨、昆虫传播，从皮孔和伤口侵入。管理粗放的桃园发生严重。

寄主

桃、杏、李、樱桃、苹果等。

症状

发病初期症状不明显，病部稍凹陷，椭圆形，外观呈紫红色，溢出米粒大的胶点；其后病部树皮腐烂、湿润，呈黄色酒精味。病斑纵向扩展快，不久深达木质部，病部干缩凹陷，表面生钉头灰褐色的小突起，此为病菌的子座；如撕开表皮可见许多眼球状，中央黑色，周围有一圈白色菌丝环的小突起，空气潮湿时从中涌出黄褐色丝状物，此为病菌的分生孢子角。当病斑扩展包围主干一周时，病树很快死亡。

病原

病原物有两种，即 *Valsa leueostoma*（Pers.）Fr. 与 *Valsa japonica*，属子囊菌亚门核果黑腐皮壳菌。腐烂病菌对桃树、柳树、杨树均能相互侵染，且病斑大小无显著差异，不存在致病的专化性问题。

发病规律

以菌丝体、子囊壳及分生孢子器在树干病组织中越冬，翌年3—4月产生分生孢子，借风雨和昆虫传播，自伤口及皮孔侵入，以菌丝体在树皮和木质部之间扩展，分泌毒素杀死附近细胞，刺激形成层与内皮层之间形成大量的胶质孔隙。菌丝体可侵入木质部。病斑多发生在近地面西南方位的主干上，早春至晚秋都可发生，春秋两季最为适宜，尤以5—6月发病最盛，7—8月受到抑制，11月后停止发展。冻害和管理粗放是该病发生的诱因，病部常发生流胶现象。

防治方法

（1）农业防治。加强栽培管理，增强树势，提高树体抗病能力；冬季结合修剪刮除粗树皮，清除果园的残枝落叶，带出果园集中烧毁，减少菌源。增施有机肥，适期追肥；合理科学疏果，调节好负载量，增强树势，以提高果树的抗病性；入冬前及时将树干涂白，防止发生冻害；注意防治蛀干害虫，避免造成各种伤口。

（2）化学防治。早春果树发芽前刮除病斑。用腐必清50倍液、843康复剂或1∶5的食用碱水喷涂，间隔7~10 d，连续喷涂2~3次。

（3）参见苹果腐烂病防治。

桃腐烂病

参考文献

［1］王奇，赵新士. 桃树腐烂病与流胶病的发生及防治［J］. 现代农村科技，2011（7）：27-28.

［2］徐瑞富，翟凤艳，徐高歌. 杨树、苹果树、桃树腐烂病菌致病性及药剂抑菌研究［J］. 北方园艺. 2013（18）：105-107.

［3］杜军鹏. 桃树腐烂病的发生与防治［J］. 河北果树，2013（3）：18.

3.1.3　桃树穿孔病 *Xanthomonas campestris* pv. *pruni*（Smith）Dye

分布与危害

在桃园发生普遍，是桃树主要病害之一。主要包括细菌性穿孔病、真菌性霉斑穿孔病和真菌性褐斑穿孔病等，如不及时防治都会引起叶片穿孔脱落、新梢枯死、果实发病，从而严重削弱树势，降低果品产量和质量。

寄主

桃、杏、李和樱桃。

症状

细菌性穿孔病：主要为害叶片，多发生在靠近叶脉处，初生水渍状小斑点，逐渐扩大为圆形或不规则形，直径 2mm，褐色或红褐色的病斑，周围有黄绿色晕环，以后病斑干枯、脱落形成穿孔，严重时导致早期落叶。果实受害，从幼果期即可表现症状，随着果实的生长，果面上出现 1mm 大小的褐色斑点，后期斑点变成黑褐色。病斑多时连成一片，果面龟裂。

真菌性霉斑穿孔病：为害叶片、枝梢、花芽和果实。叶片受害，病斑圆形，淡绿色，边缘紫色，后为褐色穿孔。嫩叶受害后发生枯焦而不穿孔。枝梢受害，以芽为中心形成圆形病斑，边缘紫褐色，有裂纹和流胶现象。果实病斑由紫变为褐色，边缘红色，渐凹陷。

真菌性褐斑穿孔病：为害叶片、新梢和果实。叶片受害，两面均可产生圆形或不规则形病斑，边缘有轮纹，外缘紫色。后期病斑上长出灰褐色霉，中部干枯脱落形成穿孔。新梢和果实受害，病斑与叶片相似，也可产生灰褐色霉层。

病原

细菌性穿孔病的病原为黄单孢杆菌 *Xanthomonas campestris* pv. *pruni*（Smith）Dye，属甘蓝黑腐黄单孢菌桃穿孔致病型细菌。

真菌性霉斑穿孔病的病原是真菌中的嗜果刀孢菌 *Clasterosporium carpophilum*（Lev.）Aderh，属半知菌亚门刀孢属真菌。

真菌性褐斑穿孔病的病原是真菌中的核果尾孢菌 *Cercospora circumscissa* Sacc，为半知菌亚门，丛梗孢目，尾孢属，有性型为樱桃球壳菌 *Mycosphaerella cerasella* Aderh.，隶属子囊菌亚门、腔菌纲、座囊菌目、球腔菌属真菌。

发病规律

病原细菌在病枝组织内越冬。翌年春天气温上升时，潜伏的细菌开始活动，并释放出大量细菌，借风雨、露滴、雾珠及昆虫传播，经叶片的气孔、枝条的芽痕和果实的皮孔侵入。叶片一般于 5 月间发病，夏季干旱时病势进展缓慢，至秋季雨季又发生后期侵染。在降雨频繁、多雾和温暖阴湿的天气下，病害严重；干旱少雨时则发病轻。树势弱，排水不畅，通风不良的桃园发病重。红蜘蛛等为害猖獗时，病菌从伤口侵入，发病严重。

防治方法

（1）选栽临城桃、大久保、大和白桃、中山金桃、仓方早生、罐桃 2 号等抗病桃树品种。

（2）开春后要注意增施有机肥和磷钾肥，避免偏施氮肥。

（3）农业防治。适当增加内膛疏枝量，改善通风透光条件。在 10—11 月桃休眠期，也正是病原在被害枝条上开始越冬，结合冬季清园修剪，彻底剪除枯枝、病梢，及时清扫落叶、落果等，集中烧毁，消灭越冬菌源。

（4）无公害防治。早春芽萌动期喷靓果安 300 倍液+有机硅；从桃树落花后开始喷施靓果安 200~300 倍液，每 10~15 天喷施 1 次，连喷 3~4 次。

（5）化学防治。发芽前喷 5 波美度石硫合剂，或 1：1：100 等量式波尔多液铲除越冬菌源。发芽后喷 72% 农用硫酸链霉素可湿性粉剂 3000 倍液。代森锌 600 倍液，或农用硫酸链霉素 4000 倍液或硫酸锌石灰液（硫酸锌 0.5kg、消石灰 2kg、水 120kg）。6 月末至 7 月初喷第一遍，每 15~20 天喷 1 次，喷 2~3 次。次数也可根据病情而定。

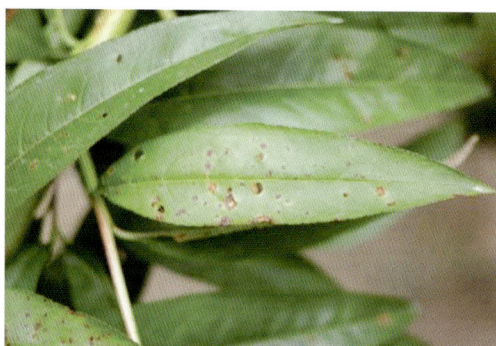

桃树穿孔病

参考文献

［1］刘镜印，马恩凤，张娜. 桃树主要病虫害无公害防治技术 ［J］. 北京农业. 2009，7：18-20.
［2］张莉莉. 桃树桃穿孔病防治技术 ［J］. 河北果树，2013（2）：43-44.
［3］王永礼. 桃细菌性穿孔病的鉴别与防治 ［J］. 农技服务，2007，24（3）：67-69
［4］杨梅. 桃树穿孔病的识别与防治 ［J］. 农村科技，2011（3）：28.
［5］里程辉，冯孝严，李淑珍. 辽宁省设施桃树主要病害的发生与防治 ［J］. 农业科技通讯，2008，10：159-161.

3.2 桃树虫害

3.2.1 桃树蚜虫 *Myzus persicae* Sulzer

分布与危害

常见危害桃树的蚜虫有桃蚜 *Myzus persicae* Sulzer，桃粉蚜 *Hyalopterus amygdali* Blanchard 和桃纵卷瘤蚜 *Tuberocephalus momonis* Matsumura 3 种，在我国桃产区均有分布。均在桃树发芽展叶时，以成蚜、若蚜群集在桃叶背面和嫩梢上吸食汁液，为害叶片。严重时引起落叶、嫩梢干枯，削弱树势，影响桃树长势和花芽形成，从而影响到产量。

寄主

桃蚜：已知有 352 种，取食 40 科 149 种作物，杂草寄主就有 18 科 69 种。主要有十字花科：油菜、白菜、荠菜、甘蓝、花椰菜、萝卜、芥菜；蔷薇科：桃、李、杏、梨；豆科：蚕豆、豌豆；茄科：茄子、辣椒、马铃薯；菊科：莴苣、茼蒿；伞形科：茴香、芫荽。

桃粉蚜：桃、杏、李、梨及禾本科植物。

桃纵卷瘤蚜：桃、李、榆叶梅、梨、艾草等。

形态特征

桃蚜：成虫分为有翅和无翅两种类型。有翅胎生雌蚜，体长 1.6~2.1mm，头、胸为黑色，腹部深褐色，腹背有黑斑，额瘤显著。若虫似无翅成虫，体色绿色、黄绿色、褐色、红褐色等，因寄主而异。无翅胎生雌蚜，体长 1.4~2mm，头、胸部黑色，腹部绿色、黄绿色或红褐色，体呈梨形，肥大。卵散产或数粒在一起，产于枝梢、芽腋、小枝杈及枝条的缝隙等处，长卵形，初产时绿色，后变黑色，有光泽。

桃粉蚜：有翅成虫体长 2~2.1mm，翅展 6.6mm，头、胸暗黄色至黑色，体被白粉，触角 6 节，丝状，腹管短小黑色，尾片较长黑色。无翅胎生雌蚜，体长 2.3~2.5mm，绿色，被白粉，复眼红色。若蚜绿色，与有翅雌蚜相似。

桃纵卷瘤蚜：有翅成虫体长 1.8mm，淡黄褐色。无翅成虫体较肥大，体长 2.1mm，深绿色或黄褐色，长椭圆形，颈部黑色。若虫与无翅成虫相似，体较小，淡绿色。卵椭圆形，黑色，有光泽。

生物学特性

桃蚜：在北方 1 年发生 20~30 代，生活周期类型属乔迁式，以卵在芽旁、裂缝、小枝杈等处越冬。越冬卵于 2 月下旬开始孵化，盛期在 3 月中下旬，末期在 4 月中下旬。5 月上旬开始向新梢上扩散，并出现有翅蚜，发生危害盛期在 5 月上旬至下旬，并迁飞到烟草、十字花科蔬菜上繁殖为害，6 月中下旬桃树上基本绝迹。9 月下旬至 10 月下旬产生有翅蚜迁回冬寄主为害，产生有性蚜，交配产卵越冬。

桃粉蚜：1 年发生 10 余代，属乔迁式。以卵在芽腋、裂缝和枝杈处越冬，在桃花芽膨大期开始孵化，盛期在初花期，末期在盛花期。4 月下旬至 5 月上旬为产卵盛期，5 月间繁殖最盛，为害最严重，并大量产生有翅蚜迁飞到夏寄主上繁殖为害，10 月间迁回冬寄主为害繁殖，产生有性蚜，交尾产卵越冬。

桃纵卷瘤蚜：在北方地区 1 年发生 10 余代，以卵在芽腋处越冬。3 月中下旬开始孵化，4 月大发生，5 月上旬产生有翅蚜，迁至夏寄主艾草上繁殖为害，10 月重迁桃树上产生有性蚜交尾产卵越冬。

防治方法

（1）农业防治。清除枯枝落叶，刮除粗老树皮，减少蚜虫越冬基数。结合春季修剪，剪除被害枝梢，集中烧毁。在桃园附近不宜种植烟草、十字花科作物，以减少蚜虫的夏季繁殖场所。

（2）物理防治。蚜虫对黄色有较强趋性，可在田间设置黄色粘虫板，诱捕有翅蚜。

（3）化学防治。①药剂防治，冬卵孵化期，即桃树花芽萌动期和被害叶未卷叶以前。常用10%吡虫啉可湿性粉剂3000倍液，可与啶虫脒轮换使用，根据当年虫情再用药1~2次。秋后蚜虫迁回桃树的虫量多时，用药1次。②药剂涂干，用10%吡虫啉1份，加多功能植物增效剂1份，加水2份，混合液用毛刷在树干上涂刷10cm左右宽的药环。树皮粗糙者先刮掉翘皮再涂药，用报纸或塑料薄膜包扎好。③树干注药，在主干上用铁锥由上向下斜着刺孔，深达木质部，然后用注射器注入10%吡虫啉可湿性粉剂5倍液2~3mL注入孔洞，封闭孔口，2~3天后可将95%以上的蚜虫杀死。

（4）生物防治。注意保护蚜虫的天敌，蚜虫的天敌有异色瓢虫、龟纹瓢虫、草蛉、食蚜蝇、寄生蜂及蟌类，要加以保护利用。微生物农药，如杀蚜素、庆丰霉素，对多种蚜虫高效且不杀伤天敌、不污染环境。

桃树蚜虫

为害杏树　　　　　　　　　　　　为害李子

为害杏树

桃纵卷瘤蚜

参考文献

[1] 于利国, 孙聪伟, 陈展. 桃树蚜虫的发生与防治技术 [J]. 现代农村科技, 2015 (11): 28.

[2] 彭涛. 浅谈桃树蚜虫发生与防治技术 [J]. 甘肃科技, 2008, 24 (11): 155-157.

[3] 胡慧芳. 桃树常发害虫的无公害防治技术 [J]. 农业科技通讯, 2009, 11: 211-213.

3.2.2 桃蛀螟 *Conogethes punctiferalis* Guenée

分布与危害

又称桃蛀野螟、豹纹斑螟, 俗称蛀心虫, 属鳞翅目草螟科, 是一种食性极杂的害虫。辽宁各产区有分布; 华北、华东、中南和西南地区的大部分省市, 西北和台湾也有分布。桃蛀螟是桃树的重要蛀果害虫。

寄主

桃、李、梨、石榴、葡萄等果树, 玉米、高粱、向日葵等农作物及松杉、桧柏等, 目前已知寄主植物 40 余种。

形态特征

成虫: 体长 12mm 左右, 体金黄色, 胸、腹及翅面上有许多大小不等散生的黑色斑点。腹部背面黄色, 第 1、3、6 节背面各有 3 个黑斑, 第 7 节背面上有时只有 1 个黑斑, 第 2、8 节无黑点。雄虫第 8 节末端有黑色毛丛, 甚为明显, 雌蛾腹末圆锥形, 黑色不明显。

卵: 长约 0.6mm, 椭圆形, 初产时乳白色, 后为黄色, 最后为红色。

幼虫: 体长 22mm, 体色变化较大, 有淡灰褐色、暗红色及淡灰蓝色等, 体背具有紫红色彩。头暗褐色, 前胸背板灰褐色, 臀板灰褐色, 各节有明显的黑色毛疣, 3 龄以后雄虫腹部第 5 节背面可见灰色性腺。

蛹: 长 12~14mm, 初为淡黄绿色, 后变为深褐色。头、胸和腹部第 1~8 节背面密布小突起, 第 5~7 腹节近前缘各有 1 条隆起线, 腹末有臀棘 6 根, 细长而卷曲。

生物学特性

辽宁 1 年发生 1~2 代, 以老熟幼虫在玉米、向日葵、蓖麻等残株内结茧越冬。越冬代成虫于翌年 5 月下旬至 6 月中旬羽化, 白天静伏于叶背, 夜间交尾产卵, 成虫有强烈的趋光性。卵散产于桃果上, 1 周左右孵化为幼虫。幼虫从果实肩部或躯干部蛀入果内为害。幼虫共 5 龄, 经 15~30 天老熟。老熟幼虫在果内或果与枝叶相贴处化蛹, 经 8 天左右羽化, 成虫于 7 月下旬至 8 月上旬发生。

防治方法

(1) 农业防治。处理越冬寄主。果园周围避免大面积种植玉米、向日葵等作物，避免加重和交叉为害，但可利用桃蛀螟成虫对向日葵花盘产卵有很强的选择性，在玉米田和果园周围种植小面积向日葵诱集成虫产卵，集中消灭，减轻作物和果树的被害率。整枝修剪、摘除虫果、疏果套袋。

（2）物理防治。采用人工合成的性信息素或者拟性信息素诱杀雄虫或干扰雄虫寻觅雌虫交配；晚上在果园内或周围用太阳能诱虫灯或糖醋液诱杀成虫。

（3）化学防治。在第 1、2 代成虫产卵高峰期喷 50%杀螟松乳剂 1000 倍液或用 Bt 乳剂 600 倍液，或 35%赛丹乳油 2500~3000 倍液，或 2.5%功夫乳油 3000 倍液，或 50%辛硫磷 1000 倍液，或 2.5%大康（高效氯氟氰菊酯）或功夫（高效氯氟氰菊酯），或爱福丁 1 号（阿维菌素）6000 倍液，或 25%灭幼脲 1500~2500 倍液。

（4）生物防治。利用昆虫病原线虫、苏云金杆菌 *Bacillus thuringiensis* 和白僵菌 *Beauveria bassiana*（Bals）来防治桃蛀螟。

桃蛀螟成虫　　　　　　　桃蛀螟幼虫　　　　　　　桃树被害状

参考文献

［1］张晓红. 桃树病虫害综合防治技术综述［J］. 产业与科技论坛，2013，12（19）：63-64.

［2］张颖，李菁，王振营，等. 中国桃蛀螟不同地理种群的遗传多样性［J］. 昆虫学报，2010，53（9）：1022-1029.

［3］鹿金秋，王振营，何康来. 桃蛀螟研究的历史、现状与展望［J］. 植物保护，2010，36（2）：31-38.

［4］李和帮. 桃蛀螟生物学特性及综合防治技术研究［J］. 陕西林业科技，2010，（2）：46-47.

3.2.3　桃小食心虫 *Carposina niponensis* Walsingham

分布与危害

又称桃蛀果蛾，属鳞翅目果蛀蛾科。分布范围比较广，在国内至少已达 27 个省市。是果实中为害最大、发生面积最普遍的食心虫类的最主要害虫之一，常常造成绝收。

寄主

苹果、枣、梨等。寄主植物较杂，据不完全统计已达到 5 科（蔷薇科、鼠李科、石榴科、棕榈科、山茱萸科）24 种植物。

形态特征

成虫：体长 5~8mm 前翅近前缘中部有一蓝褐色三角形大斑，翅基部中央部位有 7 簇蓝黑色斜立鳞毛。

卵：深红色，椭圆形，长 0.4mm，顶部有 2~3 圈 "Y" 状刺毛。

幼虫：初孵白色，老熟幼虫体长 13~16mm，全体桃红色，腹足趾钩单序环状。

蛹：体淡黄白色至黄褐色，外被丝茧，冬茧圆形，夏茧纺锤形。

生物学特性

辽宁 1 年发生 1~2 代，以老熟幼虫在 1~13cm 土中结茧滞育越冬，翌年 5 月下旬越冬幼虫开始出土，6—7 月越冬成虫羽化。成虫昼伏夜出，日落后 1~3 小时内最活跃，无趋光性和趋化性。成虫羽化后 1~3 天即可在果实上产卵，卵期 8 天左右，幼虫孵化后，在果面上爬行数十分钟至几小时，便咬破果皮入果内为害。第 1 代幼虫主要蛀食桃果，危害期为 6 月下旬至 8 月。幼虫仅为害果实，果面上的针状大小的蛀果孔呈黑褐色凹点，四周呈浓绿色，外溢出泪珠状果胶，干涸呈白色蜡质膜，此症状为该虫早期危害的识别特征。幼虫从果实胴部蛀入，随虫龄增大，有向果心蛀食的趋向。前期蛀果的幼虫，在皮下潜食果肉，使果面凹陷不平，果实变形，形成畸形果即所谓的 "猴头" 果；幼虫发育后期，在果肉纵横潜食，排便于其中，俗称 "豆沙馅"，遇雨极易造成烂果。幼虫老熟后，咬一圆孔，爬出孔口直接落地，结茧化蛹继续发生第 2 代或入土结茧越冬。脱果幼虫多集中于树干基部背阴面距树干 0.3~1.0m 范围内，深度 3cm 左右的土层内结冬茧越冬。

防治方法

（1）农业防治。在早春越冬幼虫出土前，将树根颈基部土壤扒开 13~16cm，刮除贴附表皮的越冬茧。

（2）诱捕器诱杀。应用桃小食心虫性信息素水碗式诱捕器悬挂在果园内诱杀雄蛾。

（3）地膜覆盖树盘。于 5 月前在树干周围 1m 范围内培以 30cm 厚的土并踩实，或覆盖农膜，将越冬幼虫和羽化成虫闷死于土内。雨季及时扒去培土，以防烂根。人工摘除树上虫果、地面落果，并加以深埋。第 1 代幼虫脱果时结合压绿肥进行树盘培土压夏茧。果实受害后，及时摘除树上虫果和拾净落地虫果。

（4）树下地面防治。于幼虫出土期，在距树干 1m 范围内施药治虫。每亩用

50%辛硫磷颗粒剂5~7.5kg或50%辛硫磷乳油0.5kg与50kg细沙土混合均匀撒入树冠下，或用50%辛硫磷乳油800倍液对树冠下土壤喷雾。施用后，需将地面用齿耙搂耙几次，深5~10cm，使药土混合，提高防治效果。

（5）树上药剂防治。卵临近孵化时，立即喷2.5%氯氰菊酯乳油3000倍液，或20%杀灭菊酯乳油3000倍液，20%中西除虫菊酯乳油2000倍液等。

（6）生物防治。有条件的果园可保护利用中国齿腿姬蜂和甲腹茧蜂等桃小食心虫的寄生性天敌及白僵菌等。

桃小食心虫幼虫

桃小食心虫成虫

桃小食心虫为害状

参考文献

［1］栗永青，黄鑫秋，刘秀平，等. 果园桃蛀螟与桃小食心虫的无公害防治技术［J］. 农业科技通讯，2011（06）：228-229.

［2］刘秀平，栗永青，姜青霞，等. 桃果害虫发生特点及综合防治技术［J］. 现代农业科技. 2011（18）：217-218.

［3］薛艳花，马瑞燕，李先伟，等. 桃小食心虫性信息素的研究与应用［J］. 中国生物防治，2010，26（2）：211-216.

3.2.4　潜叶蛾 *Lyonetia clerkella* **L.**

分布与危害

属鳞翅目潜蛾科，桃树生产中的主要虫害之一，在桃树栽培区均有发生。幼虫在叶子内潜食叶肉，使叶片上呈现出弯曲的白色或黄白色虫道，虫道宽约 1mm，并将黑色的虫便排于其中。严重时，叶片枯黄出现早期落叶，造成当年 2 次开花，严重影响来年的产量，从而降低经济收益。

寄主

主要寄主是桃，其次是李、杏、苹果、梨等蔷薇科果树及许多豆科植物。

形态特征

成虫：体长 3~4mm，翅展 6~10mm，分夏型和冬型。夏型成虫银白色，有光泽，前翅狭长白色，近端部有一个长卵圆形边缘褐色的黄色斑，斑外侧有 4 对斜形的褐色纹，翅尖端有一黑斑。后翅披针形灰黑色。冬型成虫前翅前缘基半部有黑色波状斑纹，其他同夏型。

卵：扁椭圆形无色透明，卵壳极薄而软，大小为 0.33~0.36mm。

幼虫：体长 6mm，胸淡绿色，体稍扁。有黑褐色胸足 3 对。

茧：扁枣核形，白色，茧两侧有长丝粘于叶上。

生物学特性

每年发生 4~7 代。以冬型成虫在落叶、杂草和土石缝隙等处越冬，少数以蛹在被害叶上结白色薄茧越冬。翌年 4 月桃展叶后，成虫羽化，产卵于叶下表皮内。幼虫孵化后于叶子表皮下潜食为害，串成弯曲不规则虫道并排便于其中。叶表皮不破裂，可由叶面透视虫道。幼虫在初孵的 1~2 天内潜食虫道较短，在第 3~5 天内潜食虫道迅速加长并弯曲，5 天后幼虫潜食活动减弱，逐渐老熟，7 天后老熟幼虫钻出虫道吐丝下垂，在下部叶片背面、枝杈等吐丝作茧或化蛹，受害严重的果园 7 月桃树大量落叶，8 月叶片落光，严重影响树体生长、花芽分化及果品质量。5 月上中旬发生第 1 代成虫，以后每月发生 1 代，危害盛期是 7—9 月，10—11 月开始越冬。

防治方法

（1）加强栽培管理。扫除落叶并烧毁，消灭越冬蛹。刮除粗皮，消灭越冬成虫，并将刮除的树皮集中处理。

（2）性诱杀。在果园中，距离地面 1.5m，每亩挂 5~10 个性诱器。

（3）灯光诱杀。该虫成虫群集飞行，有趋光性。用黑光灯诱杀成虫每亩设置2~3个黑光灯，下面放一容器，内加水与洗衣粉，水面与灯相距 10cm 左右。也可采用高压电网杀虫灯或太阳能杀虫灯。

（4）药剂防治。在桃芽萌发前，喷一次 3~5 波美度石硫合剂；发芽期结合防治桃树蚜虫施用 40% 的速蚧克乳油 1500 倍液或 2.5% 的功夫乳油 2000 倍液。在桃树落花后，虫卵叶率超过 5% 时，及时喷药防治第 1 代幼虫。所用药剂和剂量分别有：25% 的灭幼脲三号悬浮剂 1500~2000 倍液或 20% 的杀铃脲悬浮剂 6000~8000 倍液及90% 的万灵可湿性粉 4000 倍液。除了上述药剂，1.8% 的阿维菌素乳油 5000 倍液、20% 的灭扫利乳油 1500 倍液、2.5% 的溴氰菊酯乳油 3000 倍液、18% 的杀虫双水剂600~800 倍液或 50% 的杀螟松乳油 1000 倍液、0.26% 的绿宝清水剂 500~700 倍液、0.3% 的印楝素乳油 1000~1500 倍液等均可收到好的效果。

受害状

为害状与幼虫（10 倍解剖镜下）

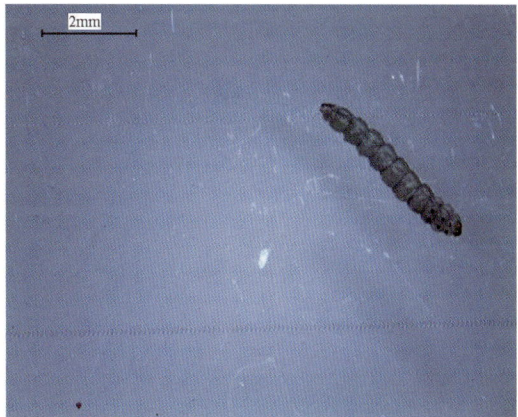

幼虫（10 倍解剖镜下）

为害状与蛹

蛹（8 倍解剖镜下）

参考文献

［1］王世琦，王一州，郭印，等. 防治桃树潜叶蛾的田间药效筛选试验［J］. 现代园艺，2013，9：10-11.

［2］王惠玲，谢玉琴. 桃树潜叶蛾生活习性及综合防治技术［J］. 甘肃林业，2014，1：33-34.

4 李子病虫害

4.1 李子病害

4.1.1 李红点病 *Polystigma rubrum*（Pers.）DC.

分布与危害

辽宁主要发生在营口等李子栽培区；且在我国南北方各地李树园区发生比较普遍。可引起果实和叶片凹陷，早期落叶，树势衰弱，影响果实品质与质量。

寄主

李树及李属植物。

症状

叶片染病初期，叶面产生橙黄色，稍隆起，边缘清晰的近圆形斑点。病斑颜色加深，病部叶肉加厚，其上产生许多深红色小粒点，即病菌的分生孢子器。秋末病叶转变为红黑色，正面凹陷，背面凸起，叶片卷曲，并出现黑色小粒点，即病菌埋在子座中的子囊壳。发病严重时，叶片上密布病斑，叶色变黄，卷曲，早期落叶。果实受害，产生橙红色圆形病斑，稍隆起，边缘不清楚，后期皱缩最后呈红黑色，其上散生很多深红色小粒点。果实常畸形，不能食用，易脱落。

病原

有性阶段为李疔菌 *Polystigma rubrum*（Pers.）DC.，属于子囊菌；无性阶段为 *Polystigmina rubra*（Desm.）Sacc.，属于半知菌。

发病规律

病菌以子囊壳在病叶和落果上越冬。翌年开花末期，散发出大量子囊孢子借风雨传播。从展叶盛期到 9 月都能发生，雨季发生严重。分生孢子器于 7—8 月成熟，子囊壳 10—11 月叶片枯死后才全成熟。各地气温不同，降雨量不等，发病时期也不同。低温多雨年份或植株和枝叶过密的李园发病较重。

防治方法

（1）农业防治。加强果园管理，冬季彻底清除病叶、病果，集中烧毁或深埋。秋翻地，春刨树盘，减少侵染来源。低洼积水地注意排水、降低湿度，减轻发病，勤中耕，避免果园土壤湿度过大。

（2）化学防治。萌芽前喷 5 波美度石硫合剂，展叶后喷 0.3~0.5 波美度石硫合剂。在李树开花期及叶芽萌发期，喷 0.5∶1∶100 波尔多液或琥珀酸铜 0.5% 溶液，进行预防保护。李子园发病可喷 65% 代森锌 400~500 倍液、50% 甲基硫菌灵可湿性粉剂 700 倍液、25% 苯菌灵乳油 800 倍液，每隔 10 天喷 1 次，共防治 2~3 次。

李红点病

参考文献
［1］王占斌，李晶莹. 李子红点病的发生与防治［J］. 防护林科技，2015（9）：117-118.
［2］陈井生，苗雨瞳，张鹏，等. 长春和哈尔滨地区李子红点病发生危害调查［J］. 黑龙江农业科学，2018（4）. 54-56.
［3］邱强. 中国果树病虫害原色图鉴［M］. 郑州：河南科学技术出版社，2004.

4.1.2 李褐腐病 *Sclerotinia fructicola*（**Wint.**）**Rehm**

分布与危害

又称菌核病、果腐病和实腐病。辽宁以及东北其他地区在多雨年份可能大范围流行；国内各地李子种植区发生普遍。引起果腐、花腐和叶枯。

寄主

桃、杏、李、樱桃、梅等核果类果树。

症状

主要为害果实，也可为害花、叶及枝梢。果实症状大多出现于生长后期，尤其是采收前 10 天左右开始发病。受害时果面初生褐色圆形病斑，后湿润腐烂，迅速蔓延扩展至全果，病部表面产生同心轮纹状排列的灰褐色绒球状霉丛，最后病果腐烂脱落，或干缩成僵果悬挂枝上。

病原

果生核盘菌 *Sclerotinia fructicola*（Wint.）Rehm，属子囊菌亚门串孢盘菌属。

发病规律

主要以菌丝体在僵果或病枝溃疡部越冬，翌春 10℃ 以上时产生大量分生孢子，借风雨或昆虫传播，初侵染多发生于初花期至落花期，形成花腐病，在潮湿环境下形成大量分生孢子进行再侵染。采收前如雨量过多，李子果实生长迅速，表面产生微细的裂缝，孢子附着其中进行侵染，发病后导致落果。有的果子在运输、贮藏和销售期间均可发病。高湿、高温多引发病害流行。分生孢子萌发最适温度为 24～26.5℃。10℃ 以上开始侵染。湿度在 80% 以下发病时间延长。管理粗放、修剪粗糙、枝叶过密、树势衰弱、地势低洼、排水不良都会加重发病程度。

防治方法

在发病严重地区，应彻底清除果园越冬病原菌，注意果园卫生，及时防治虫害，加强果园管理对减轻病害有重要作用。

（1）搞好果园清洁。随时清除树上和地面僵病果、病叶、落叶，结合冬剪剪除病枝，集中烧毁或深埋。

（2）加强栽培管理及时防治虫害。不宜密植，使树体通风透光，搞好排水设施保持果园干燥。及时防治食心虫、蟓象、卷叶虫等咀嚼式口器害虫及刺吸式害虫。

（3）药剂防治。李树萌芽前喷洒 80% 五氯酚钠加石硫合剂；展叶后喷洒 1：1：240 波尔多液。幼果至果实采收之前 10 天可喷洒 70% 甲基硫菌灵可湿性粉剂 800 倍液；65% 代森锌可湿性粉剂 1000 倍液；5% 朴海因可湿性粉剂 600 倍液。1～2℃ 低温贮藏。用臭氧水 1.5mg/L 处理 1 分钟可减少 50% 发病率。

李褐腐病

参考文献

[1] 李力莹，宿延令，别清进，等. 李褐腐病发生与综合防治 [J]. 吉林农业科学，2006，31（4）：48-49.

[2] 张慧丽，张建成，顾建锋，等. 李褐腐病病原菌的分离和鉴定 [J]. 中国果树，2008（2）：68-69.

[3] 李永波. 杏李褐腐病防治技术 [J]. 烟台果树，2017（2）：26.

4.1.3 李细菌性穿孔病 *Xanthomonas campestris* **pv.** *pruni*（Smith）Dye

分布与危害

又称李黑斑病、细菌性溃疡病。辽宁及全国李子栽培区均有发生，是李子主要病害之一。细菌性穿孔病分布范围广，危害严重。叶片、果实和枝条均可发病，造成早期落叶、黑斑果以及枯梢、溃疡、流胶现象，严重造成死树、绝产。

寄主

李树。

症状

一般首先侵染叶片。叶片发病初期为多角形水渍状斑点，以后扩大为圆形或不规则病斑，后期呈褐色后病斑干枯，病健组织交界处发生裂纹，形成 0.5～5mm 的穿孔，严重时叶片枯焦脱落。果实初侵染时，果皮上以皮孔为中心产生水渍状小点，后逐渐扩大，扩展到直径 2mm 时，病斑中心变褐色，最终可形成近圆形、暗紫色、边缘具水渍状的晕环，中间稍凹陷，表面硬化、粗糙的病斑。枝条感病后有春季溃疡和夏季溃疡两种病斑。春季溃疡发生在 1 年生枝条上，展叶出现小肿瘤，后膨大破裂，皮层翘起，木质部裸露，成为近梭形病斑。病部的木质部坏死，深达髓部。病斑纵裂后病菌溢出，开始传播。夏季溃疡发生在新梢上，先产生水渍状小点，扩大后变为不规则褐色病斑、流胶，春夏季两种溃疡斑都能发展成为典型近梭形溃疡斑，需多年才能愈合。

病原

甘蓝黑腐黄单胞菌桃穿孔致病型 *Xanthomonas campestris* pv. *pruni*（Smith）Dye。

发病规律

病原细菌不能在果实和叶片上越冬，只能在枝干病斑中越冬。翌年春气温升高后，潜伏在病组织中的细菌开始活动，病部表皮破裂，病菌溢出，借风雨或昆虫传播，经叶片的气孔、枝条及果实的皮孔侵入。生长期染病的枝干、叶片和果实上的病菌互相交叉感染导致再侵染。发病与流行快，交叉感染严重。过于密植、排水不良、树势衰弱以及偏施氮肥的果园发病较重。

防治方法

（1）选育抗病品种。选择培育抗病品种是防治李细菌性穿孔病的最经济、最有效的措施。绥李 3 号和早红李为抗病品种，跃进李属于中抗品种，绥李 3 号表现果大、丰产、树形紧凑、性状优良，可作为细菌性穿孔病发病严重地区的抗病主栽品种。选择抗病砧木。

（2）加强园区管理。增施有机肥，改良土壤，加强修剪，改善通风透光条件，科学排水。

（3）清除传染病源。生长季节及时清理隔离病叶病果病枝。在冬季落叶后喷 3~5 波美度石硫合剂或 20% 松脂酸铜乳油，结合冬季修剪病虫枝并带出园地集中烧毁；春季李萌动前，刮除枝干上的病斑集中烧毁，然后用 3~5 波美度石硫合剂涂抹。

（4）喷施化学药剂。防治李叶片细菌性穿孔病的最好药剂是炭轮果腐净、大生 M-45、农用链霉素、新植霉素、代森铵等；防治果实病害可用硫酸锌石灰液、大生 M-45、炭轮果腐净；防治当年生枝条细菌性穿孔病可用农用链霉素、新植霉素、代森铵、菌毒清、硫酸锌石灰液。在李落花后立即进行，每隔 10 天左右喷药 1 次。注意天气预报，长期不降雨可不用药，有雨时须雨前喷药，雨后及时补药。

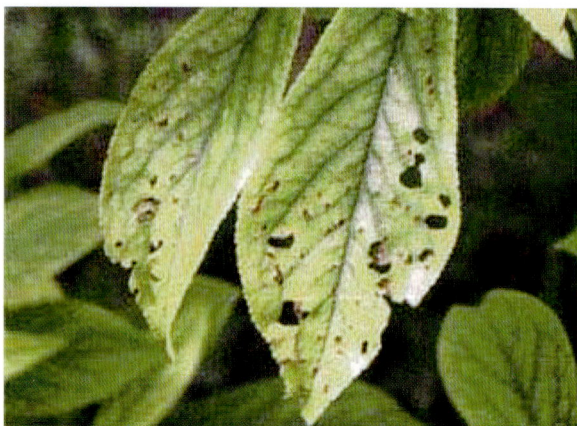

李细菌性穿孔病

参考文献

［1］费显伟，王润珍. 李细菌性穿孔病发生规律及防治［J］. 沈阳农业大学学报，1998，29（1）：24-29.

［2］唐秀光，郑辉. 李细菌性穿孔病综合防治技术［J］. 河北林果研究，2006，03：320-322.

［3］王飞高，俞均昌，易为，等. 浙南山地国外李细菌性穿孔病的综合防治技术［J］. 南方农业，2008，2（3）：27-29.

［4］严潇. 李细菌性穿孔病发病表现与防治对策［J］. 西北园艺（果树），2017（3）：34-35.

［5］王飞高，胡立红，刘卓香，等. 浙江云和李细菌性穿孔病的发生及综合防治［J］. 中国果树，2006（3）：59.

4.1.4　李流胶病 *Botryosphaeria dothidea*（**Moug. ex Fr.**）**Ces. et de Not.**

分布与危害

辽宁主要发生在营口等李子栽培区；国内李子产区均有发生。主要为害枝干，造成减产严重甚至毁园。

寄主

桃、杏、李等核果类果树普遍发生。

症状

流胶病主要为害李树1~2年生枝条。受为害后，李树枝条皮层呈疱状隆起，随后陆续流出柔软透明的树胶，树胶与空气接触后变成红褐色至茶褐色，干燥后则成硬块，病部皮层和木质部变褐色并坏死，树势衰弱，形成枯枝，重者全株死亡。

病原

发病原因包括非侵染性和侵染性两种。侵染型病原菌为茶藨子葡萄座腔菌 *Botryosphaeria dothidea*（Moug.）Ces. et de Not.，属子囊菌真菌。

发病规律

枝干冻害、虫害、修剪伤口、通风不良、不合理灌溉施肥等生理性病害及真菌危害均可造成流胶，雨后较重，黏壤土和肥沃土李园易发生流胶病，周年发生，高温多雨季节多见，盛果期严重。病原菌以菌丝体、分生孢子器在病枝里越冬，翌年3月下旬至4月中旬散发出分生孢子，随风雨传播，主要经伤口侵入，也可从皮孔及侧芽侵入。6—9月为发病高峰期，以后就不再侵染为害。因此，防止此病以新梢生长期为好。

防治方法

（1）果园管理。及时防治天牛等蛀干害虫，剪除病枯枝，清除杂草、病枯枝并焚烧。冬季树干涂白、预防冻害和日灼伤。增强树势，加强土肥水管理。

（2）化学防治。5—6月为防治适期，可用12.5%烯唑醇可湿性粉剂2000~2500倍液，或25%百菌清可湿性粉剂500倍液喷施，每隔15天喷1次，连喷3~4次，也可用50%多菌灵或50%甲基托布津800倍液喷雾。

（3）病部涂药。发芽前将流胶部位病组织刮除。伤口涂5波美度石硫合剂或45%晶体石硫合剂30倍液。流胶较重时，在病部先用刀尖纵向划道，然后涂抹45%晶体石硫合剂30倍液。

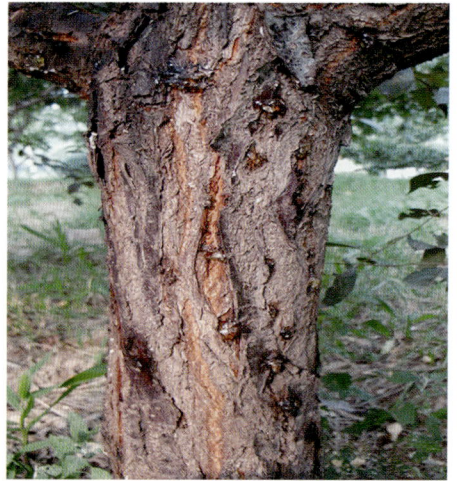

李流胶病

参考文献

[1] 陈玉裕, 陈远栋, 何灵燕. 李树流胶病的发病规律与综防技术 [J]. 现代园艺, 2015 (13): 120-121.

[2] 石冬冬. 李果实流胶病发病原因及防治措施研究 [D]. 四川农业大学, 2015.

[3] 刘琪, 何朝辉, 黄丹敏, 等. 李树流胶病病原特性及发病规律研究 [J]. 植物保护, 2003 (01): 39-42.

[4] 黄丹敏, 刘琪, 侯瑞曦. 李树流胶病及其病原菌寄主范围研究 [J]. 北方果树, 2002 (5): 18.

[5] 胡宁林. 李树流胶病的防治措施 [J]. 安徽林业科技, 2009 (2): 56-57.

4.2 李子虫害

4.2.1 李小食心虫 *Grapholitha funebrana* Treitscheke

分布与危害

辽宁李子树栽培区常见虫害；国内分布于东北、华北、西北果产区。幼虫于果皮下潜食果肉，使果实畸形，排便于蛀口或果实内。蛀果前在果面吐丝结网取食近核处果肉，果孔处流出泪珠状果胶。破坏果实输导组织，使果实脱落或失去食用价值，对产量与品质影响极大。

寄主

李、山楂、樱桃、桃、杏等果树，以李最重。

形态特征

成虫：体长 4.5~7mm，翅展 11~14mm，体背灰褐色，腹面灰白色，复眼灰色，前翅长方形，烟灰色，前缘有 18 组不明显白色斜短纹，翅面密布小白点，在近顶角和外缘，白点排成较整齐的横纹，缘毛灰褐色。后翅淡烟灰色，梯形，缘毛灰白色。初产半透明乳白色，后转黄白色，迎光呈五彩。

卵：扁平圆形，长 0.6~0.7mm，初白色，透明，孵化前淡黄色。

幼虫：老熟幼虫体长 12mm 左右，桃红色，腹面色淡。头、前胸盾黄褐色，臀板淡黄褐或桃红色。腹足不规则双序趾钩。

蛹：长 6~7mm，初淡黄色，后褐色。第 3~7 节背面有短刺。

茧：长约 10mm，纺锤形污白色。

生物学特性

发生代数因地而异。辽宁 1 年发生 2 代。均以老熟幼虫在树干周围土中、杂草等植被下及树皮裂缝中结茧越冬。翌年 4—5 月上旬化蛹，成虫发生期在辽西为越冬代 5 月中旬，第 1 代 6 月中下旬，第 2 代 7 月中下旬。成虫昼伏夜出，有趋光和趋化性。卵散产于果面或偶尔于叶片上，卵期 4~7 天。孵化后即蛀果，被害果极易脱落，幼虫在被害果未脱落前转果为害。否则随果落地无法完成幼虫期。第 2 代幼虫蛀食果肉至蛀孔流胶，被害果多不脱落。幼虫危害 20 余天老熟脱果，结茧越冬。

防治方法

（1）成虫发生期利用黑光灯、糖醋液诱杀成虫。

（2）落花后越冬代成虫羽化出土前防治。①于树盘压土 6~20cm 厚拍实，使成虫不能出土，待成虫羽化完毕时及时撒土防止果树翻根。②在树冠下干周半径 1m 范围内地面撒药，毒杀羽化成虫，可喷洒 50% 辛硫磷乳油 1000 倍液，20% 杀灭菊酯乳油或 2.5% 敌杀死乳油 2000 倍液等。

（3）卵孵化盛期至低龄幼虫期药剂防治。喷洒 25% 灭幼脲 3 号悬浮剂或 50% 杀螟硫磷乳油、25% 苏脲 1 号乳油 1000 倍液，5.7% 百树菊酯乳油 3000 倍液等。果实采收前 30 天不喷药。晚熟品种仍应继续喷药，防止第 2、3 代幼虫。

（4）用李小食心虫性诱剂监测成虫发生期和发生量，并在成虫高峰后 3~5 天打药，可取得很好的防效，一般可用 5% 来福灵，2.5% 敌杀死或 20% 速灭杀丁乳油 2000~3000 倍液等常规喷布，也可用菊酯类农药与 40% 乐果乳油 2000 倍混合液喷布。

（5）可使用白僵菌等生物制剂对树冠下土壤进行处理，或放养小鸡等。

李小食心虫幼虫

参考文献

［1］徐明举，吴秋，刘中昌. 危害李子主要食心虫的发生规律与综合防治技术［J］. 南方园艺，2010，21（03）：29.

［2］张宝云，张泽勇. 李小食心虫发生规律及防治措施［J］. 现代农村科技，2010（08）：30.

［3］辛贵东. 李小食心虫综合防治技术［J］. 吉林农业，2011（9）：79.

［4］周元福，夏莉，陈阳琴. 李小食心虫的发生与防治［J］. 农技服务，2016，33（7）：62.

［5］彭成绩. 南方果树病虫害原色图谱［M］. 北京：中国农业出版社，2017.

4.2.2 李实蜂 *Hoplocampa fulvicornis* Panzer

分布与危害

属膜翅目叶蜂科。在辽宁李树栽培区及全国李树产区发生普遍。以幼虫蛀食幼果核仁，被害果停止生长，多被食空，且堆积着虫粪，受害果极易脱落，对李果生产威胁严重。

寄主

李树。

形态特征

成虫：小型锯蜂，体黑色。雌虫体长 4~6mm，雄虫略小，触角 9 节，丝状，第 1 节黑色，第 2~9 节暗棕色（雌）或淡黄色（雄）。中胸背面有明显"义"字形沟纹。翅透明，雌虫翅灰色，翅脉黑色，雄虫翅淡黄色，翅脉棕色。

幼虫：老熟幼虫体长 8~10mm，黄白色，胸足 3 对，腹足 7 对。向腹面弯曲呈 C 状，头部淡褐色，胸腹部乳白色。

蛹：裸蛹，乳白色。

茧：7~8cm，表面黏细土粒。

生物学特性

1年发生1代，以老熟幼虫在10cm深的土中结茧越冬。越冬幼虫于翌春3月中旬李树萌芽时化蛹，3月下旬至4月上旬开花期羽化出土。成虫晴天温度高时在树冠上部成群飞舞或在花内取食产卵。一般是将卵产在花托和花萼的表皮下的组织内，以花托上产卵最多。幼虫孵化后咬破花托外表皮，向上爬行再蛀入子房，蛀孔针头大小。无转果为害。幼虫期26~31天，老熟后在果实的中下部咬一圆孔脱果，坠落地面，钻入土下。也有的随被害落果坠地，再脱果入土。幼虫多在树冠下10cm深的土层内，结一长椭圆形茧越冬，以离主干50cm至树冠外缘的土层内最多。

防治方法

（1）农业防治。科学修剪，调节通风透光，雨季注意果园排水措施，保持适当的温湿度，结合修剪，清理果园，冬耕深翻园土，促使越冬幼虫死亡，减少虫源。

（2）地面施药。在幼虫脱果期，于地面施药，杀死脱果幼虫。常用药剂有25%辛硫磷微胶囊剂，或用48%乐斯本乳油200~300倍液喷雾。施药前先清除地表杂草，施药后轻耙土壤，使药与土混匀。

（3）化学防治。①在花前3~4天，也即当花蕾由青转白时，但未开花或极少量开花时，施药是杀灭羽化的成虫以及防止成虫产卵的最佳时期。②在花后，即花基本落完时，是喷药杀灭李实蜂幼虫及防止幼虫蛀果的最佳时期，抓住这两个最主要的关键时期对李实蜂进行防治。两个时期各喷1次药，药剂可用2.5%功夫菊酯乳油3000倍液、10%氯氰菊酯乳油3000倍液、80%敌敌畏乳剂1000倍液、20%速灭杀丁乳油3000倍液或2.5%敌杀死4000倍液等。成虫羽化出土始期喷2000倍液杀灭菊酯或80%敌敌畏乳油1000倍液。在成虫出土始期或幼虫脱果入土始期，树盘松土后地面喷撒菊酯类农药或辛硫磷。

李实蜂幼虫

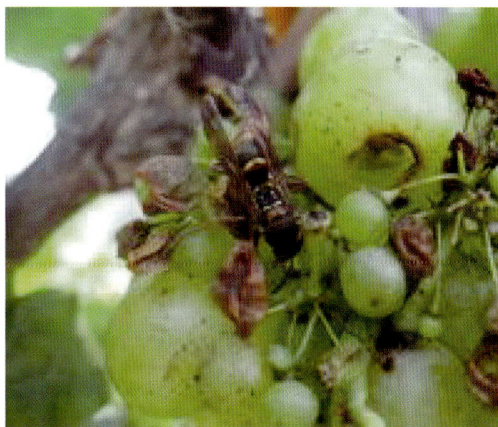

李实蜂成虫（正面）

参考文献

[1] 王震，王仁清，王文普，等. 李实蜂的发生与防治 [J]. 河南农业科学，2004，33（7）：91.

[2] 张建国，杨联伟. 李实蜂的发生规律与防治技术 [J]. 中国南方果树，2005，34（4）：49.

[3] 衡雪梅，乔改梅，袁水霞，等. 李实蜂的发生危害和防治对策 [J]. 北方园艺，2011（5）：188-189.

4.2.3 桑白蚧 *Pseudaulacaspis pentagona* **Targioni-Tozzetti**

分布与危害

属同翅目盾蚧科。辽宁李树栽培区均有发生；国内分布广泛，华南、华东、华中、西南、海南、台湾等均有发生。桃树、李树的重要害虫，以雌成虫和若虫群集固着在枝干上吸食养分，严重时灰白色的蚧壳密集重叠，不见树皮，形成枝条表面凹凸不平，树势衰弱，枯枝增多，甚至全株死亡。

寄主

主要以桑、桃、李、樱桃、杏等核果类果树为害较为严重，也为害苹果、梨、葡萄、柿、板栗、枇杷、梅、无花果、杨柳、丁香等多种落叶果树及林木。寄主植物已达55个科，120个属。

形态特征

成虫：雌成虫橙黄色或橙红色，体阔，倒梨形，长约1mm，腹部分节明显。雌蚧壳圆形，直径2~2.5mm，略隆起，有螺旋纹，灰白至灰褐色，壳点黄褐色，在蚧壳中央偏旁。雄成虫体瘦长，纺锤形，以中胸为最阔，末端尖削。橙黄色至橙红色，体长0.6~0.7mm，仅有翅1对。雄蚧壳细长，白色，长约1mm，背面有3条纵脊，壳点橙黄色，位于蚧壳的前端。

卵：椭圆形，长径0.25~0.3mm。初产时淡粉红色，渐变淡黄褐色，孵化前橙红色。

若虫：初孵若虫淡黄褐色，扁椭圆形，体长0.3mm左右，可见触角、复眼和足，能爬行，腹末端具尾毛2根，体表有绵毛状物遮盖。蜕皮之后眼、触角、足、尾毛均退化或消失，开始分泌蜡质蚧壳。

生物学特性

在北方地区1年生2代，南方则发生3~5代，以第2代受精雌虫于枝条上越冬，寄主萌动时开始吸食为害。5月中旬为卵孵始盛期，分散在2~5年生枝条上固着取食。分叉处和阴面居多，6~7 天后开始分泌绒毛状蜡丝，形成蚧壳。第 1 代若虫期长达 40~50 天，第 2 代若虫期 30~40 天。两性生殖，具有脱蚧现象。群集性强，雌雄分栖。对气候敏感，高温干旱条件下虫口减少，且受天敌影响大。

防治方法

（1）人工防治。因其介壳较为松弛，可用硬毛刷或细钢丝刷刷除寄主枝干上的虫体。结合整形修剪，剪除被害严重的枝条。

（2）化学防治。1 龄若虫盛孵期防治，是防治该虫的最佳时期。推荐使用含油量 0.2% 的黏土柴油乳剂混 80% 敌敌畏乳剂、50% 混灭威乳剂、50% 杀螟松可湿性粉剂、或 50% 马拉硫磷乳剂的 1000 倍液。此外，40% 速扑杀乳剂 700 倍液亦有高效。成蚧期防治可用加有 0.1% 的有效磷农药（如 50% 马拉松乳油、50% 甲硫磷乳油等）20 倍的石油乳剂。用柴油石灰乳剂（柴油∶石灰∶水 = 1∶1∶10，先用水将石灰化开，趁热加入柴油搅拌而成）在冬季防治；用煤油∶洗衣粉∶水 = 1∶3∶50 混合，在夏伐后喷雾或涂株，防效可达 98% 以上。

（3）保护利用天敌。田间寄生蜂的自然寄生率比较高，有时可达 70% ~ 80%；此外，瓢虫、方头甲、草蛉等的捕食量也很大，均应注意保护。主要天敌均在蚧壳下取食、化蛹、越冬等，因此剪伐时，将有桑白蚧的枝条置于室内保护，待天敌羽化后再烧弃。

桑白蚧及其为害状

桑白蚧

参考文献

[1] 魏治钢, 赵莉, 杨森. 桑白蚧的研究进展 [J]. 新疆农业科学, 2010, 47 (2): 334-339.

[2] 俎文芳, 刘秀英, 茆振川. 桃树桑白蚧发生规律及危害特性研究 [J]. 河北果树, 2004 (6): 9-11.

[3] 刘文杰. 桃树桑白蚧发生原因及综合防治 [J]. 果农之友, 2014, 12: 27-28.

[4] 满红. 桑白蚧壳虫的发生及防治 [J]. 落叶果树, 2013, 45 (06): 38.

[5] 王泽林. 桑白蚧生活规律及防治方法 [J]. 蚕桑茶叶通讯, 2009, 29 (2): 30-31.

[6] 孙孝龙, 王素娟, 童朝亮, 等. 桑白蚧的生物学特性及其防治 [J]. 蚕桑通报, 2005, 36 (3): 37-38.

[7] 柴立英，杜开书，刘国勇，等. 桃树桑白蚧发生规律及生物学特性的研究 [J]. 湖北农业科学，2010，49（2）：342-345.

4.2.4 黑星麦蛾 *Telphusa chloroderces* Meyrich

分布与危害

辽宁李树栽培区常见；国内分布于河南、山东、吉林、河北、山西、陕西、江苏等。常数头幼虫在新梢顶数片叶缀叶吐丝做巢，卷成团，群聚危害，幼虫取食叶肉，残留表皮与叶脉，虫苞呈枯黄色。稍大开始卷叶为害，严重时全树枝梢被吃光，一片枯黄。

寄主

苹果、沙果、海棠、山定子、梨、桃、李树、杏、樱桃等。

形态特征

成虫：体长5~6mm，翅展16mm，体灰褐色。胸部背面及前翅黑褐色，有光泽，前翅靠近外线1/4处有一淡色横带，从前缘横贯到后缘，翅中央还有3~4个黑斑，其中2个十分明显。后翅灰褐色。

卵：椭圆形，淡黄色，长约0.5mm，有珍珠光泽。

幼虫：体长10~15mm，细长形，背线两侧各有3条淡紫红色纵纹，貌似黄白色和紫红色相间的纵条纹。头部、臀板和臀足褐色，前胸盾黑褐色，腹足趾钩双序环34~38个；臀足趾钩双序缺环28~32个。

蛹：长6mm，红褐色，第7腹节后缘有橘黄色并列刺突，第6节中部有2个突起。茧灰白色，长椭圆形。

生物学特性

1年发生3代，以蛹在杂草、土缝、树干老皮中越冬，翌年4月羽化为成虫。卵产在叶丛或梢顶未展开叶的叶柄基部，卵单产或数粒成堆，4月中旬幼虫在嫩叶上为害，严重时数头将枝端叶缀连在一起，居中为害。幼虫较活泼，受触动吐丝下垂。5月底老熟幼虫在卷叶内结茧化蛹，蛹期约10天。6月上旬开始羽化，以后世代重叠。

防治方法

（1）人工防治。秋冬季清扫果园中落叶，铲除杂草，集中消灭越冬蛹；生长季结合修剪，疏花疏果，刮树皮，摘除卷叶，消灭其中幼虫。

（2）药剂防治。成虫羽化盛期及第一代卵孵化盛期后是施药的关键时期，可用

80%敌敌畏乳油或48%乐斯本乳油、25%喹硫磷、50%杀螟松、50%马拉硫磷乳油1000倍液；2.5%功夫或2.5%敌杀死乳油或20%速灭杀丁乳油3000～3500倍液、10%天王星乳油4000倍液或52.25%农地乐乳油1500倍液。

黑星麦蛾幼虫

参考文献

［1］夏孔建. 李树病虫害综合防治技术［J］. 现代农业科技，2009，20：171-173.

［2］张静，邓胜楠，段慧，等. 桃蛀螟和黑星麦蛾的发生与防治［J］. 现代农村科技，2013（20）：33.

［3］何树海. 苹果树黑星麦蛾的发生及防治［J］. 中国果树，2003（6）：37.

［4］邱强. 果树病虫害诊断与防治彩色图谱［M］. 北京：中国农业科学技术出版社，2013.

5　海棠病虫害

5.1　海棠病害

5.1.1　海棠锈病 *Gymnosporangium asiaticum* Miyabe ex Yamada

分布与危害

发生于除辽宁海棠栽培区；国内分布于华北、西北、华中、华东及西南等地区，主要为害海棠叶片，也会为害叶柄、嫩枝和果实。发病严重时，海棠叶片上病斑密布，致使叶片枯黄早落。该病已经成为为害海棠与松柏类植物的主要病害之一，并严重威胁城市绿化。

寄主

该病冬季寄生为害桧柏嫩枝，其中以蜀桧、龙柏发生较重，花柏、刺柏次之。夏季主要为害苹果、梨、海棠、山楂等叶果和嫩枝。

症状

叶面最初出现黄绿色小点，扩大后呈橙黄色或橙红色有光泽的圆形或不规则病斑，边缘有黄绿色晕圈。病斑上着生针头大小橙黄色的小点粒，后期变为黑色，略向叶背隆起，着生黄白色至灰褐色毛状物，后变成黑褐色，脱落成穿孔状。叶柄、新梢与果实感病，病斑隆起，着生橙黄色疱疹粒与毛状物；新梢感病后期病部凹陷易折断；幼果感病生长迟缓，果实畸形。

病原

病原菌有梨胶锈菌 *Gymnosporangium asiaticum* Miyabe ex Yamada 和山田锈菌 *Gymnosporangium yamadai* 两种，属担子菌亚门、冬孢菌纲、锈菌目、胶锈菌属。

发病规律

病原菌以菌丝体在针叶树寄主体内越冬，可存活多年。翌年3—4月冬孢子成熟，菌瘿吸水胀大为橙黄色舌状胶质块，开裂，在适宜的温湿度条件下，冬孢子萌发5~6小时后即产生大量的担孢子。借风传播至海棠上，萌发后侵入寄主表皮。4月下旬海棠上产生橘黄色病斑，5月上旬出现性孢子器，性孢子由风雨和昆虫传播，

2~3 周后锈孢子器出现，6 月为发病高峰期。8—9 月锈孢子成熟，由风传播到桧柏等针叶树上，没有夏孢子，故生长季节没有再侵染。春季高温多雨条件下发病较重。

防治方法

（1）合理配置。海棠栽培区域 5km 范围内避免种植桧柏和龙柏等转主寄主，如已经混栽，要彻底清除转主寄生植物。若景观配置必须混栽，则应将柏树类植物种植在下风口，海棠种植在逆风口，或选用抗病品种。

（2）栽培措施。2—3 月适当剪除桧柏等柏科寄主上的虫枝和病枝，进行园区清理，病芽摘除且集中烧毁或深埋。提倡施用腐熟的有机肥，增施磷钾肥，不偏施氮肥。

（3）药剂防治。3 月上中旬春季植株开始萌芽时，对柏树和海棠植株喷 1：2：100 的倍量式波尔多液或 3~5 波美度石硫合剂，连续喷洒 2~3 次。4、5 月担孢子开始侵染海棠初期，尤其是降水达到 4mm 以上时，立即选用 15%粉锈宁可湿性粉剂 1800~2000 倍液，或 65%代森锌可湿性粉剂 500 倍液，或 12.5%腈菌唑乳油 600 倍液喷雾，不同药剂交替喷洒，每隔 7~10 天喷 1 次，连续喷洒 3 次。8—9 月，当锈孢子成熟时，摘下染病叶片集中烧毁。并选用 25%粉锈宁可湿性粉剂 1500~2000 倍液，或 12.5%烯唑醇可湿粉剂 2000~2500 倍液，或 65%代森锌可湿性粉剂 500 倍液对海棠植物喷雾防治。不同药剂交替喷洒，每隔 10 天喷 1 次，连续喷洒 3 次。

海棠锈病

参考文献

［1］付晓颖，张东光. 吉林松原地区海棠锈病发生与防治［J］. 中国园艺文摘，2012，28（12）：171-172.

［2］刘虎. 梨苹锈病的生物学特性及贴梗海棠和垂丝海棠锈病的防治［J］. 西昌师范高等专科学校学报，2002（03）：96-100.

［3］刘鹏远，李厚华，甘林鑫，等. 海棠锈病病菌特征观察及其冬孢子萌发培养［J］. 北方园艺，2018（10）：75-81.

［4］杨永花，苑力晖，杨振坤，等. 兰州地区观赏海棠锈病的发生及防治技术［J］. 甘肃农业科技，2018（02）：92-94.

［5］徐暄. 垂丝海棠锈病的发生与综合防治技术［J］. 现代园艺，2010（06）：49.

5.1.2　苹果褐斑病 *Diplocarpon mali* Harada et Sawamura

分布与危害

又称绿缘褐斑病。辽宁分布于苹果产区；国内分布于河北、陕西、新疆、甘肃、江苏、四川、吉林等地。主要为害叶片，也能侵染果实、叶柄。

寄主

苹果、沙果、海棠、山定子等。

症状

最初发生在树冠下部和内膛叶片上，发病严重时外围叶片也可发病；发病初期，叶片正面生直径 0.2~0.5mm 褐色小斑点，周缘有一圈绿色，单生或数个连生；发病后期，病斑扩展形成同心轮纹型、针芒型、混合型 3 种不同类型的病斑，其共同特点是中央变黄，周围仍保持绿色晕圈，病叶早期脱落。初期侵染或抗性较强的叶片上病斑常为 1 个褐色小点，流行季节病斑多为针芒状，干旱季节多为同心轮纹状。枝条基部老叶片发病快，脱落早。果实染病，果面上初期散生淡褐色小斑点，渐扩大，边缘清晰；病斑稍下陷，直径 6~12mm，表面散生具光泽黑色小粒点；病部表皮下果肉褐变，组织坏死，多达果心，后期坏死组织呈海绵状，干腐。叶柄染病，叶柄表皮初生黑褐色长圆形病斑，常引起叶片枯死。

病原

有性态为 *Diplocarpon mali* Harada et Sawamura，称苹果壳二孢，属子囊菌，无性世代 *Marssonina coronariae* J. J. Davis，称苹果盘二孢，属半知菌类。

发病规律

病菌以菌丝体和分生孢子盘在病叶上越冬，翌年春天产生分生孢子，通过风雨传播，或直接从气孔侵染。侵染温度范围为 5~30℃，最适温度为 20~25℃。侵染需叶面结露，遇到持续 7 小时以上降雨即可导致叶片发病，潜育期短，在田间可多次再侵染。病菌从侵染到引起落叶需 13~55 天。田间一般从 5—6 月开始发病，7—9 月为发病盛期，严重时可造成大量落叶，部分植株出现当年开花现象。

该病的发生流行与气候、栽培、品种等关系密切。冬季温度潮湿，春雨早，雨量大，夏季阴雨连绵的年份，常发病早且重，多雨是该病流行的主要条件。温度主要影响病害的潜育期，在较高的温度下，潜育期短，病害扩展迅速。管理不善、套袋后用药间隔期过长、地势低洼、排水不良、树冠郁闭、通风不良的常发病较重，树冠内膛下部叶片比外围上部叶片发病早且重。

防治方法

（1）加强栽培管理。合理修剪，合理肥水，改善园内通风透光条件，增强树势。

（2）清除病源。秋冬季清扫果园内落叶及树上残留的病枝、病叶，深埋或烧毁。春季将未清除病叶翻于地下。发病初期及时摘除病叶枝条。

（3）喷药保护。一般5月中旬开始喷药，隔15天1次，共3~4次。常用药剂有：波尔多液（1∶2∶200）、30%绿得保500倍液、77%可杀得800倍液、70%甲基托布津可湿性粉剂800倍液、70%代森锰锌可湿性粉剂500倍液和75%百菌清可湿性粉剂800倍液等。注意在幼果期喷用波尔多液易产生果锈。

苹果褐斑病叶面初生病斑

同心轮纹型病斑

针芒型病斑

混合型病斑

参考文献

［1］郝婕，魏亮，工献革，等. 苹果褐斑病不同药剂防治效果的比较研究［J］. 内蒙古农业大学学报（自然科学版），2015，36（03）：22-25.

［2］成萍旎，单宏英，胡小敏，等. 西北地区苹果褐斑病数学预测模型建立与分析［J］. 生物数学学报，2012，27（03）：571-575.

［3］赵华. 苹果褐斑病病原学、组织细胞学和化学防治研究［D］. 杨凌：西北农林科技大学，2012.

［4］黄园，张荣，朱刚，等. 中国主要苹果种质抗褐斑病评价［J］. 西北农业学报，2013，22（08）：122-126.

［5］冷鹏，刘延刚，马宗国，等. 山东省苹果褐斑病的发生规律及综合防控策略［J］. 中国果树，2013（04）：68-71.

［6］李保华，董向丽，李桂舫，等. 苹果褐斑病在山东烟台的发生与防治［J］. 中国果树，2008（06）：33-35.

［7］王永崇. 作物病虫害分类介绍及其防治图谱——苹果褐斑病及其防治图谱［J］. 农药市场信息，2015（23）：69.

5.1.3　苹果花叶病 Papaya Ring Spot Virus

分布与危害

在辽宁苹果与海棠产区普遍发生；另在我国各产区均有危害，以陕西、甘肃、山东、河南、山东等地发病较重。染病树一年生枝条较健株短，节数减少，果实不耐贮藏。

寄主

苹果、海棠、沙果、花红、槟子、山楂、木瓜等。

症状

在叶片上形成各种类型的鲜黄色病斑，因不同寄主品种及病毒株系间差异其症状变化很大，一般可分为5种类型。①斑驳型。病斑鲜黄色、大小不等、不规则、边缘清晰，易枯死。通常出现最早且最普遍。②花叶型。病斑呈较大块的深绿与浅绿的色变，边缘清晰，数量较少，发生略迟。③条斑型。病叶沿中脉失绿黄化，并延及附近叶肉组织。有时沿主脉及支脉发生黄化，变色部分较宽；有时呈网纹状。发生较晚。④环斑型。病斑鲜黄色，环状或近似环状，环内仍为绿色，发生少而晚。⑤镶边型。病叶边缘黄化，形成变色镶边，近似缺钾症状，病叶其他部分正常。仅在少数品种上偶尔见到，自然条件下不同病症可同时出现。

病原

李属坏死环斑病毒苹果株系 Papaya Ring Spot Virus 简称 PRSV。

发病规律

全株性病害，不断繁殖，终身危害。病毒主要靠嫁接（芽接和切接）传染，通过接穗或砧木传播。蚜虫、木虱、菟丝子、红蜘蛛等以及种子也可传毒。病树在早春萌芽后不久即出现病叶，到4—5月病害迅速发展；7—8月（盛夏期）病害减轻，有时出现隐症现象；9月初秋梢抽梢后症状又重新扩展；11月停止发展。不同品种的抗病性存在差异。气候凉爽、光照较强、土壤干旱条件下病症相对明显。

防治方法

（1）培育无病苗木。接穗采自无毒母树，砧木用实生苗。

（2）砍除病树。育苗期加强检查，修剪用具使用后及时消毒。

（3）交叉保护。利用花叶病毒的弱毒株系预先接种可干扰强毒株系的作用。将病症较轻植株上的枝条嫁接到为害严重树上。

（4）增加有机肥，增强树势；控制蚜虫与红蜘蛛为害。

（5）药剂防治。对病株及病株周围的果树在萌芽期 5 天左右（预防病毒病最佳时间之一）、花露红期、谢花后 7~10 天、夏至后至秋分前（这个时期是形成所有花芽和叶芽的关键时期）4 个时期，分别使用果树病毒 II 号 300~450 倍液稀释（或者果树病毒 I 号，每 40g 兑水 15kg，开花前后可适当减量），同时每桶水添加纯牛奶 1 包，进行喷雾，可有效预防和控制病毒病。病情严重的果树，可在萌芽时期进行病毒 II 号 450 倍液灌根，主要灌毛细根区，每株浇灌药液 25~30kg。

苹果花叶病受害叶

苹果花叶病受害果

参考文献

[1] 梁鹏博，张志想，刘斐，等. 苹果花叶病病原鉴定中遇到的问题及其可能的病原探究 [J]. 果树学报，2016，33（03）：332-339.

[2] 李东鸿，赵惠燕，胡祖庆，等. 苹果花叶病的危害、产量损失与防治研究 [J]. 西北农林科技大学学报（自然科学版），2002（05）：77-80.

[3] 高林森. 苹果花叶病对叶片净光合和蒸腾作用的影响 [J]. 河北农业科学，1991，（02）：14.

[4] 王永崇. 作物病虫害分类介绍及其防治图谱——苹果花叶病及其防治图谱 [J]. 农药市场信息，2015（26）：71.

[5] 王志会. 苹果花叶病的防治方法 [J]. 现代农业，2013（08）：23.

[6] 韩学俭. 苹果花叶病为害与防治技术 [J]. 中国果菜，2002（03）：20.

5.2 海棠虫害

5.2.1 梨冠网蝽 *Stephanitis nashi* Esaki et Takeya

分布与危害

又称梨军配虫、花网蝽、梨网蝽。辽宁分布于海棠产区；国内分布于东北、华北、华中、华东、西北等地区。属半翅目网蝽科，是为害海棠叶片的重要害虫之一。成虫、若虫群集在叶背吸取汁液。叶面出现黄白色斑点，叶前可见黑褐色虫便黏液和脱皮壳，利于霉菌滋生，阻碍光合作用，导致病害流行。使叶背呈黄褐色锈状斑点，引起叶片早期脱落，造成植株衰弱，影响生长发育及开花。

寄主

梨、苹果、海棠、花红、沙果、桃、李树、杏等。

形态特征

成虫：体长3~3.5mm，扁平，暗褐色。头小、复眼暗黑，触角丝状，翅上布满网状纹；前胸背板向后延伸成三角形，盖住中胸，两侧向外突出呈翼片状，褐色细网纹。前翅略呈长方形，具黑褐色斑纹，后翅膜质，白色透明，翅脉暗褐色。静止时两翅叠起，黑褐色斑纹呈"X"状。虫体胸腹部黑褐色，有白粉。腹部金黄色，有黑色斑纹。足为黄褐色。

卵：长椭圆形，长0.6mm，稍弯，初淡绿色，后淡黄色。一端弯曲上翘，具卵盖。

若虫：若虫似成虫，暗褐色。体缘具黄褐色的刺状突起。

生物学特性

1年发生3~4代，迁飞群集于叶背取食产卵，数十粒一处，黏液覆盖。5月中至6月初以成虫在落叶、杂草、树皮缝和树下土块缝隙内越冬，梨树展叶时开始活动，若虫孵化后群集在叶背面主脉两侧为害，成虫出蛰不整齐，世代重叠，2龄后扩散为害，7—8月为危害盛期。长期干旱天气导致其大爆发。到10月中下旬成虫越冬。

防治方法

（1）人工防治。①清洁果园。清除落叶、杂草、刮除枝干粗翘皮，集中烧毁耕翻树盘，破坏越冬场所。②适当喷水。加强管理工作，提高寄主植物的抗性和补偿能力。③束草诱杀。9月在树干上绑扎草把，诱集成虫潜伏越冬并于早春集中烧毁；冬季树干涂白，以减少越冬成虫；保护利用天敌。

（2）药物防治。越冬成虫出蛰期和各代若虫发生初期是防治的关键时期。药剂可选用：10%吡虫啉可溶性粉剂3000~4000倍液、5%吡虫啉乳油2000~3000倍液、25%悬浮剂1000倍液、90%敌百虫1000倍液和2.5%溴氰菊酯乳油1500~2500倍液等喷雾。药剂防治时应交替使用，避免害虫对药物产生抗药性。

梨冠网蝽成虫

梨冠网蝽叶背危害状

参考文献

[1] 徐志鸿. 如何防治梨网蝽 [J]. 山东农药信息, 2017 (04): 40.

[2] 董如义, 邹军. 梨冠网蝽对贴梗海棠的为害及防治 [J]. 植物医生, 2009, 22 (03): 23-24.

[3] 习宜元, 周威君, 葛春华. 梨冠网蝽生物学特性及防治的研究 [J]. 南京农业大学学报, 1989, (02): 125-126.

[4] 李兰平, 王广峰, 常丽平. 山楂栽培中常见的病虫害及防治 [J]. 农民致富之友, 2014 (04): 97+141.

[5] 孙学海. 梨冠网蝽在樱桃上的为害特征与综合防治措施 [J]. 中国植保导刊, 2007 (09): 22-23.

[6] 王玖荣, 吴雪燕, 陈亮, 等. 梨花网蝽的发生及防治 [J]. 山西果树, 2005 (01): 50-51.

[7] 张玉聚. 中国果树病虫害原色图解 [M]. 北京: 中国农业科学技术出版社. 2010.

5.2.2 苹果蠹蛾 *Cydia pomonella* Linnaeus

分布与危害

辽宁分布于海城、绥中、建昌等; 国内共分布于 7 省 (区) 144 个县, 是世界上仁果类果树的毁灭性蛀果害虫。具有很强的适应性、抗逆性和繁殖能力, 是我国一类检疫性有害生物。该虫以幼虫蛀食果实, 成串的褐色虫便排出果外。蛀果后深达果心, 取食种子。随虫龄的增大, 转果为害的蛀入孔也增大, 被害果采收前大量腐烂、脱落。

寄主

苹果、梨、海棠、沙果、杏、桃等果树。

形态特征

成虫: 体长 8mm 左右, 翅展 15~22mm, 体呈灰褐色略带紫色光泽, 头部具发达的灰白色鳞片丛。前翅臀角处有深褐色椭圆形大斑, 内有 3 条青铜色条纹, 其间显出 4~5 条褐色横纹。

幼虫: 初孵为白色, 随着发育背面显淡红色。老熟幼虫长 14~18mm, 头部黄褐色, 体红色, 两侧有褐色斑纹, 前胸背板褐色, 气门近圆形, 腹足 4 对, 末端臀足 1 对, 趾钩为单行缺环, 两端趾钩较短, 趾钩数 14~30 个, 臀足趾钩 13~19 个。

卵: 椭圆形, 长 0.7~1mm。

蛹: 黄褐色, 雄蛹触角较雌蛹发达。第 2~7 腹节背面的前后缘各有一排刺, 第 8~10 腹节背面仅有一排刺。雌蛹生殖孔开口于第 8~9 腹节腹面, 而雄蛹则开口于第 9 腹节腹面。肛门两侧各有 2 根钩状毛, 末端有 6 根毛。

生物学特性

1 年发生 2~3 代，以老熟幼虫在树干翘皮下、裂缝、树洞、堆果场的土块下、果窖、果筐缝隙内做茧越冬。成虫多在晚间活动，具有趋光性。成虫还具趋糖醋的习性。是短日照滞育昆虫，苹果蠹蛾第 1 代幼虫老熟后，一部分滞育结茧越夏越冬，到翌年夏季羽化。卵在树冠上垂直分布，上层最多，中层次之，下层最少，向阳、背风处产卵多。具转果危害习性。喜干热，厌冷湿，最适温度为 15~30℃。因此干热年份危害较重。

防治方法

（1）植物检疫。对疫区果品按检疫操作规程，严格实施调运检疫，加强疫情监测，严禁有虫果品上市流通。

（2）摘除虫果。果树生长季节及时摘除虫果深埋。

（3）束草环诱集。7 月上旬在树干分枝处束宽 20cm，厚 2cm 草环，以诱集下树越冬幼虫。冬季将草环解下烧毁。

（4）刮树皮防治。冬春季刮除树干老粗翘皮，用泥土填树洞，并将刮下的树皮集中烧毁，清除虫源。

（5）果品适时套袋。果品生长季节，适时对幼果套袋。

（6）糖醋液诱杀。成虫羽化期在果园每公顷挂 105~150 个糖醋液罐，诱杀成虫。

（7）性诱捕器诱杀。成虫羽化期在发生严重的果园挂置雌性信息素诱捕器，诱杀雄成虫。诱捕器 60~75 个/hm^2，均匀分布，悬挂于果树阴面枝条上，距地面约 1.5m。注意经常加水以保持水面高度，并及时捞出诱集到的死虫。

（8）饲养天敌。有条件的地方，人工饲养繁殖松毛虫赤眼蜂，在发生苹果蠹蛾的果园内卵期释放。

（9）农药防治。在第 1、2 代幼虫孵化期用 2.5% 敌杀死乳油 4000 倍液或桃小灵 2000 倍液，或 30% 氧乐菊酯 2500 倍液树冠喷雾 2~3 次，间隔期为 7 天，防治幼虫蛀果效果好；苹果蠹蛾羽化盛期用敌敌畏 1000 倍液喷雾防治成虫。

苹果蠹蛾成虫

苹果蠹蛾幼虫

苹果蠹蛾为害状

参考文献

［1］张耀荣，蒋银荃. 苹果蠹蛾生物学特性及综合防治 ［J］. 中国森林病虫，2001，01：21-23.

［2］刘志宏. 检疫性有害生物苹果蠹蛾的发生规律及防控技术 ［J］. 中国农业信息，2015（24）：87-88.

［3］徐婧，刘伟，刘慧，等. 苹果蠹蛾在中国的扩散与危害 ［J］. 生物安全学报，2015，24（04）：327-336.

［4］秦占毅，刘生虎，岳彩霞，等. 苹果蠹蛾的危害及综合防治技术 ［J］. 落叶果树，2007（02）：40-41.

5.2.3 梨星毛虫 *Illiberis pruni* Dyar

分布与危害

辽宁栽培区及国内河北、山西、河南、陕西、甘肃、山东、江苏等果品产区均有发生。越冬幼虫钻食花芽、花蕾，将其食空，使其不能开放，变黑枯死，并有黄褐色汁液从被害芽里流出。展叶后幼虫啃食叶肉成筛网状。幼虫稍大后吐丝连缀叶缘，将叶片向正面纵折包成饺子形虫苞，在其中取食叶肉，仅残留下表皮呈透明状，被害叶枯焦，严重时全树叶片干枯，造成 2 次发芽，不仅影响树势和当年结果，也会影响翌年的花芽分化，造成连年减产。

寄主

梨、苹果、海棠、桃、杏、樱桃和沙果等。

形态特征

成虫：体长 9~13mm，翅展 21~30mm。体、翅暗青蓝色，有光泽，翅半透明，翅脉清晰。前后翅中室有 1 根中脉通过，翅面分布黑色绒毛，翅缘浓黑色，略生细毛。雄蛾触角羽状；雌蛾触角锯齿状。

卵：长约 0.7mm，扁椭圆形。初产时白色，后渐变为黄白色，近孵化时变为紫褐色。常数十粒至百余粒排列成卵块。

幼虫：初孵幼虫灰褐色，老熟幼虫体长 18~20mm。体肥短，黄白色，纺锤形。头、胸、足黑褐色，头常缩入前胸里，体背线黑褐色，两侧各有一列 10 个近圆形黑斑，各节有毛丛，6 簇，上生白色长毛和短毛。

蛹：11~14mm。化蛹初时黄白色，近羽化时黑褐色。腹部背面第 3~9 节前缘有一列短刺突，蛹外有两层白色薄丝茧。

生物学特性

东北、华北每年发生 1 代。以 2、3 龄幼虫在树干裂缝和粗皮间结白色薄茧越冬。翌年早春萌芽时开始出蛰活动，为害芽、花蕾和嫩叶。幼虫一生为害 7~8 张叶片，老熟后在叶苞内化蛹，蛹期约 10 天。5 月下旬成虫羽化，飞行能力不强，白天潜伏于叶背，夜间活动或交尾，卵多产于叶背面呈不规则块状，卵经 7~8 天后孵化为幼虫，群集叶背取食为害，严重时 7 月中下旬可将叶片吃光，长至 2~3 龄时开始越冬。

防治方法

（1）农业防治。秋冬刮除老翘皮，尤其是根颈部的粗皮，集中烧毁或深埋，减少虫源。树干绑草束诱集越冬幼虫，包叶为害期摘除包叶。雨后和幼虫近老熟时可猛振枝干，使幼虫落地，收集杀灭。

（2）喷药防治。在越冬幼虫出蛰后喷化学农药防治，药剂可选用 35% 赛丹乳油 1500~2000 倍液、48% 乐斯本乳油 1500~2000 倍液等，要间隔 5~7 天连续喷药 2~3 次。第 1 代幼虫孵化期喷化学农药防治，药剂可选用 25% 灭幼脲 1 号 1500~2000 倍液、0.3% 苦楝素乳油 1000~1500 倍液等，也要间隔 5~7 天连续喷药 2~3 次。

（3）保护利用天敌资源。梨星毛虫的天敌有 6 种寄生蜂和 1 种寄生蝇，其中以梨星毛虫悬茧蜂和金光小寄蝇数量较多。

梨星毛虫成虫

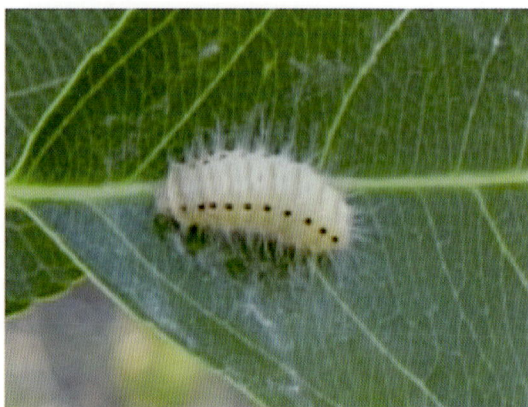

梨星毛虫幼虫

参考文献

[1] 吕建坤, 吕备战, 陈新锋, 等. 果园梨星毛虫的发生与防治 [J]. 西北园艺（果树）, 2010, 06: 26-27.

[2] 王根厚. 梨星毛虫发生规律与防治技术 [J]. 河北果树, 2017（05）: 49-50.

[3] 李少平. 梨星毛虫的发生与防治 [J]. 西北园艺（果树）, 2013（02）: 52.

[4] 莫章刑, 佘安容. 梨星毛虫的发生与防治技术 [J]. 植物医生, 2009, 22（02）: 13.

5.2.4　苹果巢蛾 *Hyponomeuta malinella* Zeller

分布与危害

辽宁栽培区及国内黑龙江、吉林、内蒙古、河北、山东等均有分布, 重要食叶害虫之一。初龄幼虫潜食嫩叶和花瓣, 大龄幼虫在枝梢吐丝做成网巢, 暴食叶片, 啃食果皮和新梢嫩皮。严重的将植株叶片全部吃光, 远看像火烧一样, 果实干枯脱落, 造成减产以及树势衰退。

寄主

山荆子、苹果、沙果、海棠、山楂, 也取食樱桃、梨、杏及其他木本蔷薇科植物。

形态特征

成虫: 体长9~10mm, 翅长10mm, 体白色并有丝质银色闪光, 复眼黑色, 触角丝状黑白相间, 胸部背面有5个黑点。前翅白色稍带灰色, 有40个左右的黑点, 纵向排列3行。外缘毛灰褐色, 后翅灰褐色。

卵: 扁椭圆形, 长径0.6mm, 表面有4~5条纵行的沟纹, 30~40粒鱼鳞状排列, 初产为黄色, 2~3天后为紫红色, 最后为灰褐色。卵块上有褐色黏质覆盖物。

幼虫: 老熟幼虫体黑灰褐色, 体长13~20mm, 复眼大, 半球形, 背部上有数根刚毛。头部、胸足、前胸后板以及臀片均为黑色。

蛹: 体长10mm, 尾端有6根强刺。

生物学特性

专性滞育害虫, 1年1代, 以1龄幼虫在卵壳越夏、越冬。幼虫从卵壳爬出后成群地用丝将嫩叶缚在一起, 潜入嫩枝尖端的组织内, 在上下表皮间取食叶肉, 完成第1龄的发育。然后从残叶内爬出, 再吐丝连缀若干新叶片, 隐藏其中取食。2~5龄幼虫取食一般在日落前后, 其他时间均停留在巢内不动, 把巢网内叶片吃光后转移到新位置。幼虫4~5龄期进入暴食期, 是为害最重的时期。老熟幼虫停止取食, 即在网巢内吐丝作茧、化蛹, 一般茧在网巢内较均匀地分布并下垂和地面垂直, 头尾方向基本一致。成虫羽化后, 白天潜伏, 夜间活动, 交尾产卵, 一般产卵在 2 年生枝条上，并多在树冠的上部。卵经 10 天左右孵化为 1 龄幼虫在卵壳下越夏、越冬。整个越夏、越冬的时间长达 9~10 个月。

防治方法

（1）人工清除网巢。人工剪除卵块枝条网巢枝叶，集中烧毁。

（2）微生物防治。用 Bt 液喷雾，防治 3~5 龄幼虫，经 3~5 天后效果达 100%。

（3）保护天敌。在蛹期有小唇姬蜂寄生，寄生率达 40% 左右，应加以利用。

（4）林业技术防治。营造混交林，适当提高林分郁闭度。保持良好林内卫生状况。

（5）化学防治。防治前用竹竿将网巢捅破，用 80% 敌敌畏 1500 倍液、2.5% 敌杀死 2000 倍液、40% 乐果 1500 倍液、50% 辛硫磷乳油 1000 倍液，防治 3 龄以前幼虫。

苹果巢蛾成虫

苹果巢蛾幼虫

苹果巢蛾为害状及网幕

参考文献

[1] 赵连吉，赵博，逯成卷，等. 苹果巢蛾生物学特性及防治 [J]. 吉林林业科技，2000，03：12–13.

［2］孙绪臣，李燕利. 苹果巢蛾生物学特性及无公害防治技术［J］. 现代化农业，2018（06）：11-12.

［3］赵庆田. 苹果巢蛾生物学特性及防治［J］. 花木盆景（花卉园艺），2008（12）：31.

［4］孙玉玲，张雪萍. 苹果巢蛾生物学特性研究［J］. 呼伦贝尔学院学报，2001（04）：98-99.

5.2.5　苹果绵蚜 *Eriosoma lanigerum* Hausmann

分布与危害

属同翅目瘿绵蚜科。辽宁主要分布于大连、丹东、营口等辽东半岛地区；国内分布于山东、云南、河南、西藏、安徽、甘肃、河北、江苏、山西、陕西和新疆等。在辽宁地区具有适生性。是苹果上一种重要的检疫性害虫。为害方式较隐蔽，主要群集在果树枝干的病虫伤口、剪锯口、老皮裂缝及根部等处，吸取大量养分，阻止水分、养分的吸收和输导，导致树势衰弱，影响果树的生长发育和花芽分化，缩短树龄，降低产量。

寄主

苹果、海棠、花红、沙果、山荆子等。

形态特征

无翅孤雌胎生蚜：体长 1.8~2.2mm，宽 1.2mm 左右。椭圆形，体淡色，无斑纹，体表光滑，头顶骨化粗糙纹。腹部膨大，褐色，腹背具 4 条纵列的泌蜡孔，分泌白色蜡质丝状物在寄主树上，严重为害时如挂绵绒。腹部体侧有侧瘤，喙达后足基节。触角短粗 6 节。

有翅孤雌胎生蚜：体长 1.7~2mm，翅展 6~6.5mm，暗褐色，腹部淡色。触角 6 节，第 3 节最长。第 3~6 节依次有环状感觉器 17~20 个，3~5 个，3~4 个，2 个。前翅中脉分 2 叉，翅脉与翅痣均为棕色。

有性蚜：雌蚜体长约 1mm，雄蚜约 0.7mm。触角 5 节，口器退化，体淡黄褐或黄绿色。

若虫：共 4 龄；末龄体长 0.65~1.45mm；黄褐色至赤褐色，略呈圆筒形，喙细长，向后延伸，体被白色绵状物。

卵：椭圆形，长约 0.5mm，宽约 0.2mm。初产橙黄色，后变褐色，表面光滑，外被白粉，精孔明显可见。

生物学特性

辽宁大连 1 年发生 13 代以上。当旬均气温达 8℃以上时，越冬若虫开始活动，孤雌生殖，4 月底至 5 月初越冬若虫变为无翅孤雌成虫，以胎生方式产生若虫，每雌可产若虫 50~180 头，新生若虫即向当年生枝条进行扩散迁移，春季主要集中在树干的粗皮裂缝、树洞、各种伤疤伤口等处，夏季主要在当年新生枝梢、叶腋等处取食为害。5月底至6月为扩散迁移盛期，不断繁殖危害，开花（结果）后的各时期，苹果绵蚜均可迁入花（果）定殖，寄生于果柄、萼洼和果核内危害。当旬均气温为22~25℃时为繁殖最盛期，约8天完成1个世代，到8月下旬气温下降后，虫量又开始上升，9月间1龄若虫又向枝梢扩散危害，形成全年第2次危害高峰，到10月下旬以后，若虫爬至越冬部位开始越冬。

苹果绵蚜的远距离传播，主要靠接穗、苗木等繁殖材料及果品携带与运输。近距离主要靠有翅成蚜的迁飞或随风雨等传播。

防治方法

（1）严格检疫。加大植物检疫执法监管力度，严格检疫程序，广泛宣传，杜绝染疫产品调出疫区。

（2）农业防治。强化果园管理，合理修剪，加强土肥水管理，及时刮除翘皮，生长季节清理果园。

（3）天敌防治。保护和利用天敌，特别在7—8月天敌数量较大时，尽量使用生物农药，如蚜霉菌400~500倍液、烟梗水1∶50倍液涂喷苹果绵蚜的为害部位。

（4）化学防治。①果树休眠期防治。在早春寄主发芽前彻底刮除老树皮、剪除被虫为害枝，树皮及虫枝应及时集中处理，或喷布5%的柴油乳剂（柴油500g、肥皂40g、水350g，先将肥皂于定量热水中溶化，再将热好的柴油注入热肥皂水中充分搅拌即成）10倍液，可兼治各种蚧壳虫。②果树生长期防治。在发生重的果园，果树发芽后可再进行1次刮树皮、剪虫枝。或在5月下旬至6月上旬喷布40%氧化乐果乳油1500倍液或50%久效磷乳油1500倍液或20%杀灭菊酯乳油2500倍液，或有机磷内吸性农药与菊酯类农药混配使用效果更佳。如仍发生危害，在6月下旬至7月上旬和8月下旬至9月上旬再补喷1次即可控制。③使用内吸磷、久效磷、氧化乐果各15倍液灌根、涂环包扎、注茎均有良好的防效。

苹果绵蚜枝条为害状

苹果绵蚜无翅胎生芽

参考文献

［1］柴全喜，宋素智. 两种苹果绵蚜的综合防治［J］. 烟台果树，2015（02）：55-56.

［2］刘德华. 苹果绵蚜综合防治方法［J］. 西北园艺（果树专刊），2008（03）：48-49.

［3］洪波，王应伦，赵惠燕. 苹果绵蚜在中国适生区预测及发生影响因子［J］. 应用生态学报，2012，23（04）：1123-1127.

［4］李宝明，刘权叨，龚鹏博，等. 苹果绵蚜及其防治研究进展［J］. 植物检疫，2010，24（03）：36-40.

［5］贺春玲，田海燕，毛永珍. 我国苹果绵蚜发生及防治研究进展［J］. 陕西林业科技，2004（01）：34-38.

［6］张强，罗万春. 苹果绵蚜发生危害特点及防治对策［J］. 昆虫知识，2002（05）：340-342.

［7］邱强. 果树病虫害诊断与防治彩色图谱［M］. 北京：中国农业科学技术出版社，2013.

5.2.6 斑衣蜡蝉 *Lycorma delicatula* White

分布与危害

除分布于辽宁地区外，在我国东北、华北、华东、西北、西南、华南以及台湾等地区普遍发生。斑衣蜡蝉若虫与成虫皆刺吸寄主汁液造成危害，并且分泌糖液，引发煤污病，影响光合作用。嫩叶受害常造成穿孔，严重的叶片破裂，树皮枯裂，甚至死亡。

寄主

葡萄、苹果、海棠、山楂、桃、杏、李树、花椒、臭椿、香椿、苦楝、刺槐等。

形态特征

成虫：雄虫体长 14~17mm，雌虫体长 18~22mm，翅展 40~50mm，全身灰褐色。头顶向上翘起呈短角状。触角刚毛状，3 节，红色，基部膨大。前翅革质，基部 2/3 为淡灰褐色，散生 20 余个黑点，端部 1/3 为黑色，脉纹色淡。后翅 1/3 红色，上有 10 个黑褐色斑点，中部有倒三角形白色区，半透明。端部黑色。体翅常有粉状白蜡。

若虫：初孵化时白色，不久即变为黑色。1 龄若虫体长 4mm，体背有白色蜡粉形成的斑点，触角黑色，长形冠毛。2 龄若虫体长 7mm，冠毛短，体形似 1 龄。3 龄若虫体长 10mm，触角鞭节细小。4 龄若虫体长 13mm，体背淡红色，头部最前的尖角、两侧及复眼基部黑色，体足基色黑，布有白色斑点。

卵：长圆柱形，长 3mm 左右，宽 2mm 左右，状似麦粒。背面两侧有凹入线，使中部形成一长条隆起，隆起的前半部有长卵形的盖。卵粒平行排列成卵块，上覆一层灰色土状分泌物。

生物学特性

1 年 1 代。以卵块在树干或附近建筑物上越冬。翌年 4 月中下旬若虫孵化为害，5 月上旬为盛孵期；若虫常群集在寄主植物的幼茎嫩叶背面，以口针刺入寄主植物叶脉内或嫩茎中吸取汁液，受惊吓后立即跳跃逃避，迁移距离 1~2m。经 3 次蜕皮，6 月中下旬至 7 月上旬羽化为成虫，活动为害至 10 月。8 月中旬开始交尾产卵，卵多产在树干的南面或树枝分叉处。一般每块卵有 40~50 粒，多时可达百余粒，卵块排列整齐，覆盖白蜡粉。

防治方法

（1）萌芽前，喷 4~5 波美度石硫合剂等，彻底杀卵，减少虫源。

（2）卵孵化期喷药。4—5 月，可喷菊酯类农药防治。一般应喷 2 次，2 次间隔10 天。

（3）冬季刮除树干上的卵块。疏花疏果，剪除枯枝、丛枝等集中销毁，保持果园湿度，增加树冠通风透光。

（4）保护利用若虫的寄生蜂等天敌。

（5）成虫期未产卵前，利用其受惊即跳跃逃避、飞翔力较弱的特点，用拍子拍除。

（6）药剂防治。50%啶虫脒水分散粒剂（国光崇刻）3000 倍液，10%吡虫啉可湿性粉剂（如国光毙克）1000 倍液，或啶虫脒水分散粒剂（国光崇刻）3000 倍液+5.7%甲维盐乳油（国光乐克）2000 倍混合液喷雾均可针对性防治。

斑衣蜡蝉若虫

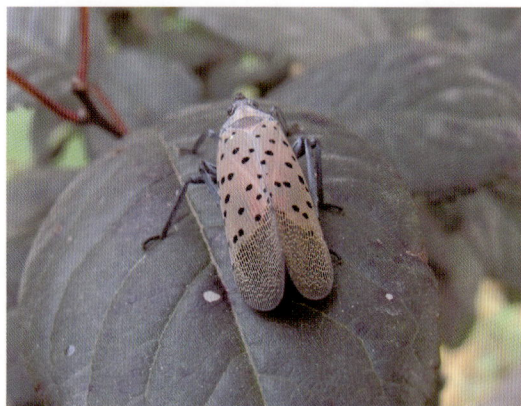

斑衣蜡蝉成虫

参考文献

［1］郭建. 斑衣蜡蝉的形态特征与防治方法［J］. 科学种养, 2010, 10: 31.

［2］郭连茹. 斑衣蜡蝉发生规律及防治技术［J］. 现代农村科技, 2017 (01): 32.

［3］郑庆伟, 郑越. 斑衣蜡蝉的发生与防治［J］. 落叶果树, 2015, 47 (06): 69.

［4］邢作山, 孔德生, 刘秀才. 斑衣蜡蝉的发生规律与防治技术［J］. 植保技术与推广, 2000 (05): 19.

6 山楂病虫害

6.1 山楂病害

6.1.1 山楂白粉病 *Podosphaera oxyacanthae*（DC.）de Bary

分布与危害

在辽宁地区以及国内山楂产区均有分布，在北方地区尤其严重和普遍。俗称花脸、弯脖子，是山楂的重要病害。造成幼果大量脱落，果实畸形，严重影响翌年新梢抽生和花芽形成，影响山楂的质量和产量。

寄主

为害山楂等果树。

症状

嫩芽发病，初现褪色或粉红色病斑，抽发新梢时，病斑迅速蔓延到幼叶上。叶正面、背面产生白色粉状斑，严重时白粉覆盖整个叶片，表面长出黑色小粒点。新梢染病，病部布满白粉，生长衰弱或节间缩短，叶片扭曲纵卷，严重的枯死。幼果染病，果面覆盖一层白色粉状物，病部硬化、龟裂，导致畸形。果实近成熟期受害，产生红褐色病斑，果面粗糙。

病原

有性态为子囊菌门叉丝单囊壳菌 *Podosphaera oxyacanthae*（DC.）de Bary；无性态为半知菌类山楂粉孢霉菌 *Oidium crataegi* Grognot。

发病规律

以子囊壳在病叶上越冬，翌年春释放子囊孢子，借气流传播，侵染根蘖、新梢、嫩叶、幼果，引起发病，后随气温升高产生大量分生孢子，借气流传播进行再侵染。4月下旬至5月下旬新梢生长、开花、坐果期是病害流行期，6月新梢停止生长、高温来临时侵染危害逐渐减轻。6月中旬病叶上的菌丝收缩逐渐形成子囊壳越冬。春季温暖干旱、夏季凉爽多雨的年份病害流行。偏施氮肥、栽植过密的果园发病重。实生苗易感病。

<u>防治方法</u>

（1）农业防治。冬春季彻底清除枯叶、残果，并集中烧毁或深埋，清除越冬菌源。控制好肥水，不偏施氮肥，不使园地土壤过分干旱，合理疏花、疏叶。

（2）药剂防治。①发芽前喷洒45%晶体石硫合剂30倍液或2~3波美度石硫合剂。②落花后和幼果期喷洒62.25%仙生可湿性粉剂600倍液或45%晶体石硫合剂300倍液、50%甲基硫菌灵·硫黄悬浮剂800倍液、50%硫黄悬浮剂300倍液、20%粉锈宁乳油1000倍液、12.5%腈菌唑乳油2500倍液、47%加瑞农可湿性粉剂500~800倍液等，15~20天1次，连续防治2~3次。

山楂白粉病

参考文献

［1］赵佰莉，王景海，赵普昌. 山楂两种主要病害的防治［J］. 中国林副特产，1996（04）：47.

［2］郑金成，朱掌印. 山楂白粉病的防治［J］. 山西农业科学，1985（11）：36.

［3］冯玉增，李永成. 山楂病虫害诊治原色图谱［M］. 科学技术文献出版社，2010.

［4］常峰，盛亚军，张程. 山楂白粉病及其防治［J］. 山西果树，2012（03）：55.

［5］薛敏生，高九思，李建强，等. 山楂白粉病的发生规律及综合治理技术研究［J］. 现代农业科技，2008（17）：137-138.

［6］刘新，牛广瀑，朱成礼，等. 山楂白粉病的发生和防治技术［J］. 落叶果树，2002（04）：54-55.

［7］土有信，王峇旭. 山楂白粉病发生规律及防治［J］. 山西农业科学，1990（03）：10-11.

［8］张玉聚. 中国果树病虫害原色图解［M］. 北京：中国农业科学技术出版社. 2010.

6.1.2　山楂锈病 *Gymnosporangium haraeanum* Syd. F. sp. *Crataegicola*

<u>分布与危害</u>

辽宁丹东等山楂产区均有分布；国内北方尤其常见。主要为害叶片、叶柄、新

梢、果实及果柄等绿色、幼嫩部分。

寄主

山楂、梨等果树。

症状

叶片染病，初生直径 1~2mm 的橘黄色小圆斑，后扩大至 4~10mm 病斑稍凹陷，中央橙黄色有光泽，边缘淡黄色，周围具有黄色晕圈，表面产生铁锈色小粒点。发病后 1 月余叶背病斑突起，产生灰色至灰褐色毛状物，潮湿时破裂散出褐色黏液（锈孢子），干燥后病斑变黑，严重的干枯脱落。叶柄染病，初期病部膨大为橙黄色纺锤状，生毛状物，后期病部凹陷龟裂，易折断。新梢染病，新芽布满锈斑影响正常生长。果实染病，病部稍凹陷，密生灰色至灰褐色毛状物，即锈子腔，果实生长停滞并畸形、早落。被害初期与叶片症状相似，后期病部长出锈孢子器。

病原

担子菌梨胶锈菌山楂专化型 *Gymnosporangium haraeanum* Syd. F. sp. *Crataegicola* 和珊瑚形胶锈菌 *Gymnosporangium clavariiforme*（Jacq.）DC.

发病规律

以多年生菌丝在桧柏针叶、小枝及主干上部组织中越冬。翌年春形成冬孢子角，在降雨或高湿情况下，冬孢子角胶化产生担孢子，借风雨传播，侵染危害，潜育期 6~13 天，适宜的风向、风速和气流容易起引该病发生。辽宁丹东地区 5、6 月为发病初期，8 月下旬重者干枯脱落。展叶 20 天以内的幼叶易感病。展叶 25 天以上的叶片一般不再受侵染。目前国内绝大多数栽培品种均感病，转主寄主有桧柏、龙柏及圆柏等。春季温暖，多雨年份，病害发生严重。

防治方法

（1）清除转主寄主。禁止在山楂园周围 2.5~5km 范围内栽植桧柏类针叶树，若有应及早砍除。

（2）清除冬孢子。不宜砍除桧柏时，山楂发芽前后于山楂、桧柏上喷洒 3~5 波美度石硫合剂或 45%晶体石硫合剂 30 倍液、1∶1∶150 倍式波尔多液，以消灭转主寄主上的冬孢子。

（3）药剂防治。山楂展叶后（4 月下旬）至冬孢子角胶化前及胶化后（5 月下旬至 6 月下旬）喷洒 50%硫悬浮剂 400 倍液或 15%三唑酮可湿性粉剂 1000 倍液、15%三唑酮可湿性粉剂 2000 倍液+70%代森锰锌可湿性粉剂 1000 倍、45%腈菌唑乳油 2500 倍液，15 天左右 1 次，防治 2~3 次。喷药时要做到均匀细致，喷头孔径要细，药液雾化要好，主喷嫩叶、嫩芽的背面。

山楂锈病

参考文献

［1］高九思，杨栓芬，王思源，等. 山楂锈病病原鉴定及侵染、发病规律研究［J］. 陕西农业科学，2006（06）：83−86.

［2］孙国青，孙薇，王振华，等. 山楂圆柏锈病的研究［J］. 中国森林病虫，2003（01）：1−3.

［3］李德章，邓贵义，毛利仁，等. 山楂锈病的发生与防治［J］. 果树科学，1991（01）：45.

［4］冯启云，朱建芝，王玉祥，等. 2008 年梨和山楂锈病暴发流行原因的调查与综合防治［J］. 果农之友，2009（02）：31.

［5］毕会涛，王哲，高九思，等. 豫西山楂锈病病原鉴定·病害流行规律及发病条件研究［J］. 安徽农业科学，2007（17）：5206+5227.

［6］冯玉增，李永成. 山楂病虫害诊治原色图谱［M］. 北京：科学技术文献出版社，2010.

6.1.3　山楂花腐病 *Monilinia jolulsonil* **Ell. et Ev.**

分布与危害

辽宁分布于丹东、鞍山等；国内分布于吉林等。主要为害花朵、幼叶和幼果，引起花腐、叶腐和果腐，严重时也为害新梢，其中以叶片和幼果受害最重。

寄主

为害山楂。

症状

芽萌动后展叶 4~5 天出现症状，在叶尖、叶缘或叶中初现褐色，短叶片腐烂下垂干缩，称为叶腐。病斑沿叶柄蔓延至花丛或花梗基部，使花蕾或花朵枯萎下垂，呈线条状或点状斑，6~7 天可扩展至病叶 1/3~1/2，病斑红褐色至棕褐色，引起花腐脱落。幼果染病，多在落花 10 天后出现症状，果面上出现褐色小病斑，并溢出褐色黏液，迅速扩及全果，2~3 天即可使幼果变暗褐色腐烂，病果僵化形成菌核。

病原

有性态为子囊菌门山楂链核盘菌 *Monilinia jolulsonil* Ell. et Ev.，无性态为半知菌类山楂褐腐串珠霉菌 *Monilia crataegi* Died.。

发病规律

以菌丝在病僵果上越冬，翌年春产生分生孢子，借风雨传播，孢子萌发后从伤口或皮孔侵入，病部产生分生孢子重复侵染，果实成熟时或贮藏期发病。发生严重程度主要取决于越冬病菌数量和气候条件，在病菌数量足够的条件下，发芽展叶期雨水较多，土壤含水量达到 30%~40%，易引起叶腐；在花期低温多雨，则花腐、果腐发生严重。

防治方法

（1）农业防治。冬春季彻底清除落地病僵果及枯枝落叶，带出园外深埋或烧毁，并翻耕园地，深翻至 20cm 下。合理修剪，减少伤口。科学采收，轻摘轻放，贮运时尽量避免挤压果实。

（2）药剂防治。①发芽前在树冠下喷洒 25%乙霉威可湿性粉剂 1000~1500 倍液或 42%噻菌灵悬浮剂 400~500 倍液等。②发病前叶面喷洒 15%三唑酮可湿性粉剂 1000 倍液或 50%甲基硫菌灵·硫黄悬浮剂 900 倍液、70%百福可湿性粉剂 800 倍液等。

山楂花腐病

参考文献

[1] 张愈学，景学富，李学章. 山楂花腐病病原菌生物学特性的研究 [J]. 植物病理学报，1988（02）：16.

［2］景学富，张愈学，杨竹轩，等. 山楂花腐病的防治研究［J］. 植物病理学报，1986（04）：34-35.

［3］景学富，张愈学，杨竹轩，等. 山楂花腐病的研究——Ⅲ. 山楂花腐病的流行条件［J］. 植物病理学报，1986（02）：59-62.

［4］景学富，杨竹轩，张愈学，等. 山楂花腐病的研究 Ⅱ. 山楂花腐病的症状［J］. 植物病理学报，1983（02）：41-44.

［5］景学富，杨竹轩，张愈学，等. 山楂花腐病的研究 Ⅰ. 山楂花腐病的病原菌［J］. 植物病理学报，1982（01）：35-38.

［6］常晓源. 山楂花腐病防治［J］. 农药市场信息，2012（14）：41.

［7］杜春风. 山楂花腐病的发生与防治［J］. 北方果树，2008（01）：66-67.

［8］李兴时，顾忠智，隋洪才，等. 山楂花腐病发生情况调查［J］. 辽宁果树，1982（01）：50-52.

［9］冯玉增，李永成. 山楂病虫害诊治原色图谱［M］. 北京：科学技术文献出版社，2010.

［10］张玉聚等主编. 中国果树病虫害原色图解［M］. 北京：中国农业科学技术出版社. 2010.

6.1.4 山楂丛枝病（类菌原体 Mycoplasma-like Organism）

分布与危害

在辽宁山楂栽培区，国内河北、北京等地区均有发生。感病山楂早春萌芽迟，抽生不出明显节间的枝条，叶小、簇生伴黄化，花器萎缩退化，不结果。

寄主

山楂等果树。

症状

染病树早春发芽迟，较正常植株晚1周左右，抽生枝条节间不明显。致小叶簇生或黄化，萌芽初期症状最为典型，进入雨季后，症状常表现为不同程度地减轻。苗木、幼树多为整株发病，定植大树常是一个或几个枝条先发病，病枝从外围顶端向下、向内蔓延，重者逐渐枯死。花器萎缩退化，花芽不能正常抽出，果枝或花小畸形，花多由白色变成粉红色至紫红色，不结果。病株根部萌生蘖条易带病，移栽后显症，1~2年内枯死。

病原

山楂植物菌原体。

发病规律

与蝽象、叶蝉、蚜虫等刺吸式口器昆虫在病健树上为害、交叉感染有关，其自然扩散存在初次侵染源，其分布特点为常在发病严重地块有几棵山楂树同时感病，呈点片状分布。

防治方法

（1）培育无病苗木。①在无病区采取接植、接芽。②接植消毒，对于带病接植，用1000mg/kg盐酸四环霉素液浸泡30分钟可消毒灭病。③苗木培育时可喷洒盐酸土霉素溶液500～1000mL/kg，连喷3次有效果；苗圃中一旦发现病苗，立即拔除。

（2）加强栽培管理。合理水肥，深翻土壤；铲除病树，防止传染。主干环剥：在春季树液流动前，在树主干的中下部进行环状剥皮，宽3～5cm，阻止病菌由下向上蔓延。

（3）防治传播媒介。及时防治叶蝉、蜡象、蚜虫等刺吸式口器昆虫。

（4）灌药防病。4、8月在病枝同侧树干钻2～3个孔，深达木质部，将薄荷水50g、龙骨粉100g、铜绿50g研成细粉，混匀后注入孔内，每孔3g，再用木楔钉紧，用泥封闭，杀灭病体，根治病害。

（5）药剂防治。春季发芽前，于树干基部开一个环状小槽，深达韧皮部的1/2，将去疯灵灌入槽内，用塑料薄膜包扎严密，隔1个月再涂1次。树粗20cm施8g，40cm施16g，疗效较好。

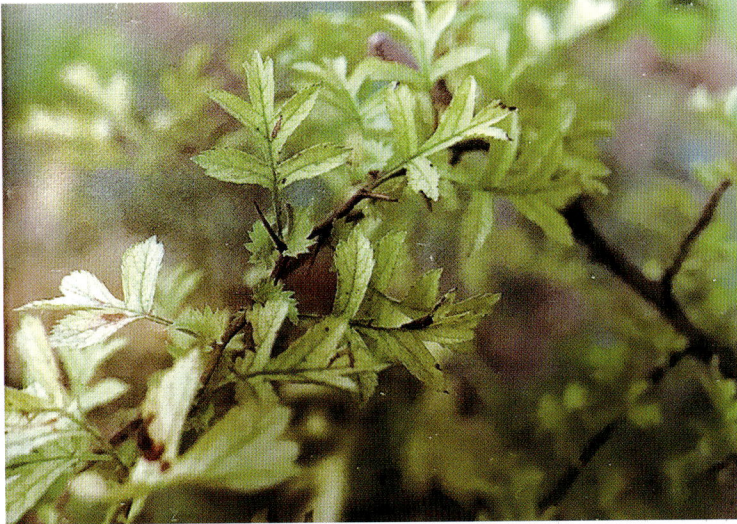

山楂丛枝病

参考文献

［1］王德选，毛晓宇，王金玉，等. 山楂枝叶常见病害的发生与防治技术［J］. 现代农业科技，2012（12）：133.

［2］汪跃，金开璇，张锐，等. 山楂丛枝病过氧化物同工酶的研究［J］. 林业科学研究，1994（02）：203-205.

［3］金开璇，汪跃，张锐，等. 山楂丛枝病类菌原体（MLO）的电镜观察［J］. 林业科学研究，1992（03）：365-366+372.

［4］冯玉增，李永成. 山楂病虫害诊治原色图谱［M］. 北京：科学技术文献出版社，2010.

［5］吕佩珂. 中国果树病虫原色图谱（第 2 版）［M］. 北京：华夏出版社，2002.

6.1.5 山楂白纹羽病 *Rosellinia necatrix*（Hart.） Berl.

分布与危害

老山楂产区山楂树的重要根部病害，是引起老弱树死亡的主要原因。为害根系。

寄主

山楂等果树。

症状

染病后叶形变小、叶缘焦枯，小枝、大枝或全部枯死。根部缠绕白色至灰白色丝网状物，即病菌的根状菌索，地面根茎处产生灰白色薄绒状物，即菌膜。此病是引起老弱树死亡的主要原因。

病原

有性态为子囊菌门褐座坚壳菌 *Rosellinia necatrix*（Hart.） Berl.，无性态为半知菌类白纹羽束丝菌 *Dematophola necatrix* Harting。

发病规律

主要以残留在病根上的菌丝、根状菌索或菌核在土壤中越冬。条件适宜时菌核或根状菌索长出营养菌丝，从根部表皮皮孔侵入，病菌先侵染新根的柔软组织，后逐渐蔓延至大根，被害细根霉烂甚至消失。病菌通过病健部接触或通过带病苗木远距离传播。多在 7—9 月发病。果园或苗圃低洼潮湿、排水不良发病重，湿度影响最大。栽植过密、定植太深、培土过厚、耕作时伤根、管理不善等易造成树势衰弱。土壤有机质缺乏，酸性强等可引发此病。

防治方法

（1）选栽无病苗木。不在带病苗圃育苗。建园时选栽无病苗木，若苗木带菌，可用 10%硫酸铜溶液或 20%石灰水、70%甲基硫菌灵可湿性粉剂 500 倍液浸根 1 小时，或用 47℃恒温水浸 40 分钟、45℃恒温水浸渍 1 小时，以杀死苗木根部病菌。栽植时嫁接口露出地表，以防土壤中病菌从接口侵入。

（2）挖沟隔离。病区外挖 1m 以上的深沟进行封锁，防止病害向四周蔓延。

（3）加强栽培管理。科学修剪，疏花疏果，合理负载，防止大小年现象。增强树势，提高树体抗病力。采用配方施肥技术，使氮、磷、钾肥配比适当。盛果期低洼潮湿的果园或地块应注意排水。重病苗圃应与禾本科作物轮作 5~6 年再继续育苗。

(4) 病树治疗。经常检查树体地上部的生长情况，如发现果树生长衰弱，叶形变小或叶色褪绿等症状时，先挖至主根基部，扒开根部土壤，寻找根茎部病斑，再从病斑向下追寻主根、侧根及支根的发病点。将烂根从根基部锯除或砍除，同时仔细刮除根茎病斑上的病皮。如果大部分根系发病，要彻底清除所有病根，在清除病根的过程中，要细心保护健根。后用 401 抗菌剂 50 倍液或 1%硫酸铜液、70%甲基硫菌灵可湿性粉剂 600 倍液、50%代森锌 500 倍液或 50%退菌特 250~300 倍液、硫酸铜 100 倍液、10%石灰乳涂抹伤口杀菌。再于根部土壤上浇灌药液或撒施药粉防治，可用 40%五氯酚钠可湿性粉剂 1kg 加细干土 40~50kg 混匀后撒施于根茎部，或用上述药液以合理浓度浇灌病根部周围土壤中。最后将刮除的病部、切除的霉根及从根茎周围扒出的土壤携带出园外，并换上无病菌的新土覆盖根部。病株处理上半年在 4—5 月进行，下半年在 9 月进行，或在果树休眠期进行，但要避免在 7—8 月高温干燥的夏季扒土施药。病树处理后，应增施肥料，如尿素和腐熟的人粪尿等，以促使新根产生，加快树势恢复。

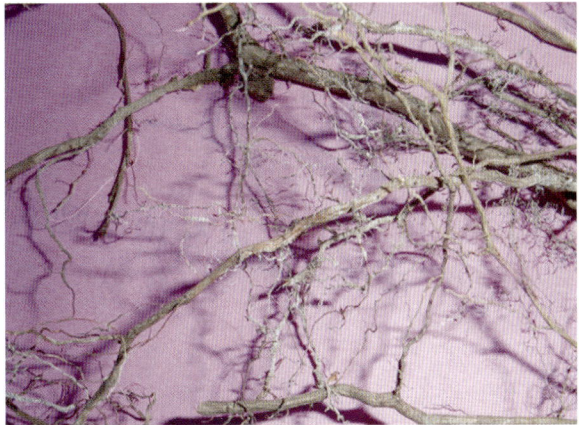

山楂白纹羽病

参考文献

［1］唐文瑾，时超群，崔磊，等. 危害山楂根系病害的防治技术 ［J］. 现代园艺，2012（21）：62-63.

［2］时超群，唐文瑾，崔磊，等. 山楂根部病害发病规律及防治技术 ［J］. 现代农村科技，2012（14）：33-34.

［3］冯玉增，李永成. 山楂病虫害诊治原色图谱 ［M］. 北京：科学技术文献出版社，2010.

6.1.6 山楂圆斑根腐病 *Fusarium* spp.

分布与危害

该病属于真菌性病害。当树根系生长衰弱时，病菌侵入根部发病。主要为害根部，发病较重。

寄主

为害山楂等果树。

症状

须根先变褐枯死，围绕须根基部产生红褐色圆形病斑，后扩展到肉质根。严重时病斑融合，深达木质部，致整段根变黑死亡，引起地上部树体枯死。

病原

多种半知菌类镰刀菌。主要有：腐皮镰刀菌 *Fusarium solani*（Mart.）App. et. Wollenw，尖孢镰刀菌 *F. oxysporum* Schlecht，弯角镰刀菌 *F. camptoceras* Wollenw et. Reink

发病规律

三种镰刀菌均为土壤习居菌或半习居菌，可在土壤中长期营腐生生活。当山楂树根系生长衰弱时，病菌侵入根部发病。果园土壤黏重板结、盐碱过重、长期干旱缺肥，水土流失严重，大小年现象严重及管理不当的果园发病较重。

防治方法

（1）农业防治。加强栽培管理，提高抗病力。改善果园排灌设施，旱浇涝排防止果园渍害；冬春季适时深翻果园，生长季节及时中耕锄草和保墒，改良土壤结构，防止水土流失。科学修剪，调节树体结果量，控制大小年。增施有机肥，合理配比施用氮、磷、钾肥。

（2）药剂灌根。在早春或夏末病菌活动期，以树体为中心，挖深70cm、宽30~45cm 的辐射沟 3~5 条，长以树冠投影外缘为准，浇灌 50%甲基硫菌灵·硫黄悬浮剂 1000 倍液或 20%甲基立枯磷乳油 1200 倍液、40%甲醛 100 倍液、50%腐霉利可湿性粉剂 1000~1500 倍液、65%抗霉威可湿性粉剂 600~800 倍液等，施药后覆土。

（3）刮除病根。春秋季扒土晾根，刮治病部或截除病根。晾根期间避免树穴内灌水或被雨淋，晾根 7~10 天，然后刮除病斑，用 1∶1∶100 倍式波尔多液或 3~5 波美度石硫合剂、45%晶体石硫合剂 30 倍液灌根，或在伤口处涂抹 50%多菌灵或 47%加瑞农可湿性粉剂 300~400 倍液、4%春雷霉素可湿性粉剂 200~300 倍液等。

山楂圆斑根腐病

参考文献

［1］冯玉增等. 山楂病虫害诊治原色图谱［D］. 北京：科学技术文献出版社，2010.

［2］时超群，唐文瑾，崔磊，等. 山楂根部病害发病规律及防治技术［J］. 现代农村科技，2012（14）：33-34.

6.2 山楂虫害

6.2.1 山楂粉蝶 *Aporia crataegi* Linnaeus

分布与危害

又称苹果粉蝶，属鳞翅目粉蝶科。分布于辽宁以及国内吉林、河北、内蒙古、山西、陕西、甘肃等均有分布。幼虫咬食芽、叶和花蕾，初孵幼虫于树冠上吐丝结网成巢，群集其中危害。幼虫长大后分散危害，严重危害造成树势衰弱并影响结实。受害重者可食去全树的花芽、花蕾和叶片，造成秃枝。

寄主

山楂、海棠、杏、李、丁香、刺梅等。

形态特征

成虫：体长 22~25mm，黑色，头胸及足被淡黄白色或灰色鳞毛。触角棒状黑色，端部黄白色，前后翅白色，翅脉和外缘黑色。前翅外缘除臀脉末端均有烟黑色的三角形黑斑。

卵：柱形，顶端稍尖似子弹头，卵壳有纵脊纹 12~14 条，初产时金黄，后变淡黄色，近孵化时卵顶部变为黑色，且透明。数十粒排成卵块。

幼虫：老熟幼虫 40~45mm，头胸部、臀板黑色。体背面有 3 条黑色纵条纹，其间有 2 条黄褐色纵带，疏生白色长毛和较多的黑色短毛；胸部、腹部腹面紫灰色，两侧灰白色，背面紫黑色。头部、胸足前端、前胸背板、气门环片均为黑色。全身有许多小黑点，并生有黄白色细毛。

蛹：橙黄色，体上分布许多黑色斑点，腹面有 1 条黑色纵带。以丝将蛹体缚于小枝上，为缢蛹。

生物学特性

1 年发生 1 代。以 2~3 龄幼虫群集在树梢吐丝缀叶，虫巢里结茧越冬，一般每巢十余头。春季果树发芽后，越冬幼虫出巢，先为害芽、花，后转向花蕾和幼叶，而后吐丝连缀叶片成网巢，4 龄后幼虫离巢为害，此时寄主受害最重。发生严重年份，很多树木的叶子被吃光，状若枯死。待其老熟，在枝干、叶片及附近杂草、石块等处化蛹，蛹期 14~23 天。成虫产卵于嫩叶正面，每块有，卵数十粒，卵期 10~17 天。初孵幼虫群集啃食叶片，仅残留表皮，每食尽一叶，群体另转叶为害。于 8 月上旬开始陆续营巢，以 3 龄幼虫在虫巢中越冬。幼虫有假死性。

防治方法

（1）人工防治。人工摘除卵块、蛹、虫苞等，结合冬季修剪，剪除枝梢上的越冬虫巢，集中处理。冬季清除病树，深埋病枝，集中销毁，距离地面 50cm 用生石灰水刷白。

（2）化学防治。幼虫期用 50% 辛硫磷乳油 1000 倍液，4.5% 氯氰菊酯 1000 倍液，间隔轮换使用进行喷雾。最佳防治时期在幼虫发生期，一般在上午 10 点前，下午 5 点后。间隔 10 天轮换使用，以连续喷洒 2 次以上防效最佳。

（3）生物防治。营造混交林，培植保护天敌的蜜源植物。可供选择的树种有刺槐、枣树等蜜源树木。幼虫期寄生性优势天敌有菜粉蝶、绒茧蜂，卵期寄生性天敌有凤蝶金小蜂、舞毒蛾和黑瘤姬蜂，捕食性天敌主要有白头小食虫虻、胡蜂、蜘蛛、步甲等种类。

山楂粉蝶幼虫

山楂粉蝶成虫

参考文献

[1] 李岩涛. 山楂粉蝶核型多角体病毒的研究（一）[J]. 内蒙古大学学报（自然科学版），1984（02）：195-201.

[2] 和喜田，王家民. 山楂粉蝶生活习性及其防治研究初报 [J]. 辽宁果树，1984（01）：10-11.

[3] 罗云玲. 山楂粉蝶对西府海棠的危害及防治 [J]. 吉林农业，2017（19）：77-78.

[4] 刘利民，苏玉阆，苏存威，等. 山楂粉蝶的发生与防治 [J]. 北京农业，2015（12）：123.

[5] 温雪飞，邹继美. 山楂粉蝶的发生与防治 [J]. 北方园艺，2007（09）：218-219.

[6] 李连昌. 山西山楂粉蝶的研究 [J]. 昆虫学报，1965（06）：545-551.

6.2.2　白小食心虫 *Spilonota albicana* Motsch

分布与危害

又称桃白小卷蛾，属鳞翅目小卷蛾科。辽宁本溪等山楂产区有发生；国内东北、华北、华东、华中和西南都有发生。低龄幼虫咬食幼芽、嫩叶，并吐丝把叶片缀连成卷，在卷叶内为害。后期幼虫则从萼洼或梗洼处蛀入果心为害，蛀孔外堆积虫粪，粪中常有蛹壳，用丝连接不易脱落。是为害山楂果实的重要害虫之一，严重年份虫果率高达的 90% 以上。前期为害造成大量落果，后期为害致使果实不堪食用，严重影响山楂的产量和质量。

寄主

山楂、樱桃、苹果、梨、桃、李、杏等果树。

形态特征

成虫：体长 7~8mm，全体灰白色。唇须前伸向下，黑褐色。前翅灰白色，前缘有 8 组白色斜纹，翅面上有灰黑色 "S" 状纹 2 条，近外缘部分暗褐色，外缘角处具暗紫色大斑纹。后翅灰褐色。

卵：扁椭圆形，初白色渐变为暗紫色。

幼虫：体长 10~12mm，体红褐色，头浅褐色，前胸盾、臀板、胸足黑褐色。

蛹：长约 8mm，黄褐色。腹部各节背部有 2 排短刺。

生物学特性

1 年发生 2 代，以低龄幼虫在干、枝粗皮缝内结茧越冬。翌年果树萌动后，幼虫取食嫩芽、幼叶，吐丝缀叶成卷，集中为害。幼虫老熟后在卷叶内结茧化蛹，越冬代成虫于 6 月上旬至 7 月中旬羽化，早期成虫产卵在叶背，后期卵产在山楂果实上。幼虫孵化后多自萼洼或梗洼处蛀入，老熟后在被害处化蛹、羽化。第 1 代成虫于 7 月中旬至 9 月中旬发生，仍产卵果实上，幼虫为害一段时间脱果潜伏越冬。成虫羽化多集中在早晨，白天静伏，晚上活动。有弱趋光性，对糖、醋液有一定趋性。

防治方法

（1）农业防治。①冬春季用硬刷子刮除老树皮、翘皮，集中烧毁或深埋。②春夏季及时剪除山楂树梢端萎蔫而未变枯的树梢，及时处理。秋季彻底清洁果园，刮除苹果树干上虫源，扫除果树下落叶内虫源。③幼虫脱果越冬前，树干束草诱集幼虫越冬，于来春出蛰前取下束草烧毁；黑光灯诱杀，在果园内树梢上方1m处架设杀虫灯诱杀成虫；在果园中设置糖醋液（红糖1∶醋4∶白酒1∶水16）加少量敌百虫，诱杀成虫。

（2）药剂防治。在卵临近孵化时，喷洒2.5%溴氰菊酯乳油或20%杀灭菊酯乳油3000倍液；10%氯氰菊酯乳油或20%中西除虫菊酯乳油2000倍液；50%辛硫磷乳油1000倍液或20%农梦特可湿性粉剂2000～2500倍液、5%农梦特乳油1500～2000倍液；10%联苯菊酯乳油2000倍液等。

白小食心虫

参考文献

[1] 王连泉，王运兵，王礼山，等. 山楂树上白小食心虫的研究 [J]. 河南职技师院学报，1991（03）：31-35+41.

[2] 马林. 山楂白小食心虫发生规律的初步观察 [J]. 辽宁果树，1986（02）：25-27.

[3] 赵文珊，刘兵. 山楂上白小食心虫生活史及习性的初步观察 [J]. 中国果树，1981（04）：33-35.

[4] 张宇卫，祁生源. 桃白小卷蛾发生与防控技术 [J]. 青海农技推广，2013（04）：23-24.

[5] 冯玉增，李永成. 山楂病虫害诊治原色图谱 [M]. 北京：科学技术文献出版社，2010.

[6] 邱强. 中国果树病虫原色图鉴 [M]. 郑州：河南科学技术出版社，2004.

6.2.3 山楂超小卷蛾 *Pammene crataegicola* **Liu et Komai**

分布与危害

辽宁山楂栽培区以及国内吉林、山东、河南、江苏等产区均有分布。为害山楂的花和果实。幼虫蛀花、蛀果并以丝缀连，终致萎蔫脱落，导致大幅减产。

寄主

为害山楂等果树。

形态特征

成虫：体长4~5mm，翅展9~11mm。体翅灰褐色。前翅前缘具10~12组灰白色和黑褐色相间的短斜纹，后缘中部具一灰白色三角形斑，两翅合拢时出现1个菱形斑。

卵：扁椭圆形，长径0.6~0.7mm，短径0.4~0.6mm，乳白色，孵化前可见黑褐色小点。

幼虫：体长8~10mm，头部褐色，体黄白色至污白色。单眼白色，单眼区内有黑褐色长形斑。前胸盾后缘和臀板褐色。腹足趾钩双序全环；臀足趾钩双序横带。毛片较大，淡褐色，极明显。腹部第1~7节的SD1和SD2毛片合并。臀栉褐色，1~6齿。

蛹：长4.9~5.8mm，红褐色。腹部第2~7节背面有2列刺突，前列排列不整齐。腹末端生有10根钩状臀棘。

生物学特性

1年发生1代，以老熟幼虫在树干、枝翘皮下或裂缝中结白色茧越冬或越夏。翌年春日均温3~5℃时开始化蛹，山楂花序伸出期成虫羽化，卵单粒散产于叶背近叶缘处。幼虫孵化集中，常吐丝将5~10朵花缀连在一起，钻蛀其中2~3朵，被害花蕾干枯后转至幼果为害，从果面蛀入，被害果也被丝缀连在一起，其间堆积虫粪，1头幼虫可为害2~3个果。果内生活约20天后脱果爬至树干翘皮缝中结茧越夏、越冬。

防治方法

（1）农业防治。冬春季彻底刮除树体粗皮、翘皮、剪锯口周围死皮，消灭越冬幼虫。幼虫发生期及时摘除卷叶，杀灭其内幼虫。

（2）物理防治。成虫发生期，树冠内挂糖醋液诱盆诱杀成虫，配液按糖∶酒∶醋∶水(1∶1∶4∶16)配制。

（3）药剂防治。①越冬幼虫出蛰前用80%敌敌畏乳油200倍液或50%二嗪磷乳油300倍液、50%巴丹可湿性粉剂500倍液、18%杀虫双水剂400倍液等封闭剪锯口、枝杈及其他越冬场所。②掌握越冬幼虫出蛰盛期及卵孵化盛期后的关键时期施药，树体喷洒80%敌敌畏乳油或48%乐期本乳油、25%喹硫磷乳油、50%杀螟硫磷乳油、50%马拉硫磷乳油1000倍液、2.5%功夫乳油或2.5%敌杀死乳油、20%速灭杀丁乳油3000~3500倍液、10%天王星乳油4000倍液或52.25%农地乐乳油1500倍液等。

（4）保护利用天敌。寄生蜂羽化期间避免施药。天敌包括广肩小蜂和扁股小蜂、白僵菌等。

山楂超小卷蛾（幼虫）

参考文献

［1］赵魁杰，周玉梅，朱海波，等.山楂超小卷蛾的生物学特性及其防治［J］.昆虫知识，1995（05）：278-279.

［2］刘兵，王洪平，赵文珊，等.山楂新害虫超小卷叶蛾的研究［J］.沈阳农业大学学报，1992（03）：192-195.

［3］冯玉增，李永成.山楂病虫害诊治原色图谱［M］.北京：科学技术文献出版社，

［4］吕佩珂.中国果树病虫原色图谱（2版）［M］.北京：华夏出版社，2002.

6.2.4 山楂花象甲 *Anthonomus* sp.

分布与危害

属鞘翅目象甲科昆虫。辽宁分布于沈阳、抚顺、鞍山、辽阳、铁岭等；国内分布于吉林、山西等产区。为害山楂蕾、花、芽、叶及果实。幼虫主要为害花蕾，成虫为害嫩芽、嫩叶、花蕾、花及幼果。为害叶背时啃食叶肉，残留上表皮，致叶面形成分散的"小天窗"。为害花蕾时，致蕾脱落或花不能开放。为害幼果果面，食掉果皮，使果面呈"麻脸"，或致幼果脱落。降低产量且严重影响品质。

寄主

山楂、山里红、杏树等果树。

形态特征

成虫：雌成虫浅赤褐色，雄成虫暗赤褐色。体长 3.3~4mm，体背 1/3 处最宽。体表具灰白色至浅棕色鳞毛。头小，前端略窄。喙的长度等于前胸和头部之和；触角 11 节膝状，着生在喙端 1/3 处。头顶区灰白色鳞毛密集成一个"Y"形纹。前胸背板宽大于长，两侧近端部 1/3 处向前收缩变窄，中线附近鳞毛形成一纵向白纹，与头部"Y"形纹相连。中胸小盾片小而明显，鞘翅上具 2 条横纹。

卵：小蘑菇形，长 0.76~0.95mm，初产白色渐变为浅黄色。

幼虫：末龄幼虫体长 5.6~7mm，乳白色至浅黄色。

蛹：长 3.5~4mm，浅黄色。

生物学特性

1 年发生 1 代，以成虫在树干翘皮下越冬，有群聚性，常 3、5 头聚集一处。翌年山楂花序露头时出蛰，新梢长至 5~7mm 时，进入出蛰盛期，初期取食嫩芽，展叶后取食嫩叶。4 月下旬成虫产卵，产卵后取食花蕾导致其脱落。5 月上旬初孵幼虫在花蕾内取食，10 天后幼虫转移至花托基部为害，把花梗、花托咬断，造成落花落蕾。幼虫期 17~22 天，5 月下旬至 6 月初化蛹于落地花蕾内。蛹期 7~11 天，6 月上中旬成虫羽化，成虫羽化后取食幼果 10 天左右，在果皮上留下直径 1.5~2.0mm 小孔，孔洞龟裂、凸起。至 6 月底完全入蛰。

防治方法

（1）农业防治。冬春季用硬刷子彻底刮刷树皮缝隙，并用涂白剂涂干，消灭越冬成虫。生长季节在受害花蕾落地后，及时搜集深埋或烧毁，以减少成虫对当年果实的为害。

（2）物理防治。用性诱剂、糖醋液（2:1:3）、黑光灯、杀虫灯等诱杀成虫。12 月下旬在大枝和主干上绑草环，集中消灭树体越冬害虫。

（3）药剂防治。把成虫消灭在产卵之前，关键时间掌握在花蕾分离期（花序伸出期）前 2~3 天，喷洒 40% 辛硫磷乳油或 50% 丙硫磷乳油、50% 马拉硫磷乳油、48% 乐斯本乳油 1000~1200 倍液、20% 速灭杀丁乳油 2000 倍液或 2.5% 敌杀死乳油 2500~3000 倍液、10% 氯氰菊酯乳油 2000~2500 倍液或 50% 杀虫王乳油 1000~1500 倍液等。

山楂花象甲

参考文献

［1］丁少华. 山楂花象甲的防治［J］. 落叶果树, 1994 (04)：44.

［2］赵文珊, 刘兵, 陆明贤. 山楂花象甲研究初报［J］. 中国果树, 1983 (02)：27-30+33.

［3］杨立峰. 山楂花象甲在杏树上的为害［J］. 山西农业, 2004 (12)：31.

［4］冯玉增, 李永成. 山楂病虫害诊治原色图谱［M］. 北京：科学技术文献出版社, 2010.

［5］张玉聚等主编. 中国果树病虫害原色图解［M］. 北京：中国农业科学技术出版社. 2010.

6.2.5 草履蚧 *Drosicha corpulenta* Kuwana

分布与危害

又称"树虱子、草履硕蚧、草鞋介壳虫、草鞋虫"等, 属同翅目珠蚧科, 分布于辽宁以及全国各果产区, 是一种食性杂、分布广、危害重的刺吸式口器害虫。若虫和雌成虫刺吸嫩枝芽、叶、枝干和根的汁液, 削弱树势, 重者致树枯死。

寄主

山楂、核桃、樱桃、柿、桃、杏、石榴、苹果、柑橘等果树。

形态特征

成虫：雌体长约 10mm, 扁平椭圆形, 背面隆起似草鞋, 体背淡灰紫色, 周缘淡黄色, 体被白蜡粉和许多微毛；触角黑色丝状。腹部 8 节, 腹部有横皱褶和纵沟。雄体长 5~6mm, 翅展 9~11mm, 头胸黑色, 腹部深紫红色, 触角黑色念珠状。前翅紫黑色至黑色, 后翅特化为平衡棒。

卵：椭圆形, 长 1~1.2mm, 淡黄褐色, 卵囊长椭圆形, 白色绵状。

若虫：体形与雌成虫相似, 体小色深。

蛹：褐色, 圆筒形, 长 5~6mm。

生物学特性

1年发生1代，以卵和若虫在寄主树盘、土缝、石块下或10~12cm土层中越冬。卵于2月至3月上旬孵化为若虫，待寄主萌芽后期伺机出土；出土后先群集于根部吸食汁液，待晴天中午前后光照好时集中上树。初期多在嫩枝、幼芽上为害，行动迟缓，喜于皮缝、枝杈等隐蔽处群栖，稍大喜于较粗的枝条阴面群集为害。雄若虫刺入枝条固定为害后不再取食，老熟后下树藏匿于寄主翘皮下、土缝或杂草等处吐蜡丝呈伪蚧壳化蛹。雄成虫有趋光性。雌成虫下树在树干基部周围6~10厘米深的土层、土缝中分泌白色絮状卵囊，并产卵其中。

防治方法

（1）雌成虫下树产卵前，在树干基部挖坑，半径90~100cm、深15~20cm，内放杂草等诱集产卵，后集中烧毁处理。

（2）阻止初龄若虫上树。若虫上树前将树干老翘皮刮除一圈10cm宽，上涂胶或废机油，10~15天涂1次，涂2~3次，注意及时清除环下的若虫。树干光滑者可直接涂。经常查看，发现有风干现象及时增涂粘虫胶或药油，如果死虫过多、过厚要及时进行清理。

（3）若虫发生期，喷洒48%乐斯本乳油1500倍液或50%辛硫磷乳油1000倍液、2.5%敌杀死乳油2000倍液等。7~10天1次，连续防治3~4次。芽膨大时喷洒5波美度石硫合剂或45%晶体石硫合剂300倍液，或含油量4%~5%的矿物油乳剂。此外还可用蚧螨灵（机油浮剂）。

草履蚧

参考文献

［1］王中林. 草履蚧的发生规律与绿色防控技术［J］. 果农之友，2018（04）：34-35.

［2］滕玉梅. 草履蚧的特征特性及防治方法［J］. 现代农业科技，2017（16）：114+121.

［3］秦敏，宗殿龙，时丕坤，等. 草履蚧发生规律及防治技术［J］. 河北果树，2017（02）：41.

［4］冯玉增，李永成. 山楂病虫害诊治原色图谱［M］. 北京：科学技术文献出版社，2010.

6.2.6 山楂叶螨 *Tetranychus viennensis Zacher*

分布与危害

又称山楂红蜘蛛、樱桃红蜘蛛，属真螨目叶螨科。分布于辽宁山楂栽培区以及国内东北、华北、西北和长江中下游等。以小群体在叶背面主脉两侧吐丝结网，吸食叶片及幼嫩芽的汁液。叶片严重受害后，先是出现很多失绿小斑点，随后扩大连成片，严重时全叶变为焦黄而脱落，似火烧状，严重抑制了果树生长，甚至造成 2 次开花，影响当年花芽的形成和次年的产量。

寄主

梨、苹果、桃、樱桃、山楂、李树等多种果树。

形态特征

成螨：雌成螨卵圆形，体长 0.54~0.59mm，冬型鲜红色，夏型暗红色。雄成螨体长 0.35~0.45mm，体末端尖削，橙黄色。

卵：圆球形，春季产卵呈橙黄色，夏季产卵呈黄白色。

幼螨：初孵幼螨体圆形、黄白色，取食后为淡绿色，3 对足。

若螨：4 对足。淡绿色或浅橙黄色，前期若螨体背开始出现刚毛，两侧有明显墨绿色斑，后期若螨体较大，体形似成螨。静止期螨体外被一层半透明膜状物。

生物学特性

辽宁 5~6 代。均以受精雌螨在树体各种缝隙内及干基附近土缝里群集越冬。翌春果芽膨大露绿时出蛰为害芽，展叶后到叶背为害，此时为出蛰盛期，达 40 余天。盛花期为产卵盛期。落花后 7~8 天卵基本孵化完毕，同时出现第 1 代成螨，第 2 代卵在落花后 30 余天达孵化盛期，此时各虫态同时存在，世代重叠。高温干旱季节适于叶螨发生，为全年为害高峰期，9 月发生密度再度上升，10 月陆续以末代受精雌螨潜伏越冬。叶螨适应高温干旱气候，抗寒力较强，低温和短日照是其进入滞育的主导因子。降雨对螨类除有冲刷作用，也制约着螨类的发育历期和繁殖。

防治方法

（1）气候条件。叶螨属于高温活动型，一定在高温干旱季节来临之前及时防治。

（2）保护天敌。自然天敌主要有深点食螨瓢虫、束管食螨瓢虫、异色瓢虫、大小草蛉、小花蝽、植绥螨等，在防治害虫时勿伤天敌。

（3）农业防治。最主要的是要注意清除越冬虫体，降低虫源。在果树休眠期清理树干，刮除老翘皮，清扫枯枝落叶集中销毁，并进行树干涂白。

（4）化学防治。在春季用50%硫悬浮剂200倍液或0.5波美度石硫合剂喷雾，夏秋季则用20%的螨死尽胶悬剂2000倍液或15%的扫螨净乳油2000倍液，可有效地消灭山楂叶螨。使用10%苯丁哒螨灵乳油（如国光红杀）1000倍液或10%苯丁哒螨灵乳油（如国光红杀）1000倍液+5.7%甲维盐乳油（如国光乐克）3000倍液混合后喷雾防治，建议连用2次，间隔7~10天。

山楂叶螨成螨与卵

山楂叶螨为害状

参考文献

［1］刘书晓. 山楂主要病虫害的防治技术［J］. 果农之友，2017（08）：35.

［2］封云涛，郭晓君，庾琴，等. 山楂叶螨对螺螨酯的抗药性选育及现实遗传力［J］. 农药，2017，56（02）：148-150.

［3］李木林. 山楂叶螨综合防治技术［J］. 农技服务，2017，34（02）：73.

［4］卢成军. 山楂叶螨的形态特征与为害症状识别［J］. 农技服务，2016，33（18）：58.

［5］刘宁娟，孙春兰，张小妮. 苹果山楂叶螨的科学防治［J］. 西北园艺（果树），2014（02）：32.

［6］李建玺，张秋红. 苹果山楂叶螨的发生规律和防治措施［J］. 中国园艺文摘，2014，30（02）：194-195.

［7］冯玉增，李永成. 山楂病虫害诊治原色图谱［M］. 北京：科学技术文献出版社，2010.

［8］彭成绩. 南方果树病虫害原色图谱［M］. 北京：中国农业出版社，2017.

7 枣树病虫害

7.1 枣树病害

7.1.1 枣缩果病 *Erwinia jujubovora* Wang Cai Feng et Gao

分布与危害

又称枣铁皮病、枣黑斑病、枣干腰病、枣萎蔫果病、枣雾蔫病和枣褐腐病等。俗称雾抄、雾焯、雾焯头、雾落头等。分布于辽宁以及国内河南、河北、山东、陕西、山西、安徽、宁夏、甘肃等枣区。又在枣缩果病大流行的年份，发病园轻者大量减产，重者绝产绝收，已成为影响红枣产量和商品质量的重要病害。

寄主

大枣。

症状

被为害的果实症状从直观上可大致地分为晕环、水渍、提前着色、萎缩、脱落5个阶段。但是在脱落期相差很大，前期病果多在水渍期脱落，中期多在着色半红期脱落，后期病果多在萎缩末期脱落。缩果病病菌侵入正常枣果后，先是在果肩部或胴部出现不规则的浅黄色病斑，病斑边缘较清晰；进而果皮转呈水渍状，土黄色，边界不清，疏布针刺状圆形褐点；之后病斑逐渐扩大，果皮颜色逐渐变深为红褐色；最后整个病果失去光泽呈暗红色。病果因逐渐失水而发软萎缩，病部果肉初为浅土黄色小斑块，严重时大片至整个果肉变黄褐色，果肉则呈海绵状坏死，味苦，不堪食用。病果果柄变为褐色或黑褐色，提前形成离层而早落。接近成熟期染病的枣果，病斑则不明显，果皮提早变为紫红色，果肉灰黑色，呈软腐状，于成熟前脱落。越冬后整个果肉呈木炭状。

病原

枣缩果病的病状表现复杂，给病害的诊断带来一定困难。迄今为止枣缩果病病原菌已有 10 余种：噬枣欧文氏菌 *Erwinia jujubovora* Wang Cai Feng et Gao；*Erwinia* sp.，轮纹大茎点菌 *Maxrophoma hawatsuhai* Hara.，聚生小穴壳菌 *Dothiorella gregaria* Sacc.，橄榄色盾壳霉菌 *Coniaothyrium olivaceum* Bon，细交链格孢菌 *Alternaria tenuissima* （Fr.）Keissler.，毁灭茎点霉 *Phoma destructive* Plowr. 和壳梭孢菌 *Fusicoccum* sp.，青霉菌 *Penicillium expansum*，极细枝孢菌 *Cladosporium tenuissimum* Cooke，七叶树壳梭孢 *Fusicoccum aesculi* Corda，头状茎点霉 *Phoma glomerata* （Corda）Wollenw & Hochapfel 和链格孢 *Alternaria alternata* （Fr.）Keissler。

发病规律

枣缩果病病菌以分生孢子器和分生孢子在落地病僵果和干枯枝上越冬，其中落地病果为病原菌主要越冬场所，树上干枯枝次之，以无性阶段越冬。一年生、多年生枝条、枣股及残留枣吊上经处理均发现有病原分生孢子，但未发现子实体。侵染时期从枣树花期开始，缩果病病原菌就侵染花、叶，整个生长期都可侵染，但叶和花上并不表现症状。病菌自 6 月底至 9 月中旬均可侵染，7 月下旬至 8 月中旬为侵染盛期。病菌主要借风雨从果实伤口侵入或直接穿透果皮侵入幼果，待果实近成熟时开始发病，有潜伏侵染特性。8 月下旬当年病果可形成成熟分生孢子器和分生孢子，进行再次侵染。

防治方法

化学防治。一般可在 7 月底或 8 月初喷洒第 1 遍药，每隔 7~10 天后再喷洒 1~2 次药。防治药剂有：链霉素 70~140 单位/mL；土霉素 140~210 单位/mL；卡那霉素 140 单位/mL；DT 600~800 倍液。结合治虫，可在施用的杀菌剂中，加入 20% 灭扫利 5000 倍液或 40% 氧化乐果 1000~1500 倍液。

枣缩果病

参考文献

[1] 张朝红，刘孟军，周俊义，等. 枣缩果病研究进展 [J]. 河北林果研究，2008（01）：62-65，81.

[2] 张朝红，刘孟军，孔得仓，等 . 枣种质缩果病抗性多样性研究 [J]. 植物遗传资源学报，

2011（04）：539-545.

［3］王鹏，马艳丽. 枣树常见病虫害及其防治措施［J］. 防护林科技，2011（02）：105-108.

7.1.2 枣疯病 Mycoplasma-like Organism

分布与危害

分布于辽宁部分枣树栽培地区；国内枣树主产区河北、河南、山东、陕西、山西发生最为普遍、受害也最严重。安徽、湖南、北京等的部分枣树栽培地区受害也非常严重。是枣树的一种毁灭性的强传染性检疫病害，一般先在部分枝条和根蘖上表现症状，而后渐次扩展至全树。幼树发病后一般1~2年枯死，大树染病一般3~6年逐渐死亡。一旦发病，翌年就很少结果，最终可整株死亡，对生产威胁极大，成为我国枣树发展的一大障碍。

寄主

大枣。

症状

典型的黄化丛枝型病症，病树表现为芽不正常萌发和花器退化为枝叶，发病部位首先出现在养分比较集中的顶端，其主要症状是：花变成叶，花器退化，花柄延长，萼片、花瓣、雄蕊均变成小叶，雌蕊变成小枝。芽不正常萌发，病株上的1年生发育枝上的主芽和多年生发育枝上的隐芽均萌发成发育枝，其上的芽又大部分萌发成小枝，如此逐级生枝；病枝纤细、节间缩短呈丛状，病叶极小而萎黄。病叶叶肉变黄，叶脉仍为绿色，以后整个叶片逐渐黄化，叶的边缘向上反卷，暗淡无光，叶片变硬变脆，且叶缘焦枯，严重时脱落。病花一般不结果，病轻株仍可开花结果，但果实大小不一，果面着色不均匀，且凸凹不平，凸处呈红色，凹处呈绿色。果肉组织松软，不能食用。根部有时也从主根上长出病根，同一侧根上也可出现多丛疯根，后期病根变褐色腐烂，严重者全株死亡，同一株上往往是几种症状同时出现。

病原

类菌原体 Mycoplasma-like Organism，简称MLO，是介于病毒和细菌之间的多形态质粒。

发病规律

通过昆虫、嫁接和根蘖分株等传播，是一种系统性侵染病害。病害潜育期在25天至1年以上。病原物存在于韧皮部薄壁细胞内，随季节在体内上下移动。病原体侵入寄主后，通过韧皮部的筛管先下行到根部，在根部进行繁殖，然后向上运行引起枣树发病，才表现出枣疯病症状，小苗当年发病，大树多半到翌年才发病。土壤干旱瘠薄及管理粗放的枣园发病严重。

防治方法

（1）铲除病株和带病的根蘖，以防传染。进行合理环剥，阻止病原在树体内运行。用手锯水平环锯树干一周深达木质部 1mm，间隔 30~50m，锯 4~5 圈，可阻止病原下传。

（2）选用无病的砧木（抗病的酸枣和具有枣仁的大枣品种作砧木）和接穗（如星光），嫁接繁育苗木。

（3）选择抗病性强的品种，加强栽培管理，促进树体健壮生长。

（4）防治传病媒介害虫如叶蝉，喷施 20% 杀虫菊酯 3000 倍液或 10% 吡虫啉 3000 倍液。

枣疯病

参考文献

［1］王鹏，马艳丽. 枣树常见病虫害及其防治措施 ［J］. 防护林科技，2011，（02）：105-108.

［2］韩剑，徐金虹，王同仁，等. 枣疯病植原体新疆分离物 16S rDNA 基因克隆与序列分析 ［J］. 西北农业学报，2012，21（04）：176-180+186.

［3］徐启聪，田国忠，王振亮，等. 中国各地不同枣树品种上枣疯病植原体的 PCR 检测及分子变异分析 ［J］. 微生物学报，2009，49（11）：1510-1519.

［4］潘青华. 枣疯病研究进展及防治措施 ［J］. 北京农业科学，2002（03）：4-8+21.

7.1.3 枣黑斑病 *Phoma destructive* Plowr.

分布与危害

又称枣褐斑病、枣黑点病、枣黑疔病。在辽宁产区时有发生；国内分布于山西、山东、河北、新疆等，发生的面积在不断扩大且发生率很高，造成的损失非常严重。

寄主

大枣。

症状

主要为害叶片和果实。在叶片上先出现针尖大小的褐色斑点，后扩展为圆形或近圆形病斑，最外缘黄色，内缘黑色到褐色，交界明显。随着病情的发展，病斑呈不规则状扩大并连成片，造成叶片变黄卷曲，脱落。枣果发病时，病斑多发生于果顶或脐部，初为黄色或淡红色的水渍状小病斑，以后扩大成圆形或椭圆形，呈黑红色，大小为 5~15mm 的病斑呈半圆形软木状组织深入果肉，病部和周围组织的味道极苦。

病原

黑斑病病原菌有毁灭茎点霉 *Phoma destructive* Plowr.、细交链格孢 *Alternaria alternate*（Fr.）Keissler.、细极链格孢 *Alternaria tenuissima*、桑壳小圆孢菌 *Coniothyrium fucsidulum* Sacc.、仁果茎点霉 *Phoma pomirum* Thum。

发病规律

该病原菌主要的越冬场所在枣树的芽鳞、皮痕中，以成熟的菌丝体越冬，在翌年开春产生的分生孢子为初侵染源，通过伤口侵入，在枣果内的潜育期为 5 天，也可以通过自然孔口直接侵入的方式，其潜育期为 7 天。初期主要侵染叶片，坐果初期就可侵染果实，到 7 下旬至 8 月上旬达到发病高峰期，8 月下旬以后病情基本稳定，没有明显的增长趋势。枣树树势衰弱有利于病原菌的越冬和侵染，高温、高湿的气候条件可诱使病情迅速发展，该病还可以通过刺吸式昆虫进行传播。

防治方法

（1）农业措施。要合理地调整枣树种植的结构；矮化密植的同时保持枣树间的通风透光性；合理地灌水，避免由于湿度过高造成发病率的提高；合理地施肥，在枣果生长的不同阶段施用相应元素的补充，加强对氮肥和赤霉素的使用控制；及时清理枣园杂草，减少病原菌来源。

（2）药剂防治。防治传病媒介害虫如叶蝉，喷施 20% 杀虫菊酯 3000 倍液或 10% 吡虫啉 3000 倍液。枣树萌发及坐果前期采用 10% 世高 1500 倍液，3% 克菌康 600 倍液和 25% 阿米西达 1500 倍液，或者 800 倍 50% 扑海因和 70% 代森锰锌混配液可以达到很好的防治效果。绿色木霉菌（*Trichcderma* sp.）即 T13 的生防菌制剂与其他化学药剂混配可以提高使用单一化学药剂的防治效果。

枣树黑斑病症状

参考文献

［1］董宁. 枣黑斑病症状表现、病菌分析及室内药剂筛选 ［D］. 新疆：塔里木大学，2015.

［2］罗军. 河北沧州枣果病害及防治研究 ［D］. 北京：北京林业大学，2009.

［3］吴玉柱，季延平，刘会香，等. 冬枣黑斑病病原菌的鉴定 ［J］. 中国森林病虫，2005，（02）：1-3.

7.1.4 枣轮纹病 *Macrophoma kuwatsukai* Hara

分布与危害

在辽宁及国内枣产区均有分布。为害后造成产量、品质下降，不能贮存，严重影响了枣果的商品性，造成了重大经济损失，严重制约了大枣产业化的发展。

寄主

大枣。

症状

该病发病初期产生水渍状近圆形红色斑点，以后逐渐扩大，随病斑扩大出现红黄交替同心轮纹，用手触压出现凹陷而不能弹起。果肉颜色变为土黄色，组织萎缩松软，呈海绵状坏死，有酸臭味，但不苦，最后全果腐烂。发病果实易脱落。

病原

枣轮纹病病原菌有大茎点霉 *Macrophoma kuwatsukai* Hara 和贝格伦葡萄座腔菌 *Botryosphaeria berengeriana* de Not. f. sp. *piricola*。

发病规律

病菌在幼果期靠风雨传播，以皮孔为侵染点，果实染病并在果皮组织或果实浅层组织中潜伏，一旦果实生理活动减弱，便可发病。通常在果实膨大期始见发病，一般为 7 月中旬，从果实后期阴雨天较多时发病的表现推断，与弱寄生菌的潜伏侵染关系应属密切。另外，刺吸式口器昆虫带毒传染也占据一定位置。

防治方法

（1）农业防治。秋冬深翻枣园，目的是将病果、残枝落果翻压在土中，减少翌年传播的病原。

（2）药剂防治。从 7 月上中旬开始至 8 月下旬，每半月喷施 1 次 200 倍的石灰多量式波尔多液，50%多菌灵 800 倍和乙磷铝 400 倍混合液，75%百菌清 800 倍液。

枣轮纹病症状

参考文献

［1］季延平，吴玉柱，刘玉，等. 冬枣轮纹病病原菌的研究［J］. 山东林业科技，2005，（02）：22-24.

［2］刘雪红，王宝琴. 冬枣轮纹病病原真菌的分离及其拮抗菌的初筛［J］. 华北农学报，2014，（01）：227-231.

［3］王永崇. 作物病虫害分类介绍及其防治图谱——枣轮纹病及其防治图谱［J］. 农药市场信息，2017（30）：60.

［4］靳雅君，张泽勇. 冬枣轮纹病的发生与防治［J］. 北京农业，2006（09）：31.

［5］常聚普. 枣轮纹病发病规律及综合防治技术［J］. 中国果树，2004（04）：33-34.

7.1.5　干腐病 *Botryosphaeria dothidea*（**Moug. ex Fr.**）**Ces. et de Not.**

分布与危害

分布辽宁及全国各个枣区。多在树干基部靠近嫁接口部位先发病，使地上部分表现为树势衰弱，叶片黄化，提早脱落，植株不能正常萌发和抽出新枣头，不能按时开花结果，使产量大幅下降。病害发生严重时，病斑可扩展环绕树干茎部，导致全树枯死，甚至整个枣园植株干枯死亡，该病害已严重影响了枣业的发展。

寄主

大枣等。

症状

属真菌感染，有较长的潜伏期，常在主枝交叉处或主枝被风折断后，因断口积水、病菌感染而发病。病斑椭圆形、梭形，病部树皮腐烂干缩，木质部产生离层，皮层内侧变褐色，剖开病组织见有灰白色菌丝体。因病部腐烂干缩，阻断了疏导组织，当发现有褐色树液从树干中外渗时，说明该树在数年前已经感病。其病程较长，一般对盛果期枣树的产量影响不大。

病原

七叶树壳梭孢 *Fusicoccum aesculi* Corda 即葡萄座腔菌 *Botryosphaeria dothidea*（Moug. ex Fr.）Ces. et de Not. 的无性阶段，寄主范围非常广，可侵染多种木本植物。

发病规律

多从主枝伤口感染，自上而下地造成心材腐朽，进而形成树洞，使树体衰老、落果减产。该病在发病初期不易发现，5～10 年的树干出现小洞，10～20 年后树洞扩大，树液在生长季节外溢，造成树干纵向破腹，形成树洞才得以显示。

防治方法

（1）发现伤口后要进行消毒处理，以防病菌侵入。
（2）发现折断的树枝，立即采取措施，提高树体抗病能力，加强肥水管理。
（3）发现树洞后，注意刮治，并用 1% 甲醛消毒，然后用水泥等封住伤口。

参考文献
［1］王文凤. 冬枣干腐病发生与防治［J］. 农民致富之友，2016，（12）：39.

[2] 王植桐. 冬枣主要侵染性病害及综合防治技术 [J]. 果农之友，2018（04）：29-31.

[3] 徐康乐，刘哲宁，杜磊，等. 鲁北冬枣的主要病虫害 [J]. 落叶果树，2005（05）：45-46.

7.1.6　枣锈病 *Phakopsora zizyphi-vulgaris*（P. Henn.）Diet.

分布与危害

又称雾焊，在辽宁及全国各大枣树产区均有发生。由于叶片脱落过早，致使枣果不能正常成熟，幼果不红即落，部分虽能在树上变红，但单果重小，果肉含糖量比正常成熟果降低 2%。受锈病迫害严重的树叶片全部落光，只留瘦小绿果挂在枣吊上，后失水皱缩。发生锈病枣园一般减产，严重时还会绝收。

寄主

大枣。

症状

枣锈病主要侵害枣树的叶片，病菌借助风雨传播到枣树新叶上，从叶片正反面均可侵入。发病初期，染病树木在叶片背面散生或聚生凸起的黄色孢子堆，孢子堆大小不一，形态各异，在叶尖、基部及中脉两侧居多；叶片正面可见有对应的绿色小点，呈花叶状，而后逐渐变黄，最后失去光泽，干枯脱落。病害先从树冠下部叶片开始发生，逐渐向上蔓延，落叶一般从树冠下部向上渐次蔓延，落叶严重时全树叶片脱落，仅有枣果挂在树上。叶片的提早脱落会导致枣果不能正常成熟，果柄受害后也容易脱落。

病原

Phakopsora zizyphi-vulgaris（P. Henn.）Diet. 为担子菌纲、锈菌目、栅锈菌科、层锈菌属。

发病规律

枣锈病病原菌主要在病叶中潜伏越冬，来年病菌借风雨传播扩散。其发病与 7—8 月的降雨量关系十分密切，一般多雨潮湿的地方和年份发病早而重，7—8 月空气相对湿度较大的年份发病较重。地势低洼，树行间作玉米等高秆作物的枣园以及水浇地，枣锈病发生一般也较重。病害先是从树冠下部叶片开始发病，后逐渐向上发展，新老叶片均可染病。

防治方法

（1）农业防治。搞好林地卫生，加强地下、地上的管理，使林地通风透光，提高树木的抗病能力。搞好夏季修剪与合理间种，特别是纯枣园内不要间种玉米、高粱等高秆作物。

（2）化学防治。在 7 月中旬至 8 月上旬喷洒 1~2 次 200 倍液的波尔多液或锌铜波尔多液，雨水多的年份可加喷 1 次。也可用 50% 的锈粉威、代森锌或退菌特可湿性粉剂 600 倍液，并在每桶加增效王 1 支进行喷洒，喷洒方法是自下而上并尽量将药喷在叶片的背面。已染病的枣园要在落叶后，将落叶彻底清扫后烧掉，并喷洒波尔多液 150~200 倍液。

枣锈病

参考文献

[1] 蒋俊芳，梁彦彦. 枣锈病和枣煤污病的发生与防治 [J]. 现代农村科技，2017（07）：40.

[2] 李琴. 冬枣锈病发病规律及病生理研究 [D]. 长沙：中南林业科技大学，2010.

[3] 徐忠銮，刘爱兴，崔广华，等. 枣锈病的发病规律与防治预报 [J]. 安徽农学通报，2008（10）：82.

[4] 张路生，刘俊展，刘庆年，等. 冬枣锈病大发生原因分析及防治对策 [J]. 中国植保导刊，2005（11）：22-23.

[5] 齐秋锁，郑晓莲，马君玲，等. 枣锈病越冬夏孢子萌发生理研究 [J]. 河北农业大学学报，1995（04）：64-70.

[6] 徐樱，郑晓莲，刘书伦. 枣锈病初侵染来源的研究 [J]. 河北农业大学学报，1994（01）：62-66.

7.2 枣树虫害

7.2.1 枣尺蠖 *Sucra jujuba* Chu

分布与危害

又称枣步曲，属鳞翅目尺蛾科，广泛分布于辽宁以及国内山西、河北、山东、河南、辽宁等枣区，其幼虫取食枣嫩芽、叶片和花蕾，常导致二次发芽，造成红枣的减产甚至绝收。

寄主

枣、苹果、梨、桃等果树。

形态特征

成虫：雌虫无翅，体长 12~17mm，虫体鼠灰色，腹部肥大，圆锥形，尾端有一丛黑色绒毛，节间黑灰色，触角丝状。雄虫有翅，体长约 10mm，翅展 25~34mm；体色与雌虫相同；触角丝状；前翅有两条暗灰色波状条纹，后翅近外缘有一条灰色横线，内方有一个黑灰色斑点。

卵：扁圆形，径长 0.9~1mm，数十粒至数百粒聚集成片。初产时淡绿色，表面光滑有光泽，后转成灰黄色，孵化前灰黑色。

幼虫：初龄幼虫体长约 2mm，头大体黑，后退成灰色、灰绿色，背上有多条纵列线纹。老熟时体长 37~40mm，两侧各有 10 多条黑色和黄灰色相间的纵条纹。胸足 3 对，腹足和臀足各 1 对。爬行时，虫体中部向上弓起，再向前伸平，如此反复，向前爬进。

蛹：纺锤形，红褐色。

生物学特性

1 年发生 1 代。以蛹在树冠下土中越冬，以靠近树干基部较多。3 月中下旬越冬蛹开始羽化，盛期在 3 月下旬至 4 月中旬。卵多产在枣树枝头嫩芽、枝杈粗皮裂缝内或主干及主枝基部树皮裂缝内。每雌虫产卵达 1000 余粒，卵期 10~15 天。4 月中旬枣芽萌动开始孵化，孵化盛期 4 月下旬至 5 月上旬。幼虫以 5 月为害最重。5 月中下旬至 6 月下旬幼虫老熟入土化蛹越冬。幼虫 1~2 龄时食量小，芽叶被害不易被发现；3 龄后进入暴食期，幼虫暴食性强，为害嫩芽、叶片、花蕾、枣吊和新枝梢等所有绿色组织。严重时，可将枣叶或枣芽全部吃光，造成严重减产或绝收。幼虫有假死性，低龄幼虫常借风力垂丝扩散。

防治方法

（1）人工防治。冬季和早春成虫羽化前挖杀越冬蛹。也可利用幼虫受惊后假死落地的特性在幼虫危害期摇树振落幼虫，就地捕杀。根据雌蛾无翅必须沿树干上树产卵的习性，于3月上中旬雌蛾羽化之前在树干基部绑1条10～15cm宽的塑料薄膜带，两头扎紧，下端埋入土中，在树干周围挖圆形浅沟，并在沟内撒2.5%敌百虫粉，可毒杀雌蛾和初孵幼虫，也可在塑料薄膜带上抹上机油或粘虫胶。

（2）生物防治。保护天敌是生物防治的主要渠道。肿跗姬蜂、家蚕追寄蝇和彩艳宽额寄蝇，以枣尺蠖幼虫为寄主，老熟幼虫的寄生率30%～50%。应注意保护。

（3）化学防治。在幼虫3龄之前喷洒1500倍25%灭幼脲3号或2000倍20%虫酰脲药液1～2次，或喷20%速灭杀丁乳油2000倍液、2.5%绿色功夫乳油3000倍液等。

枣尺蠖成虫

参考文献

［1］李合，任宝君. 辽西北半干旱地区枣树四大虫害防治关键技术［J］. 果农之友，2012（11）：24.

［2］仝德侠，董辉，李仕亚，等. 桑园枣尺蠖发生规律调查与防治技术研究［J］. 中国蚕业，2013（01）：29-30，37.

［3］张淑杰，张大永，李春野，等. 天津地区生长季枣树主要病虫及防治方案［J］. 果树实用技术与信息，2018（06）：27-29.

［4］张拴成，杨继虎. 枣尺蠖的生物学特性观察及扎塑膜裙防治试验结果［J］. 陕西林业科技，2017（01）：38-40.

［5］李占文，李攀，王东菊，等. 宁夏枣区枣尺蠖综合防控技术集成与应用［J］. 宁夏农林科技，2016，57（09）：32-34.

　　［6］刘艳婷. 枣树虫害枣小尺蠖和枣粘虫的发生与防治［J］. 现代农村科技，2016（16）：19.

　　［7］樊红金，马向阳. 果树害虫枣尺蠖的发生与防治［J］. 现代农村科技，2016（08）：31.

　　［8］张锋，杨苗苗，洪波，等. 防控胶带对枣树害虫的防治试验［J］. 西北农业学报，2015，24（04）：96-100.

7.2.2　枣镰翅小卷蛾 *Ancylis sativa* Liu

分布与危害

　　又称枣黏虫，属鳞翅目卷蛾科，在辽宁地区及国内各产区均有发生。是枣树的食叶和蛀果害虫。萌芽展叶期，为害嫩芽嫩叶，造成二次发芽；花期，咬断花柄，为害花蕾；幼果期蛀食幼果，造成落果；果实膨大期，幼虫吐丝将枣叶、果实黏在一起，蛀食果实，造成大量虫害果。

寄主

　　枣树。

形态特征

　　成虫：体长 6~7mm，翅展 13~15mm，体和前翅黄褐色，略具光泽。前翅长方形，顶角突出并向下呈镰刀状弯曲；前缘有黑褐色短斜纹 10 余条，翅中部有黑褐色纵纹 2 条。后翅深灰色。前后翅缘毛均较长。

　　卵：扁平椭圆形，鳞片状，极薄，长 0.6~0.7mm，表面有网状纹，初为无色透明，后变红黄色，最后变为橘红色。

　　幼虫：初孵幼虫体长 1mm 左右，头部黑褐色，胴部淡黄色，背面略带红色，以后随所取食料（叶、花、果）不同而呈黄色、黄绿色或绿色。老熟幼虫体长 12~15mm，头部、前胸背板、臀板和前胸足红褐色，胴部黄白色；前胸背板分为 2 片，其两侧和前足之间各有 2 个红褐色斑纹，臀板呈"山"字形。

　　蛹：体长 6~7mm，细长，初为绿色，渐呈黄褐色，最后变为红褐色。腹部各节背面前后缘各有 1 列齿状突起，腹末有 8 根弯曲呈钩状的臀棘。茧白色。

生物学特性

　　在北方 1 年发生 3 代，翌年 3 月下旬越冬蛹开始羽化，4 月上中旬达盛期，5 月上旬为羽化末期。第 1 代成虫发生的初期、盛期、末期分别在 6 月上旬、6 月中下旬和 7 月下旬至 8 月中下旬。越冬代雌虫平均产卵量 4 粒，平均卵期 13 天；第 1 代、第 2 代平均产卵量分别为 60 粒和 75 粒，卵期为 6~7 天。第 1 代幼虫发生于枣树发芽展叶阶段，取食新芽、嫩叶；第 2 代幼虫发生于花期前后，为害叶、花蕾、花和幼果；第3代幼虫发生于果实着色期，幼虫还有吐丝下垂转移为害的习性。第1代、第2代幼虫老熟后在被害叶中结茧化蛹，第3代幼虫于9月上旬至10月中旬老熟，陆续爬到树皮裂缝中作茧化蛹越冬。

防治方法

（1）生物防治。枣树生长期，特别是开花期、结果期，为了有利于保护自然天敌和授粉昆虫，在枣黏虫第2代、第3代卵期，每株释放松毛虫赤眼蜂3000~5000头。喷洒生物农药青虫菌、杀螟杆菌100~200倍液防治幼虫。

（2）化学防治。当枣树嫩梢长到大约3cm时（即第1代幼虫孵化盛期）是药剂防治的关键期。用2.5%溴氰菊酯乳油4000倍液、20%速灭菊酯乳油3000倍液等均可。

枣镰翅小卷蛾

参考文献

［1］李合，任宝君. 辽西北半干旱地区枣树四大虫害防治关键技术［J］. 果农之友，2012，（11）：24.

［2］陈川，杨美霞，聂瑞娥，等. 陕西延川枣镰翅小卷蛾发生规律［J］. 植物保护，2016，42（05）：217-220.

［3］杨立军，李新岗，刘惠霞. 枣镰翅小卷蛾成虫的寄主趋向和产卵选择［J］. 植物保护学报，2012，39（02）：142-146.

［4］杨立军，李新岗，刘惠霞. 枣镰翅小卷蛾对枣树挥发物的行为反应［J］. 西北农林科技大学学报（自然科学版），2012，40（01）：71-78.

［5］杨立军. 基于寄主挥发物的枣镰翅小卷蛾寄主选择研究［D］. 杨陵：西北农林科技大学，2011.

［6］韩桂彪，马瑞燕，杜家纬，等. 枣镰翅小卷蛾雄蛾对性信息素的行为反应［J］. 昆虫学报，2001（02）：176-181.

7.2.3　红蜘蛛 *Tetranychus cinnabarinus*

分布与危害

俗称大龙、砂龙等，统称叶螨，我国的种类以朱砂叶螨为主，属蛛形纲蜱螨目叶螨科。分布于辽宁以及国内河北、北京、河南、江苏、广东、广西等地。主要为害枣树叶片和幼嫩部位，严重时叶片枯黄，提早落叶、落果。一般高温干旱容易发生。

寄主

主要为害茄科、葫芦科、豆科、百合科等多种蔬菜作物。枣树上红蜘蛛种类较多，枣粮间作的枣园中的优势种为截形叶螨，其寄生广泛，包括枣树、棉花、玉米、豆类及多种杂草和蔬菜。

生物学特性

红蜘蛛1年发生4~5代，以受精的雌虫在树皮缝内或根际处、土缝中越冬，翌年4月中下旬开始活动产卵。6月上旬为为害盛期，以成虫和若虫为害枣叶，造成叶片变色和过早脱落影响枣芽分化，缩短花期，降低坐果率。天气干旱的7—8月螨害成灾，大水漫灌或阴雨天对成螨繁殖不利，数量会大幅降低。9—10月转入树皮、杂草及树干周围的表土中越冬。

防治方法

（1）生物防治。红蜘蛛的天敌种类很多，主要有中华草蛉、食螨瓢虫和捕食蜡类等，其中尤以中华草蛉种群数量较多，对枣红蜘蛛的捕食量较大，保护和增加天敌数量可增强其对枣红蜘蛛种群的控制作用。

（2）化学防治。用螨危4000~5000倍液、15%哒螨灵乳油2000倍液、1.8%齐螨素乳油6000~8000倍液等均可达到理想的防治效果。其他防治方法参照1.2.1苹果红蜘蛛。

参考文献

［1］李合，任宝君. 辽西北半干旱地区枣树四大虫害防治关键技术［J］. 果农之友. 2012（11）：24.

［2］张锋，杨苗苗，洪波，等. 防控胶带对枣树害虫的防治试验［J］. 西北农业学报，2015，24（04）：96-100.

［3］朱军. 枣园释放捕食螨防治红蜘蛛试验［J］. 农村科技，2015（01）：47-48.

［4］李素杰. 枣红蜘蛛、枣粉蚧、枣龟蜡蚧无公害防治技术［J］. 山西果树，2014（01）：52-53.

［5］李梦钗，郝建伟，温秀军，等. 无公害黏虫胶防治枣树害虫试验研究［J］. 河北林业科技，2007（06）：4-7.

［6］巴秀成，王小梦，常会红，等. 黏虫胶防治冬枣红蜘蛛的效果［J］. 中国南方果树，2007（02）：69.

［7］孙士学，温秀军，李向军，等. 枣树红蜘蛛越冬分布及出蛰转移规律的初步研究［J］. 河北林业科技，1992（04）：28-32.

7.2.4 日本龟蜡蚧 *Ceroplastes japonicus* Green

分布与危害

属同翅目蜡蚧科。在我国分布极其广泛，辽宁及全国均有分布。若虫、雌成虫刺吸树干和嫩梢，使树干水分减少，营养缺失，叶片变小发黄，枝条短缩细弱，落花落果，严重时树体干枯死亡。若虫排泄物易诱发枝条霉污，叶片变黑，阻碍叶片光合作用，造成结果枝头枯死。

寄主

苹果、柿、枣、梨、桃、杏、柑橘、杧果、枇杷等。为害多达 100 多种植物，其中大部分为果树。

形态特征

成虫：雌成虫体背有较厚的白蜡壳，呈椭圆形，长 4~5mm，背面隆起似半球形，中央隆起较高，表面具龟甲状凹纹，边缘蜡层厚且弯卷由 8 块组成。活虫蜡壳背面淡红色，边缘乳白色，死后淡红色消失。初淡黄色，后虫体呈红褐色。雄体长 1~1.4mm，淡红色至紫红色，眼黑色，触角丝状，翅 1 对，白色透明，具 2 条粗脉，足细小，腹末略细。

卵：椭圆形，长 0.2~0.3mm，初淡橙黄色，后紫红色。

若虫：初孵体长 0.4mm，椭圆形扁平，淡红褐色，触角和足发达，灰白色，腹末有 1 对长毛。固定 1 天后开始泌蜡丝，7~10 天形成蜡壳，周边有 12~15 个蜡角。后期蜡壳加厚，雌雄形态分化，雌雄成虫相似，雄蜡壳长椭圆形，周围有 13 个蜡角似星芒状。

雄蛹：梭形，长 1mm，棕色，性刺笔尖状。

生物学特性

1 年发生 1 代，已受精雌虫主要在 1~2 年生枝上越冬。翌春寄主发芽时开始为害，虫体迅速膨大，成熟后产卵于腹下。每雌产卵千余粒，多者 3000 粒。卵期 10~

24 天。初孵若虫多爬到嫩枝、叶柄、叶面上固着取食，8 月初雌雄开始性分化，8 月中旬至 9 月为雄虫化蛹期，蛹期 8~20 天，羽化期为 8 月下旬至 10 月上旬，雌虫陆续由叶转到枝上固着为害，至秋后越冬。可行孤雌生殖，子代均为雄性。

防治方法

（1）农业防治。果树休眠期刮除老翘皮，彻底剪除虫枝并烧毁。若发现个别枝条上有蚧壳虫，可用软毛刷刷去。天敌盛发期尽量不要喷药。

（2）物理防治。可在隆冬季节用喷雾器往树上喷清水，使树上结一层薄冰，再用木棍敲击，振动树枝，将冰与蚧壳虫一起振落地下，彻底消灭。

（3）化学防治。防治应抓住两个关键时期，一是萌芽前（惊蛰过后），二是卵孵化盛期（5 月下旬至 6 月夏忙前后）。萌芽前宜喷施杀螨灵、克螨特等对蜡质介壳破坏力较强的药剂，也可用机油乳剂、好劳力、5 波美度石硫合剂等，添加黏着剂或助渗剂以及柔水通可提高杀蚧效果。果树发芽前用 40% 融蚧乳油 1500 倍液或好劳力 800~1000 倍液混合喷雾。重点喷主干翘皮、主枝和枝条，果园围墙及杂树野草也要喷到。果实套袋前喷 40% 融蚧乳油或速扑杀 1000 倍液，加柔水通 4000 倍液。

（4）涂干防治。为害期可对主干涂抹高浓度内吸性杀虫剂。生长期选用 40% 安眠特防治，兼治其他害虫。也可用 40% 融蚧乳油加柔水通 4000 倍液，或安民乐 1000~1500 倍液，或加 25% 优乐得 1000 倍液，也可加 40% 速扑杀 1000 倍液。

日本龟蜡蚧

参考文献

[1] 任善军. 山东平原枣园日本龟蜡蚧的发生与防治 [J]. 果树实用技术与信息，2016，(11)：31-32.

[2] 高宝嘉，梁隐泉，田菲菲，等. 枣园植物群落及景观对日本龟蜡蚧发生的影响 [J]. 林业科学，2007，(08)：80-84.

[3] 梁隐泉，高宝嘉，臻志先，等. 枣园昆虫群落及其与日本龟蜡蚧发生的关系 [J]. 应用生态

学报，2006，（03）：3472-3476.

［4］田菲菲. 枣林日本龟蜡蚧种群数量动态变化机理研究［D］. 保定：河北农业大学，2004.

［5］靳永，王先伟，谢玉，等. 薛城冬枣上日本龟蜡蚧的发生与防治［J］. 落叶果树，2003，（06）：10.

［6］刘庆年，刘俊展，金宗亭，等. 冬枣日本龟蜡蚧的空间分布型及抽样技术研究初报［J］. 山东农业大学学报（自然科学版），2003，（03）：434-436.

［7］高宝嘉，田菲菲，梁隐泉，等. 枣树林日本龟蜡蚧种群空间结构及危害规律的研究［J］. 河北林果研究，2002，（03）：235-238.

7.2.5 黄刺蛾 *Cnidocampa flavescens* **Walker**

分布与危害

分布于辽宁果树栽培区，国内除贵州、西藏目前尚无记录外，几乎遍布其他省区。7月中旬出现黄刺蛾危害，一直持续到果实采收。发生普遍，危害程度深。幼龄幼虫将叶片啃食成网眼状；幼虫长大后，将叶片食成缺刻，残留主脉和叶柄。

寄主

梨、苹果、杏、杨、柳、榆、榛、槭、刺槐、枫杨及数十种植物。

形态特征

成虫：雌蛾体长 15～17mm，翅展 35～39mm，雄蛾体长 13～15mm，翅展 30～32mm，橙黄色。头胸黄色，前翅黄褐色，从顶角到后缘有呈"V"字形的2条褐色斜线，前面斜线内侧黄色，外侧褐色，并具2个褐色斑点。后翅灰黄色。

卵：长 1.4～1.5mm，扁椭圆形，一端较尖，淡黄色，卵壳上有龟状纹。

幼虫：老熟幼虫体长 19～25mm，粗大，黄绿色，头小隐藏在前胸下方，体背有前后宽中间窄鞋底状大紫褐色斑，前胸背有一对黑斑，后胸及第1、7、8、9腹节体背侧瘤突较其他节高大，每节气门处具有毒刺毛。体侧有2条蓝色纵纹。

蛹：长 13～15mm，椭圆形，淡黄褐色。头胸背面黄色。茧椭圆形，质坚硬，黑褐色，上有灰白色不规则条纹。

生物学特性

1年发生1代，以老熟幼虫在茧内越冬，6月上中旬化蛹，6月中旬至7月中旬成虫羽化，成虫有趋光性。卵产在叶背，小幼虫群聚取食为害叶片，仅剩叶柄和叶脉，老熟幼虫危害到9月初在枝丫处作茧越冬。

防治方法

（1）人工防治。①黄刺蛾越冬代茧期7个月，可剪除树上虫茧。②消灭幼龄虫，低龄幼虫喜群集在叶片背面取食，及时摘除受害叶片就地踩死。③灯光诱杀，成虫具有一定的趋光性，可在其羽化盛期设置黑光灯诱杀成虫。

（2）药剂防治。6月中旬前后和7月中旬前后的第1、2代幼虫群集关键期用药，防治效果好且省药。20%的除虫脲5000倍液、Bt乳剂500倍液、25%灭幼脲Ⅲ

号 2500 倍液喷雾防治。可选喷 20% 氰戊菊酯、2.5% 溴氰菊酯乳油、50% 杀螟松乳油 80~100mL，50% 辛硫磷乳油 2000 倍液喷雾。3 龄以前也可喷 25% 天达灭幼脲 3 号 1500 倍液或 20% 天达虫酰肼 2000 倍液。

（3）生物防治。黄刺蛾的寄生性天敌有刺蛾紫姬蜂、刺蛾广肩小蜂、上海青蜂、爪哇刺蛾姬蜂、健壮刺蛾寄蝇和绒茧蜂。幼虫的生物制剂有白僵菌、青虫菌、核型多角体病毒。

枣树上的刺蛾

黄刺蛾成虫

黄刺蛾蛹

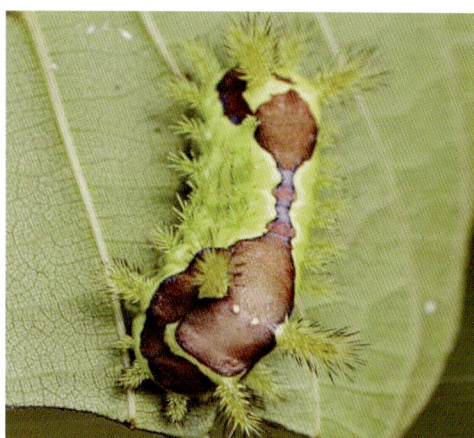

黄刺蛾幼虫　　　　　　　　　　黄刺蛾幼虫

参考文献

[1] 姜镇荣，韩文忠，马兴华，等. 黑果腺肋花楸病虫害特点及其防治方法 [J]. 防护林科技，2007，（02）：39-40.

[2] 李丽，毛洪捷. 黄刺蛾的生活习性及防治技术 [J]. 吉林林业科技，2009，386（6）：51，53.

[3] 王小兵. 果树害虫枣刺蛾和黄刺蛾的发生与防治 [J]. 现代农村科技，2016（16）：24.

[4] 张帆，彭刚，胡卫江，等. 阿克苏地区枣与核桃树黄刺蛾幼虫发生为害消长动态调查 [J]. 中国植保导刊，2015，35（03）：61-62.

[5] 郭迎华，邱鹏程，李攀，等. 黄刺蛾在宁夏灵武市枣园发生现状生态特性及综合防控技术研究 [J]. 宁夏林业通讯，2015（01）：23-26.

[6] 毛永新，顾荣. 黄刺蛾对冬枣的危害和防治 [J]. 上海农业科技，2013（05）：73+75.

[7] 李占文，郭迎华，邱鹏程，等. 宁夏灵武枣园黄刺蛾的发生及综合防控技术 [J]. 中国果树，2013（02）：58-60+78.

7.2.6　枣大球蚧 *Eulecanium gigantea* Shinjin

分布与危害

又称瘤坚大球蚧。属同翅目蚧科。在辽宁枣产区及国内河北、河南、山西、宁夏等省分布。成虫和若虫在枝干上刺吸汁液，排泄蜜露诱致煤污病发生，影响光合作用，削弱树势。

寄主

梨、枣、酸枣、柿、核桃、苹果、山定子、桃、槐、刺玫等。

形态特征

成虫：雌虫半球形体长 8~18mm，状似钢盔。成熟时体背红褐色，有整齐的黑灰色斑纹；雄虫体长 2~2.5mm，橙黄褐色，前翅发达白色透明，后翅退化为平衡棒，交尾器针状较长。

卵：长椭圆 0.4~0.5mm，初淡黄渐变淡粉红，孵化前紫红色，被有白色蜡粉。

若虫：初龄淡黄白色，扁长椭圆形，前端宽钝，向尾端渐狭；眼黑色；足发达；腹端中部凹陷，中央及两侧各有一刺突；2 龄越冬于扁平白色绵状茧内，茧 1.2~1.5mm。

雄蛹：裸蛹 1.3~1.5mm，淡青黄色。茧白色绵毛状，长椭圆形 2.2mm。

生物学特性

1 年 1 代，多以 2 龄若虫于枝干皮缝、叶痕处群集越冬，以 1~2 年生枝上较多。4 月中下旬迅速膨大，5 月间成熟并产卵，6 月大量孵化，分散转移到叶、果上固着为害，秋季 8 月间陆续越冬，至 10 月上旬全部转到枝上越冬。

防治方法

（1）农业防治。夏季虫体膨大期至卵孵化前，人工刷抹虫体。

（2）化学防治。5 月中下旬若虫孵化期喷 80% 敌敌畏 1500 倍液，或 0.2~0.3 波美度石硫合剂。

枣大球蚧卵

枣大球蚧成虫

参考文献

[1] 李占文，贾文军，乔生智，等. 枣大球蚧生物学特性及防治研究 [J]. 宁夏农林科技，2002（04）：25−29.

8　樱桃病虫害

8.1　樱桃病害

8.1.1　樱桃黑斑病 *Alternaria alternata*（Fries）Keissler

分布与危害

分布于辽宁大连大樱桃主产区。大樱桃的一种新病害，严重影响其产量和品质。大连呈连年加重趋势，在果实成熟季节 6—7 月，病情严重的果园发病率高达75%，严重时甚至造成绝收。

寄主

樱桃。

症状

该病害主要为害大樱桃果实，常在果柄萼洼处发病，形成黑色病斑，初期果面上形成黑褐色圆形或不规则斑点，逐渐扩展蔓延，形成大小不一的黑色斑块，其上常伴有轮纹晕圈；后期病患处组织僵硬导致果面开裂，全果变黑，果面严重凹陷或腐烂；病部表面产生浓密的黑色霉层，最后形成僵果悬挂枝上经久不落，或腐烂病果直接脱落于地表。病原菌主要在病果上越冬，成为翌年发病的主要侵染源。

病原

病原菌为链格孢 *Alternaria alternate*（Fries）Keissler。

发病规律

病菌在田间地表、地下的病残体能够安全越冬，成为来年的主要侵染源。樱桃黑斑病病原菌具有较强的侵染能力，能通过不同的方式侵入寄主，但病原菌从伤口侵入较直接侵入发病严重。自然条件下，病原菌多从自然孔口侵入，在果柄的萼凹处发病较重。病害的潜育期一般为 3 天，7 天后发病严重，病害症状明显。

防治方法

注意清洁田园，清除病残体，减少病害的初侵染源，可有效减轻病害发生，同时培育抗病品种，增加树体营养，合理密植对于减少病害发生起着至关重要的作用。

大樱桃黑斑病症状

参考文献

［1］赵远征. 大樱桃黑斑果腐病病原学及防治基础研究［D］. 沈阳：沈阳农业大学，2013.

［2］王琴. 辽宁省樱桃主要病虫害及防治方法［J］. 辽宁林业科技，2017（05）：74-76.

［3］刘刚. 大樱桃黑斑病病原菌及其致病性基本明确［J］. 农药市场信息，2013（29）：38.

［4］范昆，王海荣，曲健禄，等. 戊唑醇、丙森锌混配剂对大樱桃黑斑病菌的毒力及其增效作用［J］. 山东农业科学，2013，45（11）：109-111.

［5］赵远征，刘志恒，李俞涛，等. 大樱桃黑斑病病原鉴定及其致病性研究［J］. 园艺学报，2013，40（08）：1560-1566.

［6］刘志恒，赵远征，李俞涛，等. 大樱桃黑斑果腐病菌生物学特性研究［J］. 沈阳农业大学学报，2013，44（02）：148-152.

8.1.2 樱桃流胶病 *Pseudomonas syringae*

分布与危害

分布于辽宁及国内各樱桃主产区，分为干腐型和溃疡型两种，是普遍发生的一种病害。发病范围广、危害大，主要为害枝干，引起主干、主枝甚至枝条流胶，导致树势衰弱，树体抵抗力下降，果实产量和品质下降，严重时大枝枯死，甚至整株死亡。近几年，随着我国樱桃栽培面积的扩大，流胶病发生呈上升趋势，不少果区的发病率高达60%~75%。

症状

主要是由于病原菌的侵入以及自身的营养代谢失调造成的。枝干受害后，表皮组织皮孔附近出现水渍状或稍隆起的疣状突起，用手按，略有弹性，后期"水泡状"隆起开裂，从中渗出胶液，初为淡黄色半透明稀薄而有黏性的软胶，树胶与空气接触后逐渐变为黄色至红褐色，呈胶胨状，干燥后，变成红褐色至茶褐色硬块，质地变硬呈结晶状，吸水后膨胀成为胨状的胶体。如果枝干出现多处流胶，或者病组织环绕枝干一周，将导致以上部位死亡。当年生新梢受害，以皮孔为中心，产生大小不等的坏死斑并流胶。果实发病时，果肉分泌黄色胶质溢出果，病部硬化，严重时龟裂。

病原

致病菌主要是丁香假单胞菌 *Pseudomonas syringae*。

发病规律

主要发生在主干和主枝上，以主干和 3 年生以上大枝受害较重，枝条也时有发生；雨水飞溅，极易将病原菌传播到皮孔及伤口部位，从而使病原菌得以扩散。雾滴、雨水及灌溉水形成的高湿度，是病菌侵染和繁殖的必要条件。叶痕、皮孔、碰掉的腋花芽处及受伤部位是主要侵染点，果实、果柄、木质化的组织等都可感染。流胶在整个生长期都有发生。春季树液开始流动，即有枝干流胶，进入雨季，发病加重。在大连流胶病发生于 6 月初至 10 月下旬，6—8 月为高发期，其中 7 月为雨季，发病最重。

防治方法

（1）正确选择园址和品种。不宜选碱性的土地建园，应选排水良好的、有较好水利条件，土层深厚质地疏松的砂壤土和壤土建园，并且选择抗病虫能力强的樱桃品种栽植建园。

（2）加强果园土肥水管理。增加有机肥的施入量，平衡施肥，注重微量元素肥料、生物菌肥、果树复合肥的施入。改善树体根际环境，增加土壤通透性，增强树体营养水平，增强树势是减少流胶病发生的主要措施。樱桃树是需水较多但不耐涝的一种果树，要注意避免树根际的积水现象，从而加重生理性流胶病的发生。栽培上控制枝条的生长，加强树体的营养积累水平，增强树体抗病性。

（3）合理整形修剪。冬季修剪容易引起流胶病的发生，应在早春萌芽前进行修剪，避免过多或疏除较大的枝，避免造成较大的剪锯口，剪锯口要涂上愈合剂，促进伤口早日愈合。

（4）综合防治病虫害。冬春季对树干和大枝涂白，预防冻害、日灼伤，涂白部位以主干位置为主，主枝分叉处和主干近地部位要多涂。12 月至翌年 1 月彻底清园，刮除流胶硬块及其下部的坏死组织，剪除枯枝，清理落叶，集中烧毁，减少病原菌。在秋季落叶和早春休眠期喷铜制剂和农用链霉素 3~4 遍，以减少和避免初次侵染。另外，石硫合剂对真菌、细菌均有效，在休眠期要对地面和树体进行全面覆盖。涂抹或喷施石硫合剂或 50%多菌灵药液 500 倍液，可防治病菌感染。隔 1 周后再涂 1 次。流胶病发生初期刮 1 次，要进行多次用药，以达到防治目的。开春后树液流动时，用 50%多菌灵可湿性粉剂 300 倍液灌根，1~3 年生树，每株用药 100g，树龄较大的用药 200g，开花坐果后按上述药量再灌 1 次。生长季节适时喷 72%农用硫酸链霉素可溶性粉剂 3000 倍液进行防治，可以降低致病菌密度，减少流胶病的发生。

流胶病

参考文献

［1］石忠强，罗珺，缪福俊，等. 樱桃流胶病最适诱抗剂的筛选试验［J］. 西部林业科学，2015，44（02）：157-160.

［2］孙杨，孙玉刚，魏国芹，等. 樱桃流胶病研究进展［J］. 果树学报，2014，31（S1）：14-17.

［3］肖敏，李俞涛，夏国芳，等. 大连地区甜樱桃流胶病调查与防治［J］. 辽宁农业科学，2013（06）：79-80.

8.1.3 樱桃根癌病 *Agrobacterium tumefaciens*

分布与危害

又称冠瘿病、根肿病、根头癌，辽宁及国内吉林、河北、北京、内蒙古、山西、河南、山东、湖北、陕西、甘肃、安徽、江苏、上海、浙江等均有分布。是由根癌土壤杆菌引起的一种细菌性病害，可侵染 93 科 331 属 643 种高等植物。全世界广泛发生。此菌寄主范围广、危害大、易传播、难治愈，农业生产由此损失巨大。

苗木受侵染后发育不良、树势衰弱、生长迟缓、产量减少、寿命缩短，甚至引起死亡。发病重的果园甚至造成毁园，严重影响苗木的质量和果品的产量及品质。

症状

主要发生在树的根颈部，偶尔侧根发生。发病部位开始有类似于圆形黄绿色的瘤状突起，表面光滑，触摸感觉较嫩。后期瘤状物逐渐变成不规则块状，表皮变粗糙、龟裂、质地坚硬、颜色呈黑褐色，外皮坏死脱落，最后露出许多凸起状小木瘤。患病植株的根部、根颈部及枝干部位均能形成肿瘤，影响植株的营养和水分的正常吸收运输，导致果实变小，树体寿命缩短。

病原

根癌土壤杆菌 *Agrobacterium tumefaciens*（也为害桃树、蓝莓等）为短杆状细菌，单生或链生，大小（1~3）μm×（0.4~0.8）μm，具 1~6 根周生鞭毛，有运动性。若是单菌毛，则多为侧生。细菌内不含色素。

发病规律

病菌在发病组织和土壤中越冬，从植株的伤口侵入，在有寄主组织存在的情况下，病菌能存活 1 年以上，2 年内若遇不到新的寄主便会失去生活能力。病菌主要靠灌溉和雨水传播，远距离苗木运输也可传播。

防治方法

（1）针对樱桃根癌病菌的侵染特点，利用生防菌如 K48 防治根癌病。

（2）选用抗病品种或砧木。

（3）加强苗木检疫，禁止携带癌瘤苗木的调运。

（4）生产上栽植无病种苗，选择无病土壤作苗圃。

（5）物理手段结合施用药剂防治，选用过氧乙酸、石硫合剂、波尔多液、DT 杀菌剂、硫酸铜、链霉素、土霉素、代森锰锌等药剂。

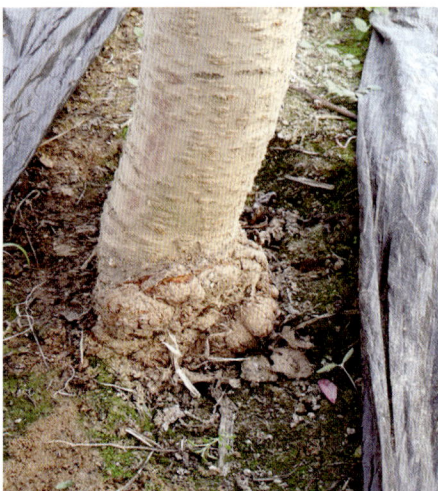

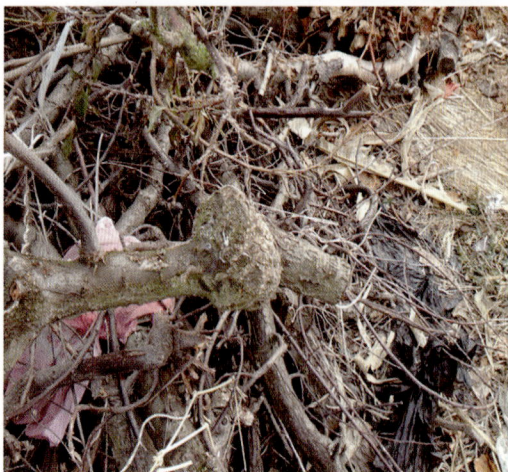

根癌病

参考文献

[1] 黄菁华. 西安灞桥区樱桃根癌病病原菌鉴定及药剂防治研究 [D]. 杨凌：西北农林科技大学，2016.

[2] 肖敏，潘凤荣，李俞涛. 樱桃根癌病发病规律及防治技术研究 [J]. 辽宁农业科学，2009，（05）：25-27.

8.2 樱桃虫害

朝鲜球坚蜡蚧 *Didesmococcus koreanus* Borchsenius

分布与危害

又称桃球坚蚧、杏球坚蚧。分布于辽宁以及国内黑龙江、河北、河南、山东、山西、江苏、湖北、江西、四川、云南等。终生吸食寄主汁液，造成生长不良，产量下降，发生严重时致寄主死亡。

寄主

杏、李、桃、莓等核果类果树。

形态特征

成虫：雌成虫体长 3.0~4.5mm，初期体表软，黄褐色；后期体表硬化，红褐色或紫褐色，近球形。雄成虫长 2mm，赤褐色，有发达前翅 1 对，半透明，腹末有 1 条白色丝质长毛。初孵化若虫体扁长圆形，淡粉红色，爬行能力强。

卵：椭圆形，长 0.3mm，宽 0.2mm，附有白蜡粉，初白色渐变粉红。

若虫：初孵若虫长椭圆形扁平，长 0.5mm，淡褐至粉红色被白粉；触角丝状 6 节，眼红色；足发达；体背面可见 10 节，腹面 13 节，腹末有 2 个小突起，各生 1 根长毛。固着后体侧分泌出弯曲的白蜡丝覆盖于体背，不易见到虫体。越冬后雌雄分化，雌体卵圆形，背面隆起呈半球形，淡黄褐色有数条紫黑横纹。雄瘦小椭圆形，背稍隆起。

蛹：仅雄有蛹。长 1.8mm，赤褐色；腹末有 1 根黄褐色刺状突。

茧：长椭圆形灰白半透明，扁平背面略拱，有 2 条纵沟及数条横脊，末端有一横缝。

生物学特性

该虫 1 年发生 1 代，以 2 龄若虫在小枝条上越冬，翌年 3 月中旬开始活动，寻找适当的部位固定为害，不久便分化为雌性和雄性。3 月下旬雌若虫经蜕皮后，体背渐膨大呈球形蚧壳；雄若虫在 4 月上旬分泌白色蜡质形成蚧壳，在其中蜕皮化蛹。雌成虫交配后，虫体迅速膨大，蚧壳硬化、卵产于雌体腹面，5 月下旬至 6 月上旬若虫孵化期，初孵若虫爬行活跃，通常以枝条裂缝和枝条基部叶痕内居多，固定后即分泌白色蜡质覆盖体背；6 月中下旬蜡质逐渐融合为蜡层，包围在虫体周围，此时发育缓慢，雌雄虫难以分辨；9 月若虫蜕皮 1 次，变为 2 龄若虫之后进入越冬状态，此虫可行孤雌生殖。

防治方法

（1）农业防治。结合刮树皮、修剪等，清除越冬蚧壳虫，以压低虫口密度。

（2）生物防治。黑缘红瓢虫是朝鲜球坚蜡蚧的天敌，要加以保护利用。

（3）化学防治。早春果树发芽前，越冬若虫刚开始活动，但尚未分泌蜡质，即在 4 月上旬前后，可喷施 50% 柴油乳剂或 2~3 波美度石硫合剂。在 6 月上旬前后若虫发生盛期，即卵孵化盛期，喷施 0.2 波美度石硫合剂，50% 马拉硫磷乳油 800~1000 倍液、80% 敌敌畏乳油 1200~1500 倍液、40.7% 乐斯木乳油 1000 倍液等。

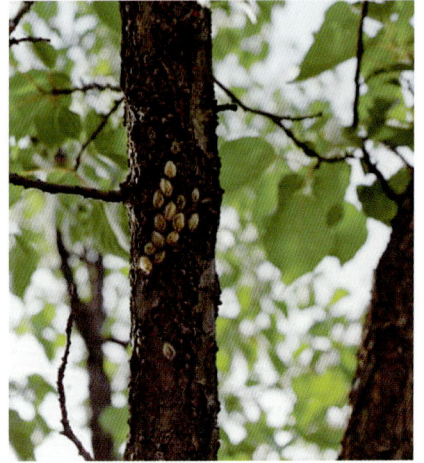

朝鲜球坚蚧　　　　　　　　　　　　　　　　　朝鲜球坚蚧若虫

参考文献

［1］胡作栋. 朝鲜球坚蜡蚧的发生规律与综合防治技术［J］. 西北园艺（果树专刊），2013（04）：11-12.

［2］黄保宏，邹运鼎，毕守东，等. 朝鲜球坚蚧对 8 种寄主植物的产卵和取食选择性及其机制［J］. 植物保护学报，2008（01）：12-18.

［3］姜耀民，姜国柱，崔学修，等. 朝鲜球坚蚧的发生及防治［J］. 北方果树，1993（04）：26-27.

［4］吴琳，聂雅萍，黄燕辉. 杏毛球蚧生物学特性及其防治技术［J］. 昆虫知识，2001，38（4）：292-295.

9 沙棘病虫害

9.1 沙棘病害

9.1.1 沙棘溃疡病 *Fusicoccum viticolum* Redd.

分布与危害

在辽宁及国内主要沙棘分布地区都有不同程度的发生。其主要为害主干，初期发生时树体表面症状不明显，严重时在表皮呈现黑色腐烂症状。在发病后期，植株逐渐枯死。此病对沙棘产业的发展存在着巨大的威胁，具有潜在的毁灭性损失。

寄主

沙棘、葡萄等。

病原

葡萄生壳梭孢 *Fusicoccum viticolum* Redd.，属于半知菌亚门，球壳孢目，壳梭孢属。

症状

发病初期树体表面症状不明显，严重时在表皮呈现黑色腐烂症状，有时许多病斑呈小岛状串联，病斑呈纵向发展，呈倒"V"字形。在发病后期植株逐渐枯死。

发病规律

以分生孢子器或菌丝体在病蔓上越冬，翌年5—6月释放分生孢子，借风雨传播，在具水滴或雨露条件下，分生孢子经4~8小时即可萌发，经伤口或由气孔侵入，引起发病。潜育期30天左右，后经1~2年才现出病症，因此本病一经发生，常连续2~3年。多雨或湿度大的地区，植株衰弱、冻害严重的果园发病重。

防治方法

首先要严格实施苗木检疫，把好苗木质量关，防止将病苗带入造林地；控制造林密度，建造混交林；加强栽培管理，增强植株抵抗力；加强幼林抚育，一旦发现病情，及时清除病株。

沙棘溃疡病症状

参考文献

［1］梁玉本. 大果沙棘病虫害及防治方法［J］. 中国果菜，2002（4）：21.

［2］田振江，迪丽努尔. 大果沙棘溃疡病室内药剂筛选及田间药效防治试验［J］. 林业科技通讯，2017（10）：48-50.

［3］张兵，陈晶晶，刘玉，等. 大果沙棘溃疡病病原菌的鉴定及生物学特性研究［J］. 新疆农业大学学报，2011，34（02）：140-145.

9.1.2 沙棘干缩病 *Fusarium sporotrichioides* Sherb

分布与危害

又称沙棘干枯病，在辽宁及全国，乃至世界范围内沙棘主栽区都广泛流行。是危害沙棘最严重的毁灭性病害，是所有沙棘栽培区都可能出现的危险性病害，被称为沙棘的"癌症"。沙棘干缩病的发生、蔓延是目前困扰沙棘产业化发展的重要因素。此病造成提前落叶，较健康树提早30天以上；树势早衰、有效寿命缩短，连续发病3~4年可致死亡，果实品质下降，产量损失达40%以上。

寄主

沙棘以及多种农作物。

病原

拟枝孢镰孢菌 *Fusarium sporotrichioides* Sherb。

症状

感染部位初期出现零星分布的黄色斑，随后慢慢肿胀并形成橘黄色肿胀，感染的黄色斑互相交织造成感染部位大面积肿胀，肿胀到一定程度后开始出现表皮破裂且裂纹不断加深；随后，裂纹裂口增大并慢慢缢缩腐烂、变黑，逐渐干缩凹陷形成病斑，所以将此病称为干缩病。基部病斑形成后，根颈向上部分主要枝干开始出现感染橘黄色病斑，随后叶片变黄、脱落、生长势减弱，造成果实不正常早熟；随着病情发展，感染的凹缩病斑部位树皮开裂、腐烂，导致植株死亡。

发病规律

每年4—5月开始发生，6月中下旬即表现出叶片变黄并逐渐脱落，结果植株果实不再膨大而提前呈现成熟色，6月下旬脱落；侧枝感病后，6月开始畸形向下弯曲，7月干枯死亡，主干发病严重者到8月整株死亡，有些即使存活越冬，到翌年春萌叶晚、叶片少且难以生存。

防治方法

采取预防措施是控制该病的主要手段。要注意避免机械损伤。遇有发生严重的，可用60%～70%可湿性代森锌500～1000倍液，在雨季前每隔10～15天喷洒1次，连续2～4次。在行间间种禾本科、豆科牧草，增加地表覆盖，能大幅减少干枯病的发生。采用噁霉灵、噻菌铜、普力克、多菌灵等低毒杀菌剂进行灌根，均可减少沙棘干缩病的发生。

沙棘干缩病症状

参考文献

[1] 宋瑞清、孙海珍、董希文，等. 黑龙江省沙棘干缩病病原菌生物学特性的研究 [J]. 林业科技，2009（02）：20-22.

［2］杜汉君. 沙棘干缩病发病规律及成因的调查与分析［J］. 沙棘，2001（01）：13-15.

［3］董希文，王丽敏，闫敦梁. 沙棘干缩病无公害控制技术研究［J］. 防护林科技，2011（04）：22-24.

9.1.3　沙棘腐烂病 *Cytospora hippophaes* Thum.

分布与危害

分布于辽宁及国内新疆地区。营养生长及花芽分化均受到抑制，并易引发病害侵染，越冬后易造成死亡，致使严重减产。

寄主

沙棘。

病原

沙棘壳囊孢 *Cytospora hippophaes* Thum.。

症状

该病害主要为害树木的主干、主枝等部位，包括腐烂、溃疡、枝枯、流胶、干腐等症状类型。

发病规律

病斑多发生在主干、主枝、侧枝及枝丫分权处。该病症状有溃疡型及枝枯型两种，但通常表现为溃疡型。每年5月沙棘主干处病斑呈现暗褐色水渍状，略肿胀，病斑椭圆形。5月以后病斑继续扩大，树皮呈深褐色，病皮组织腐烂，有湿润感。至7月，随气温升高，病斑组织干枯下陷，有时发生龟裂，此时病斑上产生密集的小黑点，树皮可用手撕破，严重时，沙棘树可当年死亡。此病最易发生在10年生以上、树势较为衰弱的老沙棘林，特别在郁闭度0.9以上、透气性差的林分，被害率常达60%以上。

防治方法

（1）在造林时选用当地的抗病性强的乡土沙棘品种，提前做好防冻工作。

（2）科学整枝，修剪应逐年进行，修剪时对病枝、枯枝进行清除。剪口要平滑，修剪下的枝条应及时运走和处理。

（3）对于密集过大的沙棘林，可实行间伐，伐后密度控制在0.6左右，保持林分通风透光，对主干上的病斑实行刮除，然后涂抹5~10波美度石硫合剂。

（4）对于5~6年生以上沙棘应实行平茬，平茬掉的树枝集中烧毁。以后每6年平茬一次，既消除病害，又使新萌生沙棘树长得健壮。

（5）沙棘园注意排水、防冻，增强有机肥，树干涂白，以防腐烂病发生。

（6）营造半透风式防护林带，在迎风面的边行外栽小灌木保护。

（7）对严重感病的沙棘应及时清除，对严重感染的林分彻底清除。对感病较轻的林分除加强管理，提高树木本身的生活力外，可以及时砍去病株或刮除病部，然后进行喷药或涂药处理。目前防治腐烂病的常用药剂有10%碱水（碳酸钠）、蒽油、蒽油肥皂液（1kg蒽油+0.6kg肥皂+6kg水）结合赤霉素（100mg/kg）、1%退菌特、5%托布津、50mg/kg内疗素等。

（8）秋季或冬季及时清除病枝、病叶，集中烧毁，或翻耕土壤，将病叶埋于土壤，以消灭越冬病菌，减少初次侵染来源。

沙棘腐烂病症状

参考文献

［1］阿合买提别克·木塔勒布.青河县沙棘腐烂病的危害及防治措施［J］.新疆林业，2013（02）：37.

［2］田振江，马春萍，朱丹璐，等.沙棘腐烂病病原菌初报［J］.中国森林病虫，2015，34（03）：30–31.

［3］Y. S. Paul, B. R. Thakur, V. Singh.不同储存条件下沙棘果采收后腐烂情况研究［J］.国际沙棘研究与开发，2004（04）：1–3+20.

9.1.4 沙棘锈病 *Albugo* sp.

分布与危害

辽宁分布于朝阳；国内新疆有分布。沙棘锈病以实生苗栽植的沙棘林、中龄期沙棘林、密植沙棘林、移植沙棘成林发生严重。影响光合作用，使树体水分过量蒸腾，引致叶片枯萎并提早脱落。

寄主

沙棘。

病原

Albugo sp. 为卵菌纲大孢白锈菌属真菌。

症状

沙棘叶片大量发黄、干枯、伴有植株矮化症状。叶片上的病斑呈圆形，数病斑汇合成片，发病初期病斑处轻微褪绿，后变为锈褐色。沙棘锈病为害叶片和嫩枝，以叶片受害最重。发病初期，在叶片正面或背面长出黄绿色圆点，逐渐扩大成黄白色。秋季在叶、枝夏孢子堆周围的坏死组织上可产生褐色冬孢子堆，多角形，蜡状。病叶上密生夏孢子堆。

发病规律

病菌以菌丝在病芽和嫩枝表皮下越冬。翌年春沙棘萌芽时，越冬菌丝发育成夏孢子堆，在生长季中进行侵染。阿勒泰地区每年2月下旬至6月上旬为发病始期，7—9月为发病盛期。秋后夏孢子侵入幼芽中或嫩枝表皮下越冬。多发生在实生育苗中期，在密植移植的成林中也发生。冬孢子虽常见，也易萌发，但尚未发现转主寄主，在自然界发病过程中的作用不明显。日平均气温19~25℃适于发病。降雨和灌溉水过大是病害流行的主导因素。

防治方法

（1）选用抗病的沙棘品种。选好种植密度，改善好苗木的透光通风条件。采摘时，不损害树枝，加强抚育管理，修剪要适当。

（2）农业措施。把病叶剪除及时集中烧毁。发现病株及时清理，焚烧，深埋，病枝也要及时剪除。秋季或春季清除越冬场所，控制传染和扩散。

（3）病害预防。在苗期（移动）提前用波尔多液、石硫合剂、粉锈宁和多菌灵等杀菌剂防治。6月每隔15~20天喷一次波尔多液，连续2~3次，可以减少沙棘叶锈病的发生。

（4）化学防治。发病初期，喷15%粉锈宁可湿性粉剂1000倍液或50%硫悬浮剂200~300倍液或30%特富灵可湿性粉剂2000倍液，每隔15~20天喷1次。对于沙棘锈病的防治，主要技术措施是加强肥水管理，增施有机肥、氮磷钾肥。

参考文献

[1] 再依那古丽·卡拉木沙力铺. 沙棘锈病在阿勒泰地区人工沙棘林发生危害及防治措施 [J].

新疆农业科技，2014（05）：30.

[2] 许耀英，刘员. 沙棘的主要病虫害及其防治 [J]. 农家之友，2010（05）：12-13.

[3] 朱景霖，尹卫. 沙棘白锈病研究初报 [J]. 西北农业学报，1995（02）：32-34.

9.2 沙棘虫害

9.2.1 沙棘木蠹蛾 *Holcocerus hippophaecolus* Hua et Chou

分布与危害

辽宁、内蒙古及西北地区。

寄主

沙棘。

形态特征

成虫：雄虫体长 21~36mm，平均 29mm；翅展 49~69mm，平均 60mm；雌虫体长 30~44mm，平均 35mm；翅展 61~87mm，平均 71mm。触角线状，伸至前翅中央。前足胫节内缘有一净角器，中足胫节末端有一对距，而后足除末端有一对距外，在其胫节中部还有一对中距，跗节均为 5 节。成虫前翅 R2 和 R3 脉间有一横脉，从而形成一副室，其位置略超过中室的 1/2，R4 和 R5 脉有一短共柄，小中室略短于副室。M1 着生于中室的前角，M2 和 M3 接近中室后角，2 条 A 脉游离。中室闭合。

卵：长 0.8~1.0mm，初产灰白色，椭圆形，孵化前为暗灰色。

幼虫：老熟幼虫体长 50~55mm，体背紫红色，腹面黄白色，每节有淡红纹。头部深黑色，前胸背板具近半圆形大黄褐斑，前、中、后胸足橙黄色，爪黑色。腹足退化，仅存足掌和趾钩，趾钩三序环，臀足双序中带式。

蛹：体长 47~53mm，深褐色，蛹背第 2~7 节前后缘具齿状突一列，前列齿粗，深过气门，后列刺细，伸不过气门。

生物学特性

4 年发生 1 代，以幼虫在被害沙棘根际主根和大侧根的蛀道中越冬，翌年春开始活动继续取食为害，6 月老熟幼虫爬出蛀孔入土化蛹，7 月羽化出成虫并交尾产卵，7 月下旬孵化幼虫，10 月下旬幼虫越冬。成虫具较强趋光性，飞行迅速，在 20—24 点集中出现并交尾，平均产卵 500 粒，卵产在树干基部树皮裂缝和靠近根基土中，每次产 15~186 粒，卵期平均 25 天。卵孵化后初孵幼虫钻入树皮，并向下蛀食，到翌年可钻入心材为害，并将木屑虫粪从侵入孔排除。因 4 年 1 代，经 48 个月，13 个龄期，幼虫同期大小不整齐，分为 1 年群、2 年群，以此类推。老熟幼虫爬出一般在树冠周围 15cm 深土中作薄茧化蛹，蛹期 30 天左右，主要为害 20 年生以上沙棘，危害严重单株虫口达 80 余头，可造成大片沙棘林枯死。

防治方法

（1）农业防治。沙棘纯林密度较大林分，结合卫生伐，伐除被害木，清除伐根，集中烧毁。

（2）物理防治。7 月中下旬成虫羽化期，夜间设置黑光灯组进行集中诱杀成虫。成虫期可用沙棘木蠹蛾性外激素诱捕器诱捕雄成虫。

（3）化学防治。先将被害树根部周围清除 0.3m 树盘，采取用 40% 杀螟松 1000 倍液，10% 吡虫啉（康福多）1000 倍液，40% 氧化乐果 1000 倍液，2.5% 敌杀死 2000 倍液等浇根处毒杀各龄幼虫，浇药后将树盘还土覆回。卵期用 2.5% 敌杀死等菊酯类杀虫剂喷树根干部及周围地面，毒杀卵及初孵幼虫。

沙棘木蠹蛾为害状

沙棘木蠹蛾幼虫

沙棘木蠹蛾成虫、蛹与卵

参考文献

［1］陈志银，路萍. 沙棘木蠹蛾的生物学特性及防治［J］. 中国林业，2012（10）：46.

［2］宗世祥，骆有庆，许志春，等. 沙棘木蠹蛾幼虫龄期的初步研究［J］. 昆虫知识，2006（05）：626-631.

［3］宗世祥. 沙棘木蠹蛾生物生态学特性的研究［D］. 北京：北京林业大学，2006.

9.2.2 沙棘红缘天牛 *Asias halodendri* Pallas

分布与危害

分布于辽宁以及国内的内蒙古、西北等。以幼虫为害寄主枝干，造成树势衰弱，果实减产。

寄主

沙棘、枣、槐、糖槭、榆、锦鸡、枸杞、榆叶梅、梅花、圣柳。

形态特征

成虫：体长约 18mm，狭长，黑色。头短，触角细长。前胸宽略大于长，两侧缘突钝圆。鞘翅狭长而扁，两侧平行，基部红色斑，外缘红色，被有黑褐色短毛。腹面有灰白色细长柔毛。腿节细长，后足第 1 跗节长于第 2、第 3 跗节之和。

卵：扁豆形，灰褐色，表面土黄色。

幼虫：老熟幼虫体长 22mm，乳白色。前胸背板骨化明显，分为 4 段，后方非骨化部分呈"山"字形。

生物学特性

红缘天牛 2 年发生 1 代，幼虫在树干的虫道中越冬。成虫 5 月中下旬羽化交尾产卵。其卵多产在沙棘主干或粗度 2cm 以上的侧枝基部的树皮缝及伤疤处。初孵幼虫在卵壳内度过 3~4 天之后，从壳内出来取食沙棘的韧皮部。2 龄幼虫即进沙棘木质部实施为害，3 龄幼虫渐进越冬。红缘天牛对沙棘的为害有选择性，树龄 3 年生以上的生长不良的沙棘是其为害的主要对象。

防治方法

重度择伐感虫植株，沙棘萌动前进行。沿地表切根平茬，或深入地表 5cm 处，并集中销毁。清除虫源；另外，可利用红缘天牛的寄生蜂齿姬蜂和蛀姬蜂防治。

红缘天牛成虫

红缘天牛幼虫

沙棘红缘天牛为害状

参考文献

［1］吴秀花，靳嵘，田润民，等. 平茬及环境因子对沙棘生长和红缘天牛为害的影响［J］. 林业调查规划，2015（01）：37-41.

［2］俞琳锋，王荣，张燕如，等. 3种共同危害沙棘的害虫的空间分布格局研究［J］. 中国农学通报，2015（04）：200-207.

［3］宗世祥，姚国龙，骆有庆，等. 沙棘主要蛀干害虫种群生态位［J］. 生态学报，2005（12）：3264-3270.

10　黑果腺肋花楸

10.1　黑果腺肋花楸病害

10.1.1　黑果腺肋花楸叶斑病 *Alternaria* sp.

分布与危害

辽宁分布于朝阳、丹东等。发病严重的果树落叶落果，严重影响果品的产量、质量和树势。

寄主

黑果腺肋花楸等。

病原

病原菌为链格孢 *Alternaria* sp.

症状

主要为害叶片，发病叶片出现圆形、椭圆形的病斑，病斑上常伴有同心轮纹，之后病斑不断扩大，形成不规则状大斑，发病后期多个大斑融合，叶片枯萎、卷曲、破裂，发病严重的果树落叶落果，严重影响果品的产量和质量。

发病规律

病菌在田间地表、地下的病残体能够安全越冬，成为来年的主要侵染源。一般而言，植株下层的老叶发病较重。通风不良、温暖潮湿、土壤含水量高，秋季雨水多、早晚温差大、露水重、栽培密度大等条件有利于发病。病原菌具有较强的侵染能力，能通过不同的方式侵入寄主，但病原菌从伤口侵入较直接侵入发病严重。

防治方法

（1）农业防治。栽培基质应疏松易排水；适当增施磷钾肥，不偏施氮肥；多雨季节，应开沟排水，降低园内湿度。秋季注意清洁田园，彻底清除病残体、增加树体营养，栽培密度适宜等可控制该病的发生。

（2）药剂防治。发病初期喷 36%甲基硫菌灵悬浮剂 600 倍液，或 75%达克宁可湿性粉剂 600 倍液，或 50%扑海因代可湿性粉剂 1000 倍液，65%甲霉灵可湿性粉剂 1000 倍液，或 27%铜高尚悬浮剂 600 倍液，或 20%龙克菌悬浮剂 500 倍液。7～10 天 1 次。50%多菌灵可湿性粉剂 500～800 倍液；50%托布津可湿性粉剂 500～800 倍液；50%退菌特可湿性粉剂 500～700 倍液。

叶斑病田间症状

田间回接发病症状

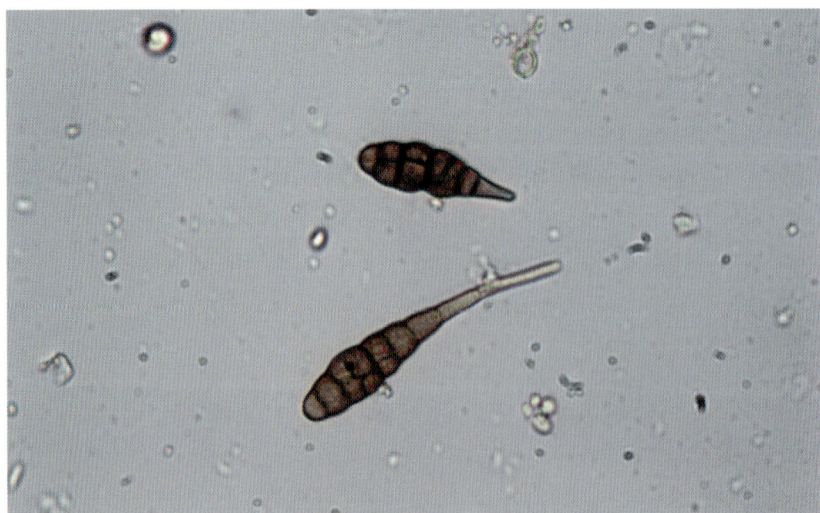

由链格孢引起的黑果腺肋花楸叶斑病

参考文献

[1] 雷增普. 中国花卉病虫害诊治图谱 [M]. 北京：中国城市出版社，2005.

[2] 姜镇荣. 黑果腺肋花楸在三北地区的应用与发展 [J]. 北方果树，2012（04）：21-23.

[3] 姜镇荣，韩文忠，马兴华，等. 黑果腺肋花楸病虫害特点及其防治方法 [J]. 防护林科技，2007（02）：39-40.

10.1.2　黑果腺肋花楸黑斑病 *Phoma* sp.

分布与危害

辽宁各地均有分布。发病严重的果树落叶落果，严重影响果品的产量、质量和树势。

寄主

黑果腺肋花楸等。

病原

从病斑上分离培养与镜检观察，认为是一种茎点霉 *Phoma* sp. 引起的病害。该病菌分生孢子无色透明，圆柱形，无隔单胞。与链格孢 *Alternaria* sp. 同时引起叶斑病。

症状

发病初期叶面上出现黑色小斑点，逐渐扩展为椭圆形或不规则形，病斑中央灰褐色或灰白色，其上着生黑色小霉点，斑缘褐色。

发病规律

病菌在病叶上越冬。翌年在多雨潮湿季节，病原菌分生孢子大量涌出，借风雨及昆虫传播。病菌的寄生性不很强，必须在寄主植物生长衰弱时或在有伤口的情况下才能侵入。

病菌主要借助风雨传播，遇适宜温湿度便可萌发侵染叶片。全年均可发病，以夏秋发生为多。管理粗放、荫蔽潮湿、虫害较多的苗地和果园，发病较重。

防治方法

（1）农业防治。加强栽培管理，注意清洁田园，清除病残体，减少病害的初侵染源，可有效减轻病害发生，增加树体营养，合理密植对于减少病害发生起着至关重要的作用。

（2）药剂防治。50%多菌灵可湿性粉剂 500~800 倍液；50%托布津可湿性粉剂 500~800 倍液；50%退菌特可湿性粉剂 500~700 倍液。

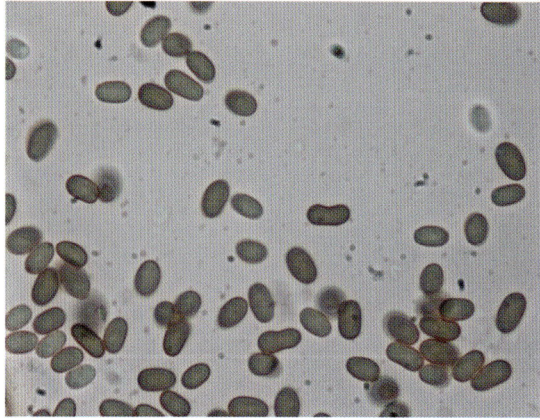

分生孢子

10.2　黑果腺肋花楸虫害

10.2.1　黑绒鳃金龟 *Serica orientalis* Motschulsky

分布与危害

又称黑绒金龟子、东方金龟子、黑马褂，辽西果农又称其为黑小子，以成虫危害。分布于辽宁朝阳，属鞘翅目鳃金龟科。多于4月下旬开始出现，个别年份会提前到中旬出现。暴食苗木幼嫩部分，严重的把刚萌生的幼嫩叶片全部取食掉。在刚嫁接的圃地危害会导致接穗无法成活。

寄主

蔷薇科果树、柿、葡萄、桑、杨、柳、榆，各种农作物及十字花科等40多科约150种植物。

形态特征

成虫：体长7~8mm，宽4.5~5mm，卵圆形，体黑色至黑褐色，具天鹅绒闪光。头黑、唇基具光泽。前缘上卷，具刻点及皱纹。触角黄褐色9~10节，棒状部3节。前胸背板短阔。小盾片盾形，密布细刻点及短毛。鞘翅具9条刻点沟，外缘具稀疏刺毛。前足胫节外缘具2齿，后足胫节端两侧各具一端距，跗端具有齿爪1对。臀板三角形，密布刻点，胸腹板黑褐具刻点且被绒毛，腹部每腹板具毛1列。

卵：初产为圆形，呈乳白色，后膨大呈球状。

幼虫：体长14~16mm。肛腹片复毛区满布略弯的刺状刚毛。其前缘双峰式，峰尖向前止于肛腹片后部的中间，腹毛区中间的裸区呈楔状，将腹毛区分为二，刺毛列位于腹毛区后缘，呈横弧状弯曲，由 14~26 根锥状直刺组成，中间明显中断。

蛹：体长约 8mm，初黄色，后变黑褐色。

生物学特性

在辽宁 1 年发生 1 代，以成虫在 20~40cm 深的土中越冬。随着土层解冻，成虫即逐渐上移，4 月中下旬至 5 月初，旬平均气温 10℃左右，开始出土。成虫危害盛期在 5 月中旬左右。5 月下旬产卵。雌虫产卵于被害植株根际附近 5~15cm 土中，单产，通常 4~18 粒为一堆。雌虫一生约能产卵 9~78 粒。6 月中旬开始出现新 1 代幼虫，幼虫一般为害不大，仅取食一些植物的根和土壤中腐殖质。7 月下旬，3 龄老熟幼虫作土室化蛹，蛹期 10 天左右，羽化出来的成虫不再出土而进入越冬状态。成虫白天潜伏在 1~3cm 的土表，夜间出土活动。成虫具假死性，略有趋光性。

防治方法

（1）利用假死性，人工振落捕杀成虫。

（2）保护和利用天敌。利用捕食性鸟类如红脚隼、大斑啄木鸟、灰喜鹊、红尾伯劳。利用昆虫病原细菌如金龟子乳状病芽孢杆菌。

（3）药剂防治。采取诱饵诱杀防治法，把幼嫩的杨树枝条浸蘸 90% 的敌百虫 1000 倍液，撒放于植株旁边。连续防治 1 周，待树体叶片发育成熟，周围其他绿色植物亦已萌发，黑绒鳃金龟便不再造成为害。在圃地四周喷洒数十米宽的隔离带，阻隔成虫入园为害。采用杀螟杆菌、松毛虫杆菌或青虫菌稀释菌液中加 90% 敌百虫 5000 倍液；50% 敌敌畏 800~1000 倍液；溴氰菊酯乳油 2000 倍液均可。

黑绒鳃金龟为害状

黑绒鳃金龟幼虫

黑绒鳃金龟成虫

参考文献

［1］姜镇荣，韩文忠，马兴华，等. 黑果腺肋花楸病虫害特点及其防治方法［J］. 防护林科技，2007，（02）：39-40.

［2］韩国君，张文忠，韩国辉，等. 黑绒鳃金龟生物学特性研究［J］. 吉林林业科技，2002，（06）：15-16, 25.

［3］郭卫东. 黑绒鳃金龟生物学特性及其防治技术［J］. 现代农村科技，2015（16）：23.

［4］吕飞，海小霞，范凡，等. 黑绒鳃金龟甲成虫对不同单色光和光强的趋光行为［J］. 植物保护学报，2016，43（04）：656-661.

［5］吕飞，刘伟，刘顺，等. 几种药剂对黑绒鳃金龟成虫的药效评价［J］. 农药，2012，51（01）：68-70.

10.2.2　苹毛丽金龟 *Proagopertha lucidula* Faldermann

分布与危害

又称长毛金龟子，属鞘翅目丽金龟科。分布于辽宁以及国内吉林、黑龙江、内蒙古、河北、河南、山东、山西、陕西、甘肃、安徽、江苏等。5 月上旬开始为害。以成虫取食果树花蕾、花朵、花芽和嫩叶。只零星发生。

寄主

苹果、梨、桃、杨、柳、榆、樱桃、李树、杏、海棠、葡萄、山楂、丁香、芍药、牡丹、豆类、葱及桑等 11 科 30 余种。

形态特征

成虫：体卵圆形，长 10mm 左右。头胸背面紫铜色，并有刻点。鞘翅为茶褐色，具光泽。除鞘翅外通体被淡褐色绒毛。由鞘翅上可以看出后翅折叠之"V"字形。腹部两侧有明显的黄白色毛丛，尾部露出鞘翅外。后足胫节宽大，有长、短距各1个。

卵：椭圆形，乳白色。临近孵化时，表面失去光泽，变为米黄色，顶端透明。

幼虫：体长约 15mm，头部为黄褐色，胸腹部为乳白色，体弯曲，末端膨大，胸足 3 对，腹足退化。

蛹：长 12.5~13.8mm，裸蛹，深红褐色。

生物学特性

1 年发生 1 代。以成虫在土中越冬。辽宁 4 月中旬成虫开始出土，5 月末绝迹，历期约 30 天。此时正是果树萌芽和花蕾初现到初花期，果树受害最为严重。成虫白天活动，从早晨到日落前均可为害，成虫具有较强的假死性。成虫常常群集为害，喜食花、嫩叶和未成熟的果实。4 月上旬气温较高时交尾，4 月末到 5 月上旬开始入土产卵，产卵盛期为 5 月中下旬产卵结束。卵多产在有机质丰富的树木或果树根部附近的疏松表土层。5 月下旬至 8 月上旬为幼虫发生期。幼虫为害寄主根部，3 龄后开始下移至 20~30cm 的土层筑土室化蛹。7 月底至 9 月中旬为化蛹期，9 月上旬成虫开始羽化并在蛹室内越冬。

防治方法

（1）利用性激素诱集成虫集中捕杀。

（2）利用成虫的假死性，早晚敲树振虫，集中消灭。

（3）化学防治。果树萌芽前，树冠下撒施 75%辛硫磷颗粒剂，每株 0.1kg，耙松表土与药剂混合。在成虫发生期，成虫落地潜入土中会中毒死亡。在果树现蕾至花苞未放时，在树上喷 2.5%溴氰菊酯乳油，50%溴氰菊酯乳油 2000~2500 倍液，或 48%毒死蜱乳油 4000 倍液。

苹毛丽金龟

参考文献

[1] 姜镇荣，韩文忠，马兴华，等. 黑果腺肋花楸病虫害特点及其防治方法 [J]. 防护林科技，2007，（02）：39-40.

[2] 杜相革，张友廷. 樱桃园苹毛丽金龟发生规律及防治 [J]. 中国果树，2003（03）：29-31.

[3] 王学山，宁波，潘淑琴，等. 苹毛丽金龟生物学特性及防治 [J]. 昆虫知识，1996（02）：

111-112.

［4］席明星. 果树害虫金龟子的防治方法［J］. 农村实用技术与信息，1994（03）：10.

10.2.3 梨尺蠖 *Apocheima cinerarius* Pyri Yang

分布与危害

又称春尺蠖、梨步曲，俗称弓腰虫，属鳞翅目尺蛾科。分布于辽宁以及国内北京、天津、河北、河南、山东等。以幼虫食害花及嫩叶，5月上旬开始为害，有的年份发生的还要晚些。

寄主

梨、杏、苹果、山楂、海棠等蔷薇科植物，以及柳、小叶杨、榆等植物。

形态特征

成虫：雄虫体长9~15mm，翅展24~36mm。触角黄色，双栉状，栉支上密生纤毛，头部和胸部密被柔毛，腹部除被柔毛外，还有刺和齿。前翅灰黄色至灰褐色，密布小褐点，3条黑色横线与外缘略平行，在中室折成锐角至前缘，外横线明显波状并在脉上有黑纹相连，中室后缘在内、中横线间有黑条，后翅灰白密布小褐点。雌虫体长7~12mm，无翅，灰色至灰褐色。触角丝状，头、胸部密被粗鳞而无长柔毛，胸部短宽。腹部被鳞毛，背面的齿和刺的排列与雄虫相似，但第1腹节也有一列长刺，第8节瘤突更显著，腹背有2条黑色纵纹。

卵：椭圆形，长0.8~1mm，宽0.5~0.6mm，初产时为灰白色，渐变为红褐色，近孵化时为灰蓝色，卵表面有网状皱纹。

幼虫：老熟幼虫体长28~36mm，红褐色。头部红褐色，头顶两侧有瘤突，额中央有两条黄色横纹。前胸背板黄褐色，背线和亚背线黄白色，并镶黑边，背线与亚背线，气门上下线间红褐色，亚背线与气门上线间黑色和黄白色相间，气门长椭圆形，白色。腹部第2节气门后端有暗褐色瘤突，第8节背中央有1对红褐色锥形突。

蛹：红褐色，纺锤形，长为12.5~14.5mm，宽为4~6mm。头、胸部褐绿色，中胸前缘两侧各有一长椭圆形瘤突。腹部红褐色，背线色暗，尾突末端呈叉状，向腹背弯曲。

生物学特性

1年1代，以蛹在土中越冬，翌年早春2—3月越冬蛹羽化为成虫后沿幼虫入土穴道爬出土面，雌蛾只能爬到树上，等待雄蛾前来交尾，把卵产在树干阳面缝中或枝干交叉处，少数产于地面土块上。每雌产卵300余粒。卵期10~15天，幼虫孵化后分散为害幼芽、幼果及叶片，幼虫期36~43天，5月上旬幼虫老熟下树入土化蛹后越冬。幼虫于 5 月上旬开始下树，多在树干四周入土 9~12cm，个别深达 21cm，先作土茧化蛹，以蛹越夏和越冬，蛹期 9 个多月。

防治方法

（1）秋冬季节耕翻果园拾蛹灭越冬蛹。

（2）依据梨尺镬雌蛾无翅，傍晚爬行上树的特性，在 2 月底前，将树干根颈部土扒出，绑 10~13cm 宽塑料带，下端用少许土压边，以无缝隙为准，而后撒毒土。这样既可杀死出土上树的雌成虫，又可消灭卵和初孵幼虫。

（3）喷施苏芸金杆菌（Bt）。

（4）药剂防治。幼虫发生期 3 龄前，喷 75% 辛硫磷乳油 3000 倍液，或 50% 敌敌畏 800~1000 倍液。

参考文献

［1］姜镇荣，韩文忠，马兴华，等. 黑果腺肋花楸病虫害特点及其防治方法［J］. 防护林科技，2007（02）：39-40.

［2］曹克诚，郭拴风，王翠香. 梨尺蠖的生物学特性及防治［J］. 山西果树，1984（02）：41-42.

［3］孙艳斌，陈明，杨海廷. 梨尺蠖在杏扁上的危害及防治技术［J］. 河北林业科技，2008（03）：58.

10.2.4　黄褐天幕毛虫 *Malacosoma neustria testacea* Motschulsky

分布与危害

属鳞翅目枯叶蛾科，是主要食叶性害虫之一。分布于辽宁以及国内黑龙江、吉林、内蒙古、北京、宁夏、甘肃、青海、新疆、陕西、河北、河南、安徽、山东、山西、湖南、湖北、江苏、浙江、广东、贵州、云南等。通过取食果树和阔叶树等的叶，发生严重时短期便可吃光一整株的全部叶片，接着转移到其他植株继续为害。翌年出现枯枝现象，甚至有的树木整株枯死。

寄主

该虫食性很杂，主要为害梨、梅、桃、杏、李、樱桃、苹果等果树，对杨、柳、榆、栎、桦、落叶松等树种也产生为害。

形态特征

成虫：雄成虫体长 15.8mm，翅展 32.6mm，触角为双栉齿状，体翅淡黄色，前翅中央有 2 条深褐色的细横线，2 条线间的部分色较深呈褐色宽带；后翅中部的褐色横线不明显。雌成虫体长 22.3mm，翅展 44.7mm，触角为锯齿状，体翅颜色较深为黄褐色，腹部色也较深。前翅红褐色，中部有条深褐色宽带，宽带两侧色较淡，前翅褐色宽带纹的内外侧呈淡黄褐色纹；后翅斑纹不明显，呈淡褐色。

卵：椭圆形，灰白色，长 12.8mm，顶部中央凹下，卵壳非常坚硬，数百粒卵围绕当年新生树枝条整齐排列成圆桶状，形似顶针或指环，因此，其也被称为"顶针虫"。

幼虫：共 5 龄，老熟幼虫体长 43.8mm，头部灰蓝色，顶部有 2 个黑色的圆斑，体侧有鲜艳的蓝灰色、黄色和黑色相间的横带，体背线为黄白色，气门黑色。体背长有黑色的长毛，侧面为淡褐色长毛。

蛹：雄蛹体长 19mm，雌蛹体长 22.8mm，雄蛹体长明显较雌蛹短，而体色相差不大，刚开始为黄褐色，随后逐渐变成深褐色，体表有金黄色细毛。

茧：雄茧和雌茧体长分别为 24.2cm 和 30cm，均为黄白色，椭圆形，丝质双层且坚固。

生物学特性

1 年发生 1 代，以完成胚胎发育的幼虫在卵壳中越冬，春季 4 月末至 5 月初，开始孵化。幼虫共 6 龄，初孵幼虫在枝杈处吐丝结网，1~4 龄幼虫白天群集于网幕中，晚间分散取食叶片。5 龄幼虫不再群集生活，离开网幕分散活动，进入暴食阶段。到 5 月中下旬，开始进入末龄，在卷叶、两叶之间或叶片背面结茧化蛹，蛹期为 10~15 天。6 月下旬，成虫开始羽化，7 月上旬到达羽化盛期，羽化成虫晚间活动，当天就可交尾，雌虫产卵于高处小枝上，在卵壳中越夏和越冬。羽化成虫短期便可吃光一整株的全部叶片，接着转移到其他植株继续为害。

防治方法

（1）人工捕杀。秋末、早春结合修剪人工摘除卵块（顶针环）。

（2）成虫期防治。在成虫羽化高峰期（6 月下旬至 7 月上旬）利用成虫的趋光性进行灯光诱杀。

（3）保护和利用天敌。捕食性鸟类沼泽山雀、大山雀和大杜鹃等；寄生性天敌昆虫松毛虫赤眼蜂、枯叶蛾绒茧蜂、寄蝇等；昆虫病原细菌有天幕毛虫梭状芽孢杆菌。

（4）利用昆虫病原细菌。天幕毛虫梭状芽孢杆菌。

（5）药剂防治。5 月上中旬，幼虫多处于 2~3 龄时期，采用苏特灵常量喷洒，苦参碱喷洒，阿维菌素超低量喷雾等方法。

黄褐天幕毛虫成虫　　　　黄褐天幕毛虫茧　　　　黄褐天幕毛虫蛹

黄褐天幕毛虫卵、幼虫和网幕

黄褐天幕毛虫幼虫

参考文献

[1] 姜镇荣，韩文忠，马兴华，等.黑果腺肋花楸病虫害特点及其防治方法 [J].防护林科技，2007（02）：39-40.

[2] 武玉洁，张金桐.黄褐天幕毛虫的生物学特性与综合防治 [J].山西农业科学，2015，45（5）：608-612.

[3] 程立超，迟德富.立地因子和林分因子对黄褐天幕毛虫的影响 [J].湖南农业大学学报（自然科学版），2016，42（02）：177-181.

[4] 胡春祥，陆蓓.天幕毛虫核型多角体病毒对黄褐天幕毛虫幼虫的毒力测定 [J].中国森林病虫，2012，31（05）：36-38.

[5] 刘岩，张立志，周素娟.黄褐天幕毛虫生物学特性与防治 [J].辽宁林业科技，2004（05）：7-9+21.

10. 2. 5　绣线菊蚜 *Aphis citricola* Van der Goot

分布与危害

又称黄蚜、苹叶蚜虫，俗名腻虫、蜜虫，属同翅目蚜科。分布于辽宁以及国内黑龙江、吉林、河北、河南、山东、山西、内蒙古、陕西、宁夏、四川、新疆、云南、江苏、浙江、福建、湖北、台湾等。果树主要害虫，危害期可从 4 月中旬持续到 8 月。以成虫和若虫群集为害新梢、嫩芽和嫩叶。严重时新梢和嫩叶背面满布蚜虫，叶片皱缩不平，影响光合作用。

寄主

苹果、沙果、桃、李树、杏、海棠、梨、木瓜、山楂、山荆子、枇杷、石榴、柑橘、多种绣线菊、榆叶梅等多种植物。

形态特征

无翅孤雌胎生蚜：体长 1.6~1.7mm，宽 0.95mm 左右。体近纺锤形，黄色、黄绿或绿色。头部、复眼、口器、腹管和尾片均为黑色，口器伸达中足基节窝，触角比体短，基部浅黑色，无次生感觉圈。腹管圆柱形向末端渐细，尾片圆锥形，生有 10 根左右弯曲的毛，体两侧有明显的乳头状突起，尾板末端圆，有毛 12~13 根。

有翅孤雌胎生蚜：体长 1.5~1.7mm，翅展 4.5mm 左右，体近纺锤形，头、胸、口器、腹管、尾片均为黑色，腹部绿、浅绿、黄绿色，复眼暗红色，口器黑色伸达后足基节窝，触角丝状 6 节，较体短，第 3 节有圆形次生感觉圈 6~10 个，第 4 节有 2~4 个，体两侧有黑斑，并具明显的乳头状突起。尾片圆锥形，末端稍圆，有 9~13 根毛。

卵：椭圆形，长径 0.5mm 左右，初产浅黄色，渐变黄褐色、暗绿色，孵化前漆黑色，有光泽。

若虫：鲜黄色，无翅若蚜腹部较肥大、腹管短，有翅若蚜胸部发达，具翅芽、腹部正常。

生物学特性

1 年发生十多代，以卵在枝杈、芽旁及皮缝处越冬。翌春寄主萌动后越冬卵孵化，4 月下旬于芽、嫩梢顶端、新生叶的背面为害 10 余天即发育成熟为干母，开始进行孤雌生殖直到秋末，只有最后 1 代进行两性生殖，无翅产卵雌蚜和有翅雄蚜交配产卵越冬。为害前期因气温低，繁殖慢，多产生无翅孤雌胎生蚜；5 月下旬开始出现有翅孤雌胎生蚜，并迁飞扩散；6—7 月繁殖最快，枝梢、叶柄、叶背布满蚜虫，是虫口密度迅速增长的为害严重期，致叶片向叶背横卷，叶尖向叶背、叶柄方向弯曲。8—9月雨季虫口密度下降，10—11月产生有性蚜交配产卵，一般初霜前产下的卵均可安全越冬。

防治方法

（1）保护和利用天敌昆虫，如草蛉和瓢虫。

（2）可以选用天赐力烟剂、速灭杀丁、80%敌敌畏乳油1000倍液等。

（3）参照其他蚜虫防治方法。

绣线菊蚜

参考文献

［1］姜镇荣，韩文忠，马兴华，等. 黑果腺肋花楸病虫害特点及其防治方法［J］. 防护林科技，2007（02）：39-40.

［2］王华，张福海，田旭，等. 异色瓢虫幼虫对苹果绣线菊蚜的控制效果试验［J］. 新疆农垦科技，2017，40（03）：25-27.

［3］田利光，宋青，刘海华，等. 生物农药对苹果绣线菊蚜的室内和田间防效试验［J］. 落叶果树，2016，48（03）：42-44.

11 蓝莓病虫害

11.1 蓝莓病害

11.1.1 蓝莓灰霉病 *Botrytis cinerea* Pers.

分布与危害

在辽宁以及国内蓝莓产区均有发生。在设施栽培条件下该病发生严重，对蓝莓的产量和果实品质造成严重的影响，是一种世界上广泛分布的兼性寄生菌，侵染多种植物。

寄主

蓝莓、葡萄、番茄、辣椒、茄子。

症状

为害蓝莓的果实、叶片及果柄，初期多从叶尖形成"V"形病斑，逐渐向叶内扩展，形成灰褐色病斑，后期病斑上着生灰色霉层，被感染的果实水渍状，软化腐烂，风干后，果实干瘪、僵硬。

病原

灰葡萄孢菌 *Botrytis cinerea* Pers.。

发病规律

以菌核、分生孢子和菌丝体随病残体在土壤中越冬，翌年春季条件适宜时，分生孢子通过气流传播到花果等幼嫩组织上进行初次侵染。蓝莓谢花后花瓣残体不易脱落，若碰上连续阴雨天气，残体迅速腐烂并形成灰色霉层，对幼果和嫩梢形成二次侵染。低温高湿最易造成该病的流行。枝叶过密、通风透光不良、生长衰弱、机械损伤、虫伤和日照灼伤均能加重发病。

防治方法

(1) 彻底清园。结合冬季修剪清除病残体，彻底清园并集中烧毁，45%石硫合剂晶体 100 倍液均匀喷雾，减少病原越冬基数。

（2）加强枝梢管理，防止枝梢过密。蓝莓枝梢萌发量大，因此要加强抹梢、摘心等管理，增加通风透光性能，降低树体内部湿度，从而达到减轻病害流行的目的。

（3）加强花果管理，清除花瓣残留物。蓝莓谢花后花瓣残体不易脱落，是重要的侵染源，在蓝莓谢花后摘除残留花器，可以有效地减少二次侵染。

（4）药剂防治。在花期开始喷药，可选用 26% 嘧胺·乙霉威水分散粒剂 500 倍液，0.3% 丁子香酚可溶性液剂 1000 倍液，50% 腐霉利可湿性粉剂 1500 倍液，50% 啶酰菌胺水分散粒剂 1300 倍液，70% 甲基硫菌灵可湿性粉剂 800~1000 倍液等在病害发生初期均匀喷雾，隔 7~10 天再喷 1 次。

蓝莓灰霉病

参考文献

［1］仇智灵. 蓝莓灰霉病发生规律及其防治技术 ［J］. 中国南方果树，2014，43（1）：90.

［2］秦士维. 蓝莓果实潜伏侵染病原真菌分离鉴定及生物防治研究 ［D］. 大连理工大学，2017.

［3］胡梦琼. 蓝莓叶枯病的鉴定及灰霉病菌 ISSR 指纹图谱差异研究 ［D］. 沈阳农业大学，2016.

［4］严雪瑞，赵睿杰，周源，等. 蓝莓灰霉病菌差异性比较及蓝莓品种抗病性鉴定 ［J］. 果树学报，2014，31（05）：912-916+6.

11.1.2 蓝莓枯枝病 *Botryosphaeria dothidea*（Moug. ex Fr.）Ces. et de Not.

分布与危害

辽宁分布于丹东、大连等；国内山东、贵州和云南省部分地区发生。蓝莓枯枝病的田间主要症状有枝干溃疡、枝条枯萎、木质部坏死以及植株死亡等。现已成为我国蓝莓生产上流行性和破坏性最强的病害，严重影响植株长势，以及果实的品质和产量。

寄主

可侵染苹果属、李属、杨属、松属等果树及经济林木植物，是引起苹果轮纹病，梨轮纹病，桃、李、杏和樱桃流胶病等病害的主要病原。

症状

病菌通过寄主花芽、皮孔、气孔和伤口侵染寄主维管束组织，发病植株叶片变黄、枯萎，感病枝条的木质部组织变褐色或黑色，并且通常被侵染的枝条木质部一侧变色，病斑在嫩枝上扩展，引起嫩枝的枯死，在病斑处产生大量的分生孢子器，枝条上的心芽受病菌侵染后变褐坏死。

病原

该病为混合侵染，病原菌有葡萄座腔菌 *Botryosphaeria dothidea*（Moug. ex Fr.）Ces. et de Not.，乌饭树拟茎点霉 *Phomopsis vaccinii* Shear，即越橘间座壳 *Diaporthe vaccinii* Shear 的无性阶段；棒状拟盘多毛孢 *Pestalotiopsis clavispora*。

发病规律

发病初期叶缘形成黄褐色病斑，叶片边缘焦枯、卷曲，随后病斑不断扩大，在叶片焦枯与健康部分间形成明显褐色条带，造成叶片、嫩枝、顶芽枯死，特别干旱时，发病率可达70%。

防治方法

采用培育抗病品种，适宜地修剪以及结合杀菌剂处理的方法可以有效控制该病害的发生。露天栽培的蓝莓一旦发现病害，要及时清除，防止雨水传播病害蔓延；在花芽开放之前要仔细检查园内植株，清除病枝，喷洒波尔多液预防。另外在棚室和温室栽培蓝莓，可以减少病害的风雨传播，也可以减少冬春季产生冻伤。栽培方面要多施有机肥，合理灌溉，增强树势。

蓝莓枝枯病田间病症

参考文献

[1] 岳清华，赵洪海，梁晨，等. 蓝莓拟茎点枝枯病的病原 [J]. 菌物学报，2013（06）：959-966.

[2] 金义兰，蒋选利，黄胜先，等. 贵州省蓝莓病害种类调查与鉴定 [J]. 中国果树，2015（04）：80-82，86.

[3] 赵洪海，岳清华，梁晨. 蓝莓拟盘多毛孢枝枯病的病原菌 [J]. 菌物学报，2014（03）：577-583.

[4] 黄科，孙向成，陈思兵，等. 蓝莓叶枯病蜡样芽孢杆菌的分离鉴定及宿主应答反应 [J]. 作物杂志，2015（5）：145-149.

11.1.3　蓝莓炭疽病 *Colletotrichum acutatum*

分布与危害

辽宁分布于丹东、大连等；国内蓝莓种植的省区均可发生。严重影响植株长势，以及果实的品质和产量。

症状

症状有两类：第 1 类症状是在 1~2 年生枝条的花芽及叶芽上，发病初期出水渍状棕褐色斑点，后期呈梭形、长条形或不规则形扩展，病斑凹陷，中央呈灰白色，病斑周围有棕褐色晕圈，病枝条萎蔫、枯死，但不导致整植株死亡。第 2 类症状是在幼嫩叶片及枝条上，病菌从叶缘或中央侵入，初期产生红色圆形或不规则形病斑，逐渐扩大后病斑的中心呈棕褐色，病叶及枝条的病健交界处有红色晕圈；病叶褶皱变形，枝条病斑的中心开裂，偶尔表面着生黑色的小黑点，即病原菌的分生孢子盘。

病原

炭疽菌属 *Colletotrichum* 中的 2 个主要种类尖孢炭疽菌 *C. acutatum* 和胶孢炭疽菌 *C. gloeosporioides*。

发病规律

病原菌在土壤、受害枝条、果实、残叶等病组织上越冬。翌年春夏病原菌孢子靠风雨、浇水等传播，侵染幼嫩叶片、枝条及幼果。幼果被侵染后在膨大期不表现症状，至果实成熟期或采收后才表现症状。病原菌生长适宜温度为 26~28℃，具有潜伏侵染特点。花期至幼果期是病原孢子传播高峰期。高温高湿有利于此病害的流行。

防治方法

（1）选用抗病品种。选用如北蓝、北陆、蓝丰、瑞卡、齐白瓦等抗病性较强的品种。

（2）选择适宜地块。栽培最理想的土壤类型是土壤疏松、通气良好、有机质含量高的酸性沙壤土、沙土或草炭土，土壤 pH 在 4~5.5 的土壤。

（3）改进栽培技术。蓝莓定植时主要追施 NPK 复合肥，比例为 1∶1∶1，施肥量以 500~1000kg/hm² 效果好。以撒施或沟施为主，深度 10~15cm 为宜。保持蓝莓土壤湿润，但又不能积水。培育良好树形；增加通风透光能力，根据树势培养通风透光能力强的树形。及时剪除病枝、枯枝、枯叶，结合冬剪剪除侧上徒长枝、病害枝，并连同落叶收集起来集中烧毁。

（4）药剂防治。发病前，喷施保护性药剂甲基托布津 WP 1000 倍液或 75% 百菌清 WP500 倍液，在病原菌潜伏期及春、夏、秋梢的嫩梢期，各喷药 1 次，在落花后 1 个月内，喷药 2~3 次，每隔 10 天喷 1 次。发现病株及时剪除病枝、叶，用 80% 炭疽福美 WP500 倍液，或 50% 代森胺 AS800~1000 倍液，或 50% 多菌灵 WP800 倍液，或 10% 苯醚甲环唑 WG 2000~2500 倍液，或 25% 苯菌灵 EC900 倍液药剂防治，7~8 天喷 1 次，轮换用药，连续防治 2~3 次。喷药时叶背面要喷到，喷药后遇雨及时补喷。

炭疽菌田间症状

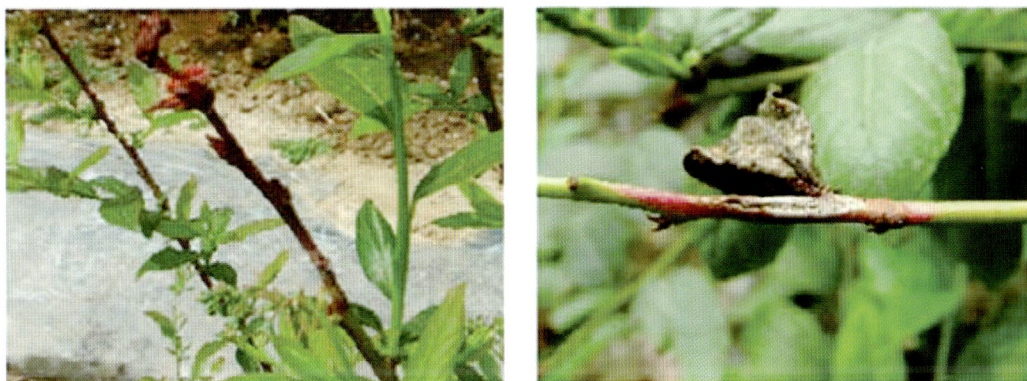

蓝莓疮病病株的田间症状

参考文献

［1］Bristow PR，Windom GE. Anthracnose fruit rot of highbush blueberry：production of inoculums and time of infection ［J］. Phytopathology，2000，90（Suppl.）：S9.

［2］DeMarsay A，Oudemans PV. *Colletotrichum acutatum* infections in dormant highbush blueberry buds ［J］. Phytopathology，2003，93（Suppl.）：S20.

［3］王仰珍. 蓝莓炭疽病的识别与综合防治 ［J］. 农业科技通讯，2013（04）：279-280.

［4］徐成楠，王亚南，胡同乐，等. 蓝莓炭疽病病原菌鉴定及致病性测定 ［J］. 中国农业科学，2014，47（20）：3992-3998.

11.1.4 蓝莓根癌病 *Agrobacterium tumefaciens*

分布与危害

辽宁分布于宽甸；国内分布于黑龙江、吉林、山东等。植物根癌病由土壤杆菌引起，是一种世界性普遍发生的细菌病害。根癌病菌可侵染93科331属643种双子叶植物和少数裸子植物。随着蓝莓栽培面积的扩大和种植年限的增加，根癌病在主要蓝莓产区普遍发生，对蓝莓植株和种苗生产造成较大影响。

寄主

蓝莓。

症状

始发期多为春末或夏初，早期表现为根部出现小的隆起，或表面粗糙的白色或肉色瘤状物，之后颜色慢慢变深、增大，最后变成棕色或黑色。直接影响植株根部吸收，造成植株营养不良，发育受阻。

病原

蓝莓根癌病是由根癌土壤杆菌 *Agrobacterium tumefaciens* 侵染所致。

防治方法

（1）选择健壮苗木栽培，剔除染病幼苗。

（2）加强肥水管理。耕作和施肥时，应注意不要伤根，并及时防治地下害虫和咀嚼式口器昆虫及线虫。

（3）挖除病株。发病后要彻底挖除病株，并集中处理。挖除病株后的土壤用10%～20%农用链霉素或1%波尔多液进行土壤消毒。铲除树上大瘿瘤，伤口进行消毒处理。

（4）药剂防治。用0.2%硫酸铜、0.2%～0.5%农用链霉素等灌根，每10～15天1次，连续2～3次。采用K84菌悬液浸苗或在定植或发病后浇根，均有一定的防治效果。

参考文献

［1］傅俊范，彭超，严雪瑞，等. 蓝莓根癌病发生调查及病原鉴定［J］. 吉林农业大学学报，2011（03）：283-286.

［2］王琴. 辽宁省蓝莓主要病虫害及防治方法［J］. 宁夏农林科技，2018，59（03）：11-13.

［3］张国辉，李性苑，杨芩，等. 麻江县蓝莓重要病虫害的种类调查和病原鉴定［J］. 浙江农业科学，2016，57（03）：372-375.

［4］涂勇. 果树主要根部病害及其防治方法研究进展［J］. 江苏农业科学，2012，40（10）：132-134.

11.1.5 僵果病 *Monilinia vaccinii-corymbosi*（**Reade**）**Honey**

分布与危害

分布于辽宁蓝莓栽培区以及北方蓝莓产区，是蓝莓生产中发生最普遍危害最严重的病害之一。该病主要为害生长的幼嫩枝条和果实，导致幼嫩枝条死亡，进而影响蓝莓产量。

寄主

蓝莓。

症状

感病的花变成灰白色，类似霜冻症状。感病叶芽从中心开始变黑，枯萎死亡。病菌侵染3周后，在茎和叶片上出现大量灰褐色孢子。果实形成初期，受害果实外观无异常，切开果实后见白色海绵状病菌。随着果实的成熟，与正常果实绿色蜡质的表面相比，被侵染的果实呈浅红色或黄褐色表皮软化。

病原

Monilinia vaccinii-corymbosi（Reade）Honey，属子囊菌亚门，核盘菌纲链核盘

菌属真菌。

发病规律

在侵害初期，成熟的孢子在新叶和花的表面萌发，菌丝在叶片和花表面的细胞内和细胞外发育，引起细胞破裂死亡。从而造成新叶、芽、茎干、花序等突然萎蔫、变褐色。3~4 周以后，由真菌孢子产生的粉状物覆盖叶片叶脉、茎尖、花柱，并向开放花朵传播，进行二次侵染，最终受侵害的果实萎蔫、失水、变干、脱落，呈僵尸状。越冬后，落地的僵果上的孢子萌发，再次进入第 2 年循环侵害。

防治方法

入冬前，清除果园内落叶、落果，烧毁或埋入地下，可有效降低僵果病的发生。春季开花前浅耕和土壤施用尿素也有助于减轻病害的发生。可以根据不同的发生阶段使用药剂，开花前喷施 20% 的嗪胺灵可以控制第 1 次和第 2 次侵染，其效果可达 90% 以上。嗪胺灵是现在防治蓝莓僵果病最有效的杀菌剂。

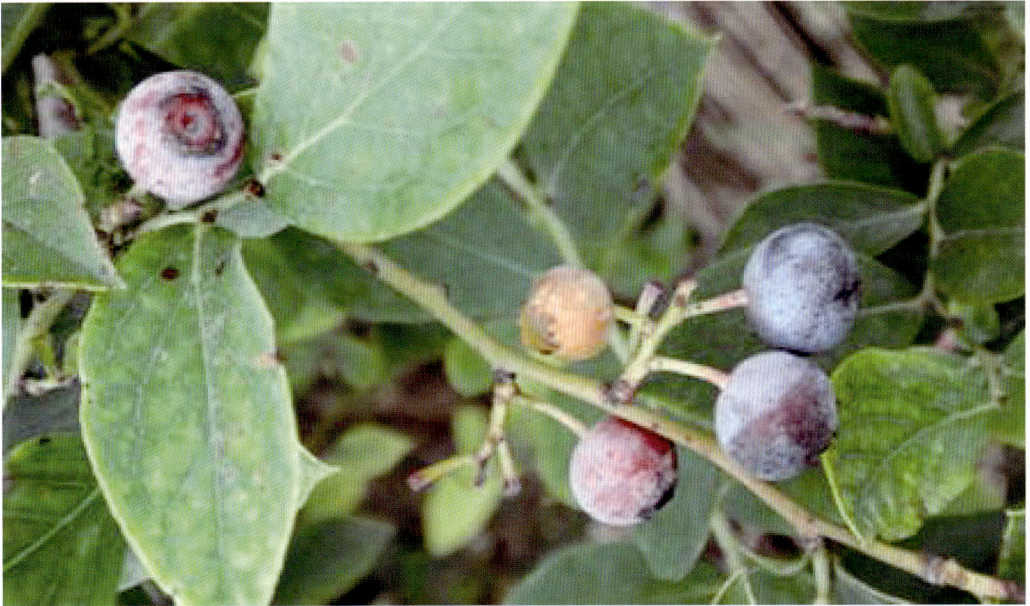

蓝莓僵果病

参考文献

［1］高勇. 沈阳地区设施蓝莓限根栽培技术 ［J］. 农业工程技术，2017（19）：75-77.

［2］胡君欢，陈祖满，凡改恩. 宁波地区蓝莓病虫害发生情况及绿色防控技术 ［J］. 浙江农业科学，2017（06）：922-923+926.

［3］贾云霞. 蓝莓整形修剪与病虫害防治技术 ［J］. 中国果菜，2016（07）：56-58.

11. 1. 6 蓝莓叶枯病 *Alternaria* sp.

分布与危害

辽宁分布于沈阳、大连、丹东等；国内未见文献资料报道。该病害是经济林重要病害，在蓝莓栽培区普遍发生，发病严重的叶片全部枯死、早落。

寄主

蓝莓。

症状

植株从梢部叶片开始发病，逐渐向下蔓延。病斑多数从叶尖开始发生，然后向叶片中间蔓延，形成褐红色的大斑块，在病斑上可见有黑色的霉层；随着病情的进一步加重，病斑颜色由褐红色变成褐色或褐黑色，最后病叶干枯、卷曲或脱落。

病原

属子囊菌门无性型菌物，为蓝莓生链格孢 *Alternaria* sp.。

发病规律

病原菌以休眠孢子在病株残体或落叶上或以菌丝在叶芽内越冬。翌年春夏温湿度适宜时萌发产生分生孢子，借助气流传播，从叶片气孔处直接侵入为害，6 月中旬至 7 月上旬是发病的高峰期，高温、高湿有利于发病。

防治方法

（1）栽培措施。秋季清除地面枯落叶，集中烧毁。生长期内定期施肥，防止旱涝，及时排灌。

（2）药剂防治。在 4 月中下旬至 5 月上中旬，可采用 50% 多菌灵可湿性粉剂 400~600 倍液喷药进行预防，6—7 月发病后用 65% 代森锌可湿性粉剂 600 倍液，或 75% 百菌清可湿性粉剂 500 倍液喷洒。每隔 7~10 天防治 1 次，连续 2~3 次。

参考文献

［1］高国平，单峰，赵瑞兴，等. 辽宁树木病害图志［M］. 沈阳：辽宁科学技术出版社，2016.

［2］胡梦琼. 蓝莓叶枯病的鉴定及灰霉病菌 ISSR 指纹图谱差异研究［D］. 沈阳：沈阳农业大学，2016.

［3］凌丹燕. 蓝莓主要真菌病害的分离鉴定与防治研究［D］. 杭州：浙江师范大学，2016.

［4］严雪瑞，胡梦琼，王旭，等. 蓝莓镰孢菌叶枯病的病原菌鉴定［J］. 沈阳农业大学学报，2015，46（06）：667-671.

11.2 蓝莓虫害

11.2.1 蓝莓黑腹果蝇 *Drosophila melanogaster* Meigen

分布与危害

属双翅目果蝇科，分布于辽宁以及国内陕西、四川、甘肃、河南以及山东等。

寄主

杨梅、大樱桃、蓝莓等浆果类水果。

形态特征

雌性体长 2.5mm，雄性较之要小。雄性腹部有黑斑，前肢有性梳，而雌性没有，可以此来作区别。卵大小 0.5mm，有绒毛膜和一层卵黄膜包被。

生物学特性

食性非常广泛，可为害多种瓜果蔬菜及许多植物的多汁器官，但这些植物器官上无伤口时，却少有被害。成虫在成熟有伤口及过熟而自行溃烂的瓜果、蔬菜、果皮及蔗渣等取食，甚至连甜酒也成为取食对象。通常成虫产卵在取食被害处，卵产在受害植物的表层之下，每点有卵 10 粒至几十粒不等，每雌可产卵 85~160 粒。卵期 3~4 天，幼虫期 12~16 天，蛹期 3~4 天。完成 1 个世代需 20~30 天。1 年约为 9~13 代。以蛹在果园、农田、山地及杂草灌木中遗留的腐烂瓜果残体和其他腐烂植物材料、堆肥及枯枝落叶中或其下表土内越冬。

防治方法

（1）清洁果园及净化周边环境。5 月底 6 月初，将园内及周边植物残体及枯叶、灌木杂草等清除干净，阻断成虫迁飞取食的食物链，减少成虫基数。

（2）诱杀成虫。根据成虫趋性，于 6 月上中旬，将香瓜、菜瓜从中剖开或抽果皮等，在糖醋药液中浸泡数小时后，悬挂在树冠中，每株 2~4 处。糖醋液配方：水 10~12 份、红糖 1.5 份、醋 1 份、敌百虫 0.1 份。也可将腐烂瓜果堆在树下，淋透糖醋液进行诱杀；还可将牛皮纸剪成 20cm 宽，适量的纸块浸入糖醋液中，1 小时后捞出晒至半干，涂上凡士林，以图钉钉在树干上，诱集成虫。

（3）烟驱成虫。6 月中下旬，成虫产卵期间，将艾蒿、艾叶晾至半干，在轻微风的天气傍晚，于果园上风处堆积生火熏烟后，再以鲜山苍子或桉树枝叶覆盖，使其产生浓烟，驱赶成虫效果很好；但大风或无风日效果较差。

（4）喷药防治。果实成熟前，树冠喷洒3%苦参碱水200~300倍液。

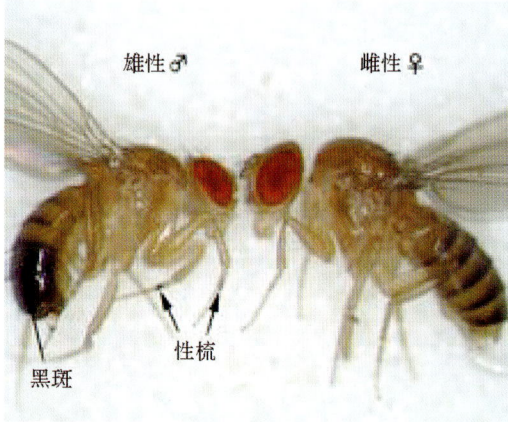

黑腹果蝇雌雄成虫

黑腹果蝇幼虫

参考文献

［1］王穿才，马辉. 黑腹果蝇对东魁杨梅的为害及其生物学特性与防治技术研究［J］. 中国南方果树，2008，37（4）：54-55.

［2］黄衍章，樊基胜，王朝伟，等. 10种杀虫剂对蓝莓重要害虫黑腹果蝇生物活性的测定［J］. 安徽农业大学学报，2017，44（05）：894-898.

［3］黄衍章，樊基胜，梁海波，等. 4种杀虫剂对蓝莓黑腹果蝇的防治效果［J/OL］. 河北农业科学：1-5［2018-07-26］. http：//kns. cnki. net/kcms/detail/13. 1197. S. 20170829. 1439. 006. html.

［4］任艳玲，田虹，王涛，等. 出口蓝莓基地病虫害调查初报［J］. 浙江农业学报，2016，28（06）：1025-1029.

［5］任艳玲，周杰，杨茂发，等. 贵州蓝莓病虫害调查及防治方法初报［J］. 中国南方果树，2015，44（06）：102-105+108.

11.2.2 铜绿丽金龟 *Anomala corpulenta* Motschulsky

分布与危害

属鞘翅目丽金龟科。主要分布于辽宁以及国内黑龙江、吉林、河北、内蒙古、宁夏、陕西、山西、山东、河南、湖北、湖南、安徽、江苏、浙江、江西、四川、广西、贵州、广东等。幼虫为害植物根系，使寄主植物叶子萎黄甚至整株枯死，成虫群集为害植物叶片。

寄主

杨、核桃、柳、苹果、海棠、山楂、蓝莓等。

形态特征

成虫：体长 19～21mm，触角黄褐色，鳃叶状。前胸背板及鞘翅铜绿色具闪光，上面有细密刻点。鞘翅每侧具 4 条纵脉，肩部具疣突。前足胫节具 2 外齿，前、中足大爪分叉。

卵：初产椭圆形，长 1.82mm，卵壳光滑，乳白色。孵化前呈圆形。

幼虫：3 龄幼虫体长 30～33mm，头部黄褐色，前顶刚毛每侧 6～8 根，排一纵列。肛腹片后部腹毛区正中有 2 列黄褐色长的刺毛，幼虫老熟体长约 32mm，头宽约 5mm，体乳白，头黄褐色近圆形。

蛹：长椭圆形，土黄色，体长 22～25mm。体稍弯曲，雄蛹臀节腹面有 4 裂的疣状突起。

生物学特性

辽宁 1 年发生 1 代，以幼虫在土中越冬。春季幼虫 4 月中旬开始在土壤中为害根部，5 月中旬成虫开始为害，5 月末至 6 月上旬成虫发生盛期，开始交尾产卵，6 月中旬至 7 月上旬成虫产卵盛期，7 月为卵孵化盛期，8 月下旬成虫渐渐减少，9 月上旬成虫绝迹，10 月大部分以 3 龄幼虫越冬。

防治方法

（1）灌溉。秋末冬初对苗圃地和果园进行灌水，可使大量蛴螬死亡或迫使蛴螬迁移。干旱时节要适时灌水，特别是春夏之交和秋季。

（2）巧施肥料。不施用未腐熟的牲畜粪肥和植物残体为主的农家有机肥，因为它们对金龟子成虫产卵有诱集作用。

（3）田间管理。及时清除田间及地边杂草、土堆、肥堆等，以减少虫口密度。成虫产卵期及时中耕，可消灭部分卵和初孵幼虫。苗圃地播种翻地时人工捉虫，同样可减少越冬虫口基数。

（4）利用假死性人工捕杀。可以在树下围一层塑料布，然后用力摇动树木，使金龟子自动掉下来，再进行捕捉。

（5）耕翻。土壤耕翻深度在 20cm 以上，能将土中越冬的幼虫翻出冻死或收集杀死。

（6）用植物诱杀。成虫活动期，用杨树枝 6～7 根捆成小把，阴干后浸入酸菜汤中，稍后插于田埂，可诱杀铜绿丽金龟。

（7）放鸡鸭捕捉。蓝莓园中养鸡放鸭，捕食害虫。蓝莓园养鸡 60～90 只/hm²，即可很好地控制一些害虫。在铜绿丽金龟大发生期间，早晨或傍晚在园中放鸭，可以捕食大量铜绿丽金龟成虫。

（8）保护利用天敌。铜绿丽金龟及其幼虫的天敌种类很多，寄生天敌有卵孢白僵菌、乳状杆菌、绿僵菌，以及线虫、土蜂、寄生蝇等，捕食天敌有食虫蛇、青蛙、蟾蜍、鸟类、兽类，对抑制铜绿丽金龟和蛴槽的发生为害都有一定作用。

（9）菌剂拌土。每亩用250g含1亿个活芽孢的乳状菌制剂，拌入适量土和麸皮制成毒饵撒施，防治效果可达49.3%～84.4%。每亩用2.5kg卵孢白僵菌制剂（孢子含量为15亿～20亿/g），拌湿土70kg，于作物播种或移栽时施于沟内。每亩用绿僵菌剂2kg，拌湿细土50kg，中耕时均匀撒入土中。

铜绿丽金龟

参考文献

［1］刘庆庆，王琦，程旭，等. 铜绿丽金龟在营口蓝莓生产中的无公害防治技术［J］. 现代园艺，2015（3）：101-102.

［2］王淑枝，刘顺通，段爱菊，等. 不同药剂对铜绿丽金龟卵和幼虫室内药效及毒力测定［J］. 山西农业科学，2014，42（06）：603-605+624.

［3］周靖华，李艳红，张林林，等. 几种杀虫剂对铜绿丽金龟成虫的触杀作用［J］. 西北农业学报，2012，21（09）：179-183.

［4］李耀发，高占林，党志红，等. 18种杀虫剂对华北大黑鳃金龟和铜绿丽金龟的毒力比较［J］. 中国农学通报，2008（03）：296-299.

11. 2. 3　斑翅果蝇 *Drosophila suzukii* Matsumura

分布与危害

属双翅目果蝇科。辽宁分布于沈阳、大连、丹东和抚顺；国内在广西、贵州、河南、湖北、云南、江苏、浙江和山东等均有分布；目前已经对全球 30 多个国家和地区的水果产业造成了严重的危害。近年来，我国的蓝莓产区斑翅果蝇为害日趋严重，主要以幼虫在果实内部取食果浆进行为害。被害果在取食点周围迅速开始腐烂，并引发真菌、细菌或其他病害的二次侵染，加速果实的腐烂，给生产造成了巨大损失。

寄主

香蕉、猕猴桃、柿、无花果、草莓、樱桃、李树、油桃、西洋梨、黑莓、树莓、蓝莓、葡萄、西红柿。寄主涉及 18 科 60 多种水果。

形态特征

成虫：体长 2~3mm，翅展 5~6.5mm（大小与黑腹果蝇极为相似），复眼红色，体黄褐色，腹部粗短，带有黑色环纹，翅透明。雄成虫双翅的外端部各具有一个明显的黑斑，第 1 对足的前跗节具有两排黑色栉。雌成虫双翅无黑色斑纹，前跗节也无栉。产卵器呈锯齿状，可刺入薄皮的成熟果实内产卵。

幼虫：圆柱形，乳白色，体长不超过 3.5mm，头尖，头的前部有锥形气门。幼虫 3 龄。

蛹：红褐色，长 2~3mm，末端具有 2 个尾突；化蛹场所常在果外，也可在果内。

生物学特性

1 年能繁殖 13 代左右，最快 12 天完成 1 代生活史。不同季节不同代数之间成虫寿命变化很大，寿命长短受温度影响，成活 3 周到 10 个月，有的能活 300 余天。主要以成虫越冬，有时也以幼虫和蛹越冬。春天气温到 10℃时成虫开始活动，每次产卵 1~3 个，每个成虫一生能产 300 多个卵，卵在常温下 12~72 小时能完全孵化成幼虫，幼虫在果实内取食 3~13 天，生长发育成熟化蛹，蛹经过 3~15 天羽化为成虫。

防治方法

（1）农业防治。田间或果园中受害果、落果、过熟或腐烂果均是斑翅果蝇的食物源和种群繁殖的场所。及时采摘成熟果实，清除园中落果、过熟果及腐烂果并做深埋处理，可有效地减少该虫的种群数量。

（2）成虫诱捕。可用诱捕器诱杀斑翅果蝇。在诱捕器中装入苹果醋，液面高约 2cm，并加入酵母或香蕉片，将诱捕器悬挂在寄主作物中诱捕成虫。

（3）诱杀防除。用性外诱剂和含有诱饵成分的杀虫剂（GF-120）喷洒黄粘板，诱杀斑翅果蝇。该方法对天敌等非目标昆虫影响小。

（4）药剂防治。在果实近成熟时，采用拟除虫菊酯，氯氰菊酯等药剂，隔3~10天喷1次，连喷2次，对斑翅果蝇的防治效果显著。应注意避免单一使用同一种杀虫剂，以防产生抗药性。

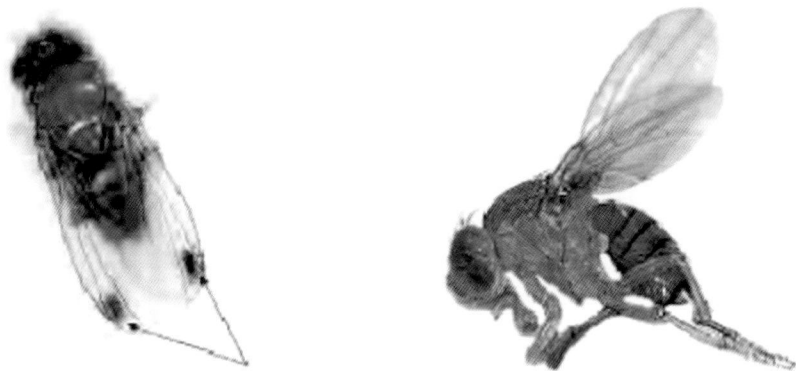

斑翅果蝇雄成虫

参考文献

［1］刘庆忠，王晓芳，王甲威，等. 斑翅果蝇在甜樱桃、蓝莓等果树上的发生危害与防治策略［J］. 落叶果树，2014，46（6）：01-03.

［2］刘佩旋，刘成，徐晓蕊. 一种危险性有害生物——斑翅果蝇研究现状［J］. 中国植物导报，2017，46（6）：01-03.

［3］刘佩旋. 辽宁省部分地区斑翅果蝇发生情况与繁殖力的研究［D］. 沈阳：沈阳农业大学，2017.

12　树莓病虫害

12.1　树莓病害

12.1.1　树莓灰霉病 *Botrytis cinerea* Pers.

分布与危害

辽宁分布于阜新；国内各树莓产区均有发生。树莓上发生的对产量影响最大的病害。叶片、花和果实发病，其中花和果实受害最重。病害发生时一般损失 10% ~ 20%，发生严重时可使树莓绝收。

症状

花和果实发育期中最容易感染此病，最初由开放的单花受害很快传播到所有的花蕾和花序上，花蕾和花序被一层灰色的细粉尘状物所覆盖，而后花、花托、花柄和整个花序变成黑色枯萎。果实感染后小浆果破裂流水，变成果浆状腐烂。湿度较小时，病果干缩成灰褐色浆果，经久不落。

病原

灰葡萄孢菌 *Botrytis cinerea* Pers.。

发病规律

病菌以菌核、分生孢子及菌丝体随病残组织在土壤中越冬。菌核抗逆性很强，越冬以后，翌年春天条件适宜时，菌核即可萌发产生新的分生孢子。分生孢子通过气流传播到花序上，以树莓外渗物作营养分生孢子很容易萌发，通过伤口、自然孔口及幼嫩组织侵入寄主，实现初次侵染。侵染发病后又能产生大量的分生孢子进行多次再侵染。

防治方法

（1）秋冬落叶后彻底清除枯枝、落叶、病果等病残体，集中烧毁处理。在生长季节摘除病果、病蔓、病叶，及时喷药保护，减少再侵染的机会。

（2）避免阴雨天浇水，加强通风排湿工作，尽可能地使园内空气湿度不超过65%，可有效防止和减轻灰霉病。

（3）化学防治。可于开花前或谢花后喷特力克可湿性粉剂 600~800 倍液，或灰霉特克可湿性粉剂 1000 倍液，或用 50%速克灵 1000 倍液，或 40%施佳乐 800 倍液。

树莓灰霉病田间为害果实症状

参考文献

［1］傅俊范，王琦，严雪瑞，等. 辽宁树莓灰霉病田间流行动态研究［J］. 沈阳农业大学学报，2010，41（04）：412-416.

［2］傅俊范，于舒怡，严雪瑞，等. 辽宁树莓灰霉病发生危害及病原鉴定［J］. 北方园艺，2009（06）：106-108.

［3］李敏. 不同贮藏保鲜方式对树莓果实品质的影响［D］. 锦州医科大学，2017.

［4］王娜. 吉林省树莓病害的病原学研究及室内药剂筛选［D］. 吉林农业大学，2013.

12.1.2 树莓叶枯病 *Septoria rubi*（West.）Roak

分布与危害

辽宁分布于阜新、沈阳、铁岭、丹东、大连等；国内黑龙江、江西、山东、河北、江苏等均有发生。该病害在树莓栽培区普遍发生，发病后期可见叶片一片枯黄、枯萎或脱落，严重影响树莓结实产量。

寄主

树莓等植物叶片。

症状

6 月下旬可见叶部产生零星病斑，并逐渐扩大，病斑褐色，后期小病斑连片，并在病斑上出现黑灰色小点，发病严重时整个叶片上密布叶斑，叶部枯死并脱落。

病原

属子囊菌门无性型菌物，为树莓生链格孢 *Alternaria* sp.

发病规律

病原菌以菌丝在叶芽或病组织内越冬，成为翌年发病的初侵染源。分生孢子借风雨传播，于 6 月上中旬开始发病，6—8 月最重，一直延至 9—10 月。高温多湿、土质贫瘠、施肥不当、管理粗放等因素有利于发病。

防治方法

（1）清除侵染源。每年秋冬季节，彻底清除地面枯落物，集中烧毁处理。

（2）栽培管理。培育无病壮苗，增施有机肥，注意合理施肥。发病初期适当浇水，注意通风。

（3）药剂防治。发病初期用 40% 多·硫悬浮剂 500 倍液，或 70% 甲基硫菌灵可湿性粉剂 1000 倍液+75% 百菌清可湿性粉剂 1000 倍液。每周 1 次，连续 2~3 次。

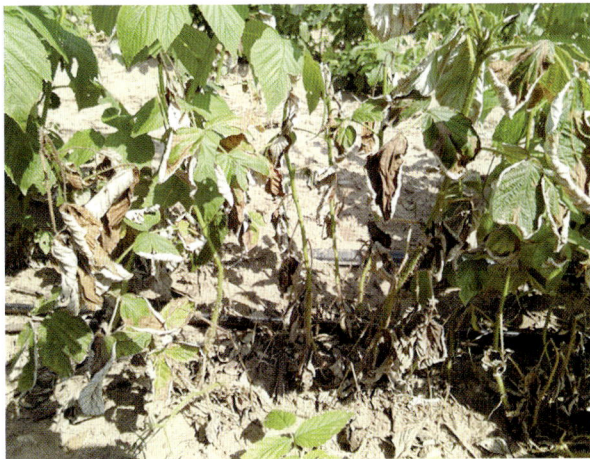

叶枯病田间发病症状

参考文献

［1］高国平，单峰，赵瑞兴，等. 辽宁树木病害图志［M］. 沈阳：辽宁科学技术出版社，2016.

［2］王娜，卢宝慧，高洁. 树莓叶枯病的发生及病原菌的鉴定［J］. 北方园艺，2013（17）：121-124.

［3］王娜. 吉林省树莓病害的病原学研究及室内药剂筛选［D］. 长春：吉林农业大学，2013.

［4］傅超. 辽宁树莓有害生物鉴定及防治基础研究［D］. 沈阳：沈阳农业大学，2010.

12.1.3 树莓黏菌病 *Fuligo cinerea*（Schw.）Morgan

分布与危害

辽宁有发生。黏菌造成树莓茎干营养不良，导致茎基部腐烂。

寄主

树莓等。

症状

该病病原腐生树莓茎基部及树莓地表落叶、腐草上。腐生于树莓茎基部的位置距离地面 10cm 左右，形状卵球形，包围在树莓茎或枝条上。卵球内部为大量黑色粉末状孢子，外部包裹白色膜质。卵球大小不等，最大的如鸭蛋大小。常常聚生，1 簇 3~5 根树莓枝条上各长 1 个球。

病原

树莓黏菌病病原为白煤绒菌 *Fuligo cinerea*（Schw.）Morgan，隶属黏菌纲、绒泡菌目、绒泡菌科、煤绒菌属。

发病规律

该病害发病时间集中在 7—8 月，高温高湿环境条件下容易发病，主要为害叶片。病斑初期为约 3mm 的淡褐色小圆斑，逐渐扩展至 5mm 左右的圆形轮纹斑，中央灰白色边缘深褐色，病斑周围有黄色晕圈，后期严重时，病斑连片，导致叶片枯黄坏死，气候条件干燥时中央组织易破碎形成穿孔。

防治方法

（1）加强田园管理。根据黏菌的发病规律，建议施用充分腐熟的有机肥，加强田园管理。

（2）清除病残物。及时剪枝、除草，彻底清除田间地表病残体和落果。

（3）降低生境湿度。雨后及时排水，防止田间地表积水，降低田间湿度。

（4）药剂防治。树莓黏菌病严重发生时可选用 70% 甲基硫菌灵 WP 600 倍液或

50%多菌灵 WP600 倍液、1∶1∶200 倍波尔多液、2%石灰水喷施树茎和田间地表 1~2次，即能控制黏菌发生与蔓延。

参考文献

［1］傅俊范，林秋君，严雪瑞，等.辽宁树莓黏菌病发生初报及病原鉴定［J］.中国植保导刊，2011，（05）：52-56.

［2］臧超群，林秋君，傅俊范，等.辽宁树莓黏菌病病原菌原质团生物学特性研究［J］.湖北农业科学，2018，57（12）：65-68.

［3］傅超.辽宁树莓有害生物鉴定及防治基础研究［D］.沈阳：沈阳农业大学，2010.

［4］高国平，单峰，赵瑞兴，等.辽宁树木病害图志［M］.沈阳：辽宁科学技术出版社，2016.

12.1.4 树莓灰斑病 *Cercospora rosicola* Pass.

分布与危害

在辽宁省树莓种植地区普遍发生的病害，近年来病情发展迅速，危害逐年加重，在叶斑类病中危害较严重。

寄主

树莓等。

症状

对 1~2 年生和多年生树莓叶片都有侵染，发病初期叶片形成淡褐色小斑，直径为 2~3mm，后逐渐扩大成圆斑或不规则形病斑，中央呈浅褐色，边缘颜色较深，有黄色晕圈，最终发展成为白心褐边斑点，气候条件干燥时中央组织崩溃部易破碎形成穿孔，发病叶片后期病斑较多，出现 2 个或多个小病斑汇合成大型病斑的情况。

病原

病原为蔷薇色尾孢霉 *Cercospora rosicola* Pass.，属半知菌亚门，丛梗孢目，暗梗孢科，尾孢霉属真菌。

发病规律

病菌以菌丝体和分生孢子在病残体上越冬，成为翌年的初侵染源。在辽宁省内，该病于 6 月中下旬开始发病，8 月中旬到 10 月上旬为发病高峰期。

防治方法

（1）彻底清除病残体，集中销毁，减少田间浸染来源。

（2）树莓采收修剪后，或翌年撤除防寒土上架后、萌芽前，喷洒 3~5 波美度石硫合剂，可极大减少菌源量。

（3）加强田间管理，及时除草，科学修剪，合理密植，防涝排湿，降低病原菌侵染机会。

（4）花前喷施 50%多菌灵可湿性粉剂 500～800 倍液，或喷 50%速克灵 1000 倍液、40%施佳乐 800 倍液。

灰斑病田间发病症状

参考文献

［1］王宏光. 树莓主要病虫害及防控技术［J］. 北方果树，2013，（06）：24-25.

［2］傅超. 辽宁树莓有害生物鉴定及防治基础研究［D］. 沈阳：沈阳农业大学，2010.

［3］傅俊范，韩霄，周如军，等. 树莓灰斑病发生初报及病原鉴定［J］. 吉林农业大学学报，2009，31（05）：666-668.

12.1.5 树莓茎腐病 *Didymella applanata* Niessl

分布与危害

辽宁以及国内黑龙江有分布。感染部位的芽抽生的枝条一般都比较弱，叶片小而黄。结果母枝枝条基部黑褐色，并且树皮爆裂，枝条变脆易折，抽生的侧枝生长不好并且在热天时候易枯萎死亡，最后整株枯死。

寄主

树莓等。

病原

寄生明二孢 *Didymella applanata* Niessl，为半知菌亚门，腔孢纲，球壳孢科，球壳孢目，明二孢属。

症状

茎腐病的发病部位一般在 1 年生枝条上，一般在枝条下部向阳面出现 1 条暗灰色烫伤状的病斑，病斑楔子形，病斑向纵横向迅速扩大，树皮纵向裂开，同时可见小的、黑色的孢子形成体。

发病规律

病原菌以分生孢子器的形态在树莓的病枝和残留枝株等被害处越冬，翌年凭借风及雨水飞溅等进行传播。分生孢子从树莓枝条受日灼伤害处表皮侵入，至 7 月中旬植株开始发病，经过 10 天左右形成分生孢子器，内有大量分生孢子。分生孢子传播侵染扩大病区，加重病情并进行多次侵染，至 9 月中下旬以后，被害处又形成分生孢子器，病原菌进入越冬态。

防治方法

（1）苗木和地块的选择。应在从没有发生过茎腐病的地块里繁殖苗木；选择光照好、排水好的地块种植，防止土壤过湿。

（2）加强田间的通风透光性。注意保持合理的枝条密度，要及时中耕除草，防止株丛郁闭。

（3）加强管理。秋施基肥，一般在入冬前 1 个多月的时间施入；追肥：第 1 次追肥在开花后至幼果形成期，以氮肥为主，第 2 次追肥在 8 月中旬左右（基生枝第 2 次旺长期），以磷钾肥为主，施肥注意氮肥不能过量。收获后将感病枝条剪掉，拖出果园烧毁，修剪时剪掉发病枝条。

（4）药剂防治。春季上架后发芽前，喷 4~5 波美度石硫合剂 1 次。生长期内每隔 10~15 天喷洒甲基托布津 500 倍液或福美双 500 倍液或者 1% 波尔多液，可持续到花前或初花期。果实采收后要剪掉病枝，并立即喷药。越冬埋土防寒前喷 4~5 波美度石硫合剂 1 次。喷洒药剂时要注意全株喷洒，尤其枝条基部。地面最好也喷洒，尤其是在果实采收后的药剂防治。

参考文献

[1] 张铉哲，刘铁男，李新新，等. 树莓茎腐病菌的生物学特性研究 [J]. 东北农业大学学报，

2013，44（4）：77-82.

　[2] 任秀云，吕彦超，董文轩，等. 树莓茎腐病研究 [J]. 林业科技通讯，1994（06）：13-15.

　[3] 杨国慧. 树莓茎腐病的发生及防治 [J]. 黑龙江农业科学，2010（09）：188-189.

12.1.6　树莓炭疽病 *Colletotrichum destructivum* O′Gara

分布与危害

辽宁以及国内黑龙江有分布。危害树莓枝条和叶片，严重时引起落叶和枝条死亡，甚至整株枯死。

寄主

树莓、草莓、苹果等。

病原

腔孢纲，黑盘菌目，黑盘菌科，毁灭炭疽菌 *Colletotrichum destructivum* O′Gara 和胶孢炭疽菌 *C. gloeosporioides* Penz. et Sacc.

症状

叶片发病，初期形成中间白色周围紫褐色的小圆斑，病斑扩大且易形成穿孔。后期穿孔扩大相连形成更大的病斑。枝条发病表现为形成溃疡斑，严重时树皮开裂，引起枝条死亡。

发病规律

病原菌以菌丝、分生孢子盘和分生孢子器等形态在病枝条、植物残体及周围土壤越冬，翌年凭借气流及雨水飞溅传播。分生孢子从树莓枝条受日灼伤害处或从表皮侵入，6月下旬至7月上旬植株开始发病，经过10天左右形成分生孢子器，内有大量分生孢子。分生孢子传播侵染扩大病区，加重病情并进行多次侵染，7月中旬至9月中旬为病害发生盛期，之后天气渐凉，病原菌活动减弱进入越冬态。

防治方法

（1）应在从没有发生过炭疽病的地块里繁殖苗木；选择光照好、排水好的地块种植，防止土壤过湿。

（2）注意保持合理的枝条密度，要及时中耕除草，防止株丛郁闭。

（3）合理施肥，避免偏施氮肥引起徒长。

（4）化学防治。春季上架后发芽前，喷 4~5 波美度石硫合剂 1 次。生长期内每隔 10~15 天喷洒甲基托布津 500 倍液、80%的代森锌 800 倍液、75%百菌清 500 倍液、福美双 500 倍液或者 1%波尔多液，可持续到花前或初花期。果实采收后要剪掉病枝，并立即喷药。越冬埋土防寒前喷 4~5 波美度石硫合剂 1 次。喷洒药剂时要注意全株喷洒，尤其枝条基部。地面最好也喷洒，尤其是在果实采收后的药剂防治。药剂要轮换使用，避免产生抗药性。

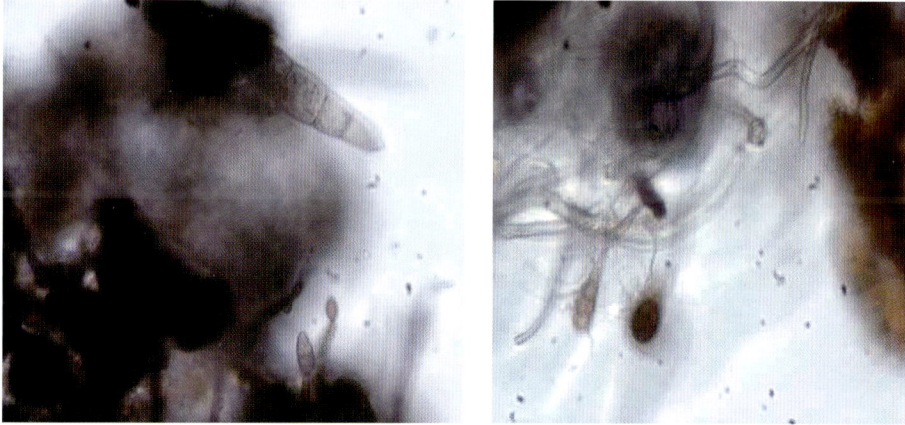

病原菌显微特征

参考文献

［1］戴启东，李广旭，杨华，等. 树莓炭疽病病原菌鉴定［J］. 果树学报，2013，30（04）：672-674+728.

［2］王娜. 吉林省树莓病害的病原学研究及室内药剂筛选［D］. 长春：吉林农业大学，2013.

［3］傅超. 辽宁树莓有害生物鉴定及防治基础研究［D］. 沈阳：沈阳农业大学，2010.

12.2 树莓虫害

12.2.1 柳蝙蝠蛾 *Phassus excrescens* Butler

分布与危害

属鳞翅目蝙蝠蛾科。分布于辽宁以及国内黑龙江、吉林等。危害多种果树花木。幼虫蛀害枝、干，蛀道口常呈凹陷环形，并由丝网粘满木屑，形成木屑包。

寄主

寄主十分广泛，各种树木几乎都可以为害，也是为害树莓的主要害虫。

形态特征

成虫：体长 35~44mm，翅展 66~70mm。体粉褐色至茶褐色。触角短线状。前翅前缘边有环状的斑纹，中央有 1 个深色稍绿色的角形斑纹，斑纹外缘有 2 条宽的褐色斜带。后翅狭小，腹部长大。

卵：球形，直径 0.6~0.7mm，黑色，微具光泽。

幼虫：整体呈深褐色，胸、腹部污白色，圆筒形，体具黄褐色瘤突，老熟幼虫体长 44~57mm。

蛹：长 30~50mm，圆筒形，黄褐色。头部黑褐色，中央隆起，形成 1 条纵脊，两侧生有数根刚毛。腹部生有向后伸出的倒刺。

生物学特性

在辽宁大多 1 年 1 代，少数 2 年 1 代，以卵在地面越冬，或以幼虫在基部越冬。翌春 5 月中旬为孵化盛期，6 月上旬转向杂草等茎中食害。7 月下旬开始化蛹，8 月上旬为化蛹盛期。8 月中下旬始见成虫，成虫羽化后就交尾产卵，以卵越冬。部分后期孵化的幼虫，或受其他干扰发育迟缓的幼虫即以幼虫越冬。翌年 7 月开始羽化为成虫，随即产卵 2 年完成 1 代。

防治方法

（1）实行造林严格检疫，对带虫包的苗木检出集中烧毁。

（2）先清除虫孔丝屑包，用磷化铝颗粒塞堵侵入孔，后用泥封堵，或用磷化铝毒签插孔。

（3）对危害严重林地，及时清除带虫树木烧毁。

（4）化学防治。5 月中旬至 6 月上旬，幼虫从地面转移上树期，往地面、树干喷洒 50% 乐果 1000 倍液、速灭威 2000 倍液，20% 速灭杀丁 2000 倍液，40% 灭扫利 1000 倍液，2.5% 溴氰菊酯 2000~3000 倍液，50% 久效磷乳油 1000 倍液。

参考文献

［1］许奕华，张玉平，陈梅香. 树莓常见病虫害及其防治［J］. 内蒙古农业科技，2006，03：70-72.

［2］傅超. 辽宁树莓有害生物鉴定及防治基础研究［D］. 沈阳：沈阳农业大学，2010.

［3］夏春瑞. 树莓病虫害防治技术［J］. 乡村科技，2017（21）：53-54.

［4］赵素菊. 树莓病虫害防治研究［J］. 河南农业，2015（11）：31-32.

［5］王宏光. 树莓主要病虫害及防控技术［J］. 北方果树，2013（06）：24-25.

［6］黄志麟. 树莓病虫害的防治方法［J］. 农村科技开发，2002（05）：31.

12.2.2　中华弧丽金龟 *Popillia quadriguttata* Fabricius

分布与危害

又称四纹丽金龟，属鞘翅目金龟总科金龟科。分布于中国的大部分地区。在树莓上为害较为严重。幼虫蛴螬为害树莓地下部和地上部靠近地面的嫩茎，成虫取食树莓叶片、花果，造成直接损失。

寄主

成虫杂食性，可取食 19 科 30 种以上的植物。幼虫除树莓外，严重为害花生、大豆、玉米等作物。

形态特征

成虫：体长 7.5~12mm，体宽 5.5~6.5mm。小型甲虫，呈长椭圆形。体色一般深铜绿色，有光泽。鞘翅浅褐色或草黄色，四缘常呈深褐色，足同于体色或黑褐色。臀板基部有 2 个白色毛斑，腹部每节侧端有毛一簇成斑。触角 9 节，鳃片部 3 节。小盾片三角形。鞘翅有 6 条近于平行的刻点沟，第 2 刻点沟基部刻点散乱，后方不达翅端，沟间带微隆拱。臀板十分隆凸，密布锯齿形横纹。爪成对，不对称，前、中足的内爪大而端部分裂，后足外爪较长大。

卵：椭圆形至球形，长径 1.46mm，短径 0.95mm，初产乳白色。

幼虫：体长 15mm，头宽约 3mm，头赤褐色，体乳白色。头部前顶刚毛，每侧 5~6 根呈一纵列：后顶刚毛每侧 6 根，其中 5 根呈一斜列。肛腹片后部覆毛区中间刺毛列呈 "八" 字形岔开，每侧由 5~8 根，多为 6~7 根锥状刺毛组成。

蛹：长 9~13mm，宽 5~6mm，唇基长方形，雌雄触角靴状。

生物学特性

1 年 1 代，发生整齐。成虫 6 月下旬出土，7 月中旬盛发，8 月后逐渐减少。成虫白天活动，有假死性，常群聚取食树莓叶片、花瓣、花蕾和果实。成虫出土后交尾，主要在叶片上产卵，卵散产。初产卵乳白色，椭圆形，径长宽为 0.9~1.4mm。卵历期 10~12 天。

防治方法

防治方法参考 11.2.2。

中华弧丽金龟成虫

参考文献

［1］傅超. 辽宁树莓有害生物鉴定及防治基础研究［D］. 沈阳：沈阳农业大学，2010.

［2］孙宇. 吉林省丽金龟科和鳃金龟科昆虫物种多样性研究［D］. 长春：吉林大学，2013.

［3］傅俊范，傅超，严雪瑞，等. 辽宁树莓病虫害调查初报［J］. 吉林农业大学学报，2009，31（05）：661-665.

13　软枣猕猴桃病虫害

13.1　软枣猕猴桃病害

13.1.1　叶斑病 *Alternaria* sp.

分布与危害

辽宁分布于大连、本溪、丹东等栽培区，引起植株早落叶。

寄主

软枣猕猴桃。

症状

发病多在叶尖或叶缘。发病初期叶面上生褐色小斑，逐渐向叶基方向扩展，呈不规则形大斑，潮湿时病斑上着生黑色霉点。斑缘褐色，后期病叶叶缘内卷。

病原

软枣猕猴桃叶斑病由链格孢 *Alternaria* sp. 引起。

发病规律

病菌在病残体上越冬，由风雨及水滴飞溅传播。一般而言，植株下层的老叶发病较重。通风不良、温暖潮湿、土壤含水量高、秋季雨水多、早晚温差大、露水重、栽培密度大等条件有利于发病。植株缺肥水、土壤板结、生长不良、冬季温暖多雨利于发病。叶片在8—9月多发病重。湿度大、温度高时发病重。

防治方法

（1）栽培技术防病。加强果园管理，清沟排水，增施有机肥，适时修剪，清除染病残体。树盘土壤通气性要好，肥水合理；彻底清除病残体。

（2）药剂防治。6—8月发病，采用化学防治，则在发病初期用50%多菌灵500倍液、50%甲基托布津500倍液，交替使用，隔7~10天喷1次，连喷2~3次。36%

甲基硫菌灵悬浮剂 600 倍液，或 75% 达克宁可湿性粉剂 600 倍液，或 50% 扑海因可湿性粉剂 1000 倍液，65% 甲霉灵可湿性粉剂 1000 倍液，或 27% 铜高尚悬浮剂 600 倍液，或 20% 龙克菌悬浮剂 500 倍液。7~10 天 1 次。

软枣猕猴桃叶斑病症状

病原菌接种发病症状

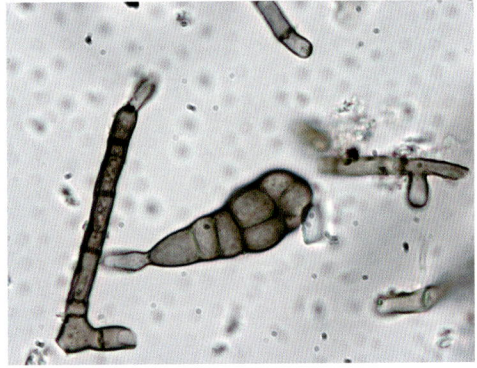

链格孢分生孢子

参考文献

［1］雷增普. 中国花卉病虫害诊治图谱［M］. 北京：中国城市出版社，2005.

［2］李红艳，兰士波，殷东生. 软枣猕猴桃经济价值、适应性及高效经营技术述评［J］. 黑龙江生态工程职业学院学报，2011，24（5）：20-21.

13.1.2 白粉病 *Phyllactinia imperialis* Miyabe

分布与危害

在辽宁以及国内广泛发生，是一种非常普遍的病害，发病原因为栽植过密，氮肥过多。

寄主

软枣猕猴桃。

症状

初在叶面上产生针头小点儿，以后逐步扩大，在叶正面产生不规则黄绿色病斑，病斑近圆形或不规则形。边界不明显，多个病斑可连接成大斑。在叶背面病斑上产生一层白色的粉霉状物，后期在其上散生许多黄褐色至黑褐色的小颗粒。受害叶片卷曲，干枯，易脱落。

病原

病原为子囊菌亚门的 *Phyllactinia imperialis* Miyabe.

发病规律

病原菌以菌丝体在被害组织内或鳞芽间越冬。枝叶幼嫩徒长和通风透光不良皆有利于病菌的滋生。

防治方法

（1）加强栽培管理，增施磷肥、钾肥和有机肥料，防止偏施氮肥，提高抗病能力。

（2）注意及时摘心绑蔓，使枝条在架圃上分布均匀，保持通风透光良好。结合冬季修剪，清扫落叶，集中烧毁。

（3）化学防治。发病初期用 25% 粉锈宁 2000 倍液，或 15% 粉锈宁 1000 倍液，或 45% 硫黄胶悬剂 500 倍液，或 40% 敌菌铜 800 倍液，以及 50% 甲基托布津可湿性粉剂 800 倍液，隔 7~10 天喷 1 次，连喷 2 次。

参考文献

［1］雷增普. 中国花卉病虫害诊治图谱［M］. 北京：中国城市出版社，2005.

［2］李红艳，兰士波，殷东生. 软枣猕猴桃经济价值、适应性及高效经营技术述评［J］. 黑龙江生态工程职业学院学报，2011，24（5）：20-21.

13.1.3　茎腐病 *Fusarium* sp.

分布与危害

辽宁的本溪、丹东等栽培区有分布。患病植株地上部分萎蔫死亡。当年栽培苗或萌生苗染病，翌年长势弱或死亡，苗木达不到结实年龄；多年生苗木染病，则严重影响产量与质量，甚至造成绝收。是近几年软枣猕猴桃集约化栽培中面临的毁灭性病害。

寄主

软枣猕猴桃。

病原

Fusarium sp.

症状

2 年以上幼株发病。地上 10~20cm 左右表现症状。发病植株韧皮部变褐色，随着病情发展，树皮剥离、脱落，地上部分萎蔫死亡。

发病规律

带菌土或基质是该病发生的初侵染源。该病属于典型的土传病害，病菌以厚垣孢子在病残体组织内外、土壤中存活越冬，成为翌年主要侵染源。厚垣孢子在土中存活多年。在田间可借风雨、灌溉水进行传播，发生多次再侵染。连作年限越长，土壤中积累病菌越多，发病重。而生茬地菌量少发病轻。多在冬春两季发生，造成植株枯死。在自然发病植株上，病原菌从根系侵入维管束，引起植株生长衰落，上部叶片变黄脱落，后期根系腐烂，木质部变色；最后导致整个植株干枯死亡。浇水过多或冬春地温低造成沤根后常诱发此病。

防治方法

（1）选择上茬作物非玉米地。选用优良品种，采用营养钵育苗移栽，减少根部伤口。利用抗病砧木是有效的防治手段。

（2）提倡施用生物肥或酵素菌沤制的堆肥或发酵好的饼肥或有机肥。

（3）发现病株及时挖除，病穴用石灰消毒。

（4）在发病区域，使用50%多菌灵可湿性粉剂500倍液+30%精甲霜灵·噁霉灵水剂1000倍液，浇灌受害植株茎基部，使药液顺着植株进入根部及周围土壤中。

（5）如病害成片发生，在发病部位与健康植株交界处，在发病植株周围约20～30cm处开沟，使用50%多菌灵可湿性粉剂500倍液+30%精甲霜灵·噁霉灵水剂1000倍液沿沟浇入土壤中，以隔断病原菌在土壤中的扩散传播。

（6）在未发病区域，使用50%多菌灵可湿性粉剂1000倍液+30%精甲霜灵·噁霉灵水剂2000倍液在健康植株茎基部浇灌，同时在5—6月皮孔膨大期对茎与叶痕缠绕生物膜，可起到预防效果。

（7）及时观察防治效果，可于施药后7～10天酌情再次施药1次。

（8）下雨后及时排水，避免田间积水。合理轮作，深翻土地，清除病残和不施用未腐熟的有机肥，可以减少田间菌源，达到一定的防治效果。

扦插育苗期症状

当年萌生枝条（6 月）发病症状

二年生苗木春季（5 月）枝干流汁与地面汁液印迹

多年生软枣猕猴桃生长季（8—9 月）茎腐病症状

越冬后（3月）软枣猕猴桃茎腐病症状

13.2　软枣猕猴桃虫害

美国白蛾 *Hyphantria cunea*（**Drury**）

分布与危害

又称秋幕毛虫、网幕毛虫，属鳞翅目灯蛾科，是一种世界性检疫害虫。1979 年在辽宁省丹东市首次发现后，又在本溪、庄河、普兰店、长海等相继发现了美国白蛾。每年可向外扩散 35～40 km，现已扩散到山东、陕西、河北、上海、天津、北京、河南、吉林、江苏、安徽等地区。

寄主

该虫食性杂，能为害 200 多种植物。

形态特征

成虫：体白色，雌蛾体长 9.5～15mm，翅展 30～42mm；雄蛾体长 9～13.5mm，翅展 25～36.5mm。雄蛾前翅从无斑到有浓密的褐色斑，后翅斑点少；雌蛾前、后翅白色，无斑点。成虫前足基节、腿节橘黄色，胫节及跗节大部分黑色。

卵：近球形，直径约 0.5～0.53mm，表面具有许多规则的小黑点。初产卵淡绿色，后变成灰绿色，近孵化时呈灰褐色。

若虫：幼虫头黑色具光泽。体长 30～35mm，各体节毛瘤发达，毛瘤上着生白色或灰色长刚毛的毛丛。

蛹：体长 9~15mm，宽 3.3~4.5mm。蛹外包裹着稀松的混合幼虫体毛的薄茧，呈灰白色，椭圆形。

生物学特性

在我国 1 年发生 2~3 代，主要为害时期为 6—10 月，以滞育蛹在树皮裂缝、建筑物缝隙、枯枝落叶、土表越冬。河北省的美国白蛾卵历期第 1 代 12~14 天，平均 12.8 天；第 2 代 7~9 天，平均 8.4 天；第 3 代 8~11 天，平均 10.5 天，自然孵化率第 1 代 78.2%~92.5%，平均 86.9%；第 2 代 90.8%~99.5%，平均 97.6%；第 3 代 89.5%~96.3%，平均 91.8%。卵的最低发育温度为 13℃。

防治方法

（1）人工物理防治。①人工挖蛹。美国白蛾化蛹场所主要为树皮缝、墙缝、砖瓦堆及枯枝杂草下等处，且化蛹比较集中。在越冬、越夏时期，组织人员挖蛹，集中销毁。②灯光诱杀。在成虫羽化期 5—6 月、7—8 月，利用成虫趋光性，设置黑光灯诱杀怀卵成虫。③人工剪网。在幼虫网幕期 6—7 月、8—9 月，组织人力剪除网幕及幼虫，集中烧毁。④绑草把诱虫。利用老熟幼虫沿树干下树寻找潜伏场所进行结茧化蛹的习性，在树干上绑草把，人为设置结茧化蛹场所，引诱其潜伏，然后集中消灭。

（2）喷药防治。在美国白蛾幼虫期，利用 25%灭幼脲 3 号胶悬剂 1500~2000 倍液、森得保可湿性粉剂 2000~3000 倍液、1.2%苦参烟碱乳油 1000~1500 倍液、1.8%阿维菌素乳油 4000~5000 倍液进行喷雾防治，均能收到良好效果。

（3）天敌防治。美国白蛾天敌有寄生蜂、寄生蝇和捕食性天敌多种，目前能够大量繁育生产的有周氏啮小蜂。周氏啮小蜂是美国白蛾蛹寄生天敌，放蜂时期一般选择在老熟幼虫期和化蛹初期，放蜂量一般为蜂虫比 3∶1~5∶1，采用 2 次放蜂效果较好。

美国白蛾 4 种虫态

参考文献

［1］李涛，李泽华，余仲东，等. 四川省美国白蛾适生性分析及风险评估［J］. 西北农林科技大学学报（自然科学版），2018，46（1）：60-67.

［2］冯术快，卢绪利. 北京市昌平区美国白蛾生物学特性观察及综合防治［J］. 植物保护，2009，35（5）：168-169.

［3］李强，王涛，孙东兴. 美国白蛾在威海地区的发生与治理对策［J］. 山东林业科技，2002，5：44-45.

［4］乔秀荣，吴伯军. 美国白蛾的发生规律与综合防治［J］. 河北林果研究，2002，15（4）：360-362.

［5］冯洁，于兴国，敬永红. 美国白蛾在天津市的发生调查［J］. 植物检疫，2003，17（3）：146-147.

［6］唐燕平，衡学敏. 检疫害虫美国白蛾生物学特性的研究［J］. 安徽农业科学，2004，32（2）：250-251，257.

［7］赵晓梅，赵博，于净波，等. 美国白蛾生物学特性及防治［J］. 吉林林业科技，2012，41（4）：50-51.

14　刺五加病虫害

14.1　刺五加病害

14.1.1　刺五加黑斑病 *Alternaria tenuissima*（**Fr.**）**Wiltsh.**

分布与危害

辽宁的本溪、丹东为野生和栽培刺五加地区,吉林省和辽宁省主要为害五加叶片。随着人工栽培面积的不断扩大,病害日益加重。刺五加黑斑病是刺五加人工栽培中最重要的病害。

寄主

刺五加、短梗刺五加。

症状

主要为害短梗五加叶片,幼叶最早发病,开始产生褐色至黑褐色1~2mm圆形斑点,边缘明显,后斑点逐渐扩大成近圆形或不规则形,中心灰白或灰褐色,边缘黑褐色,有时有轮纹。病斑多时相互合并成不规则形的大病斑,使叶片焦枯、畸形,引起早期落叶。天气潮湿时,病斑表面遍生黑霉。发病初期,在叶片的边缘出现褪色枯死,随着时间的推移,叶缘枯死不断向内扩大,呈黑褐色或暗褐色,病健组织的交界处有明显黑色纹线,后期枯死的叶片开始向背面反卷或皱缩,最后叶片全部枯死,提前脱落。

病原

该病由细极链格孢 *Alternaria tenuissima*（Fr.）Wiltsh. 真菌侵染引起。

发病规律

黑斑病发病轻重与气候和树势强弱关系密切,树势健壮,发病较轻;树势衰弱,则发病较重。施肥不足,偏施氮肥均有利于此病的发生。一般气温在24~28℃,并连续阴雨,有利于黑斑病的发生和蔓延。

防治方法

化学防治。可于 6 月下旬（初现病叶期）喷洒 50% 扑海因 1500 倍液、80% 代森锰锌 800 倍液、3% 多抗霉素 1000 倍液等，7 ~ 10 天喷 1 次，连续使用 3 ~ 5 次。

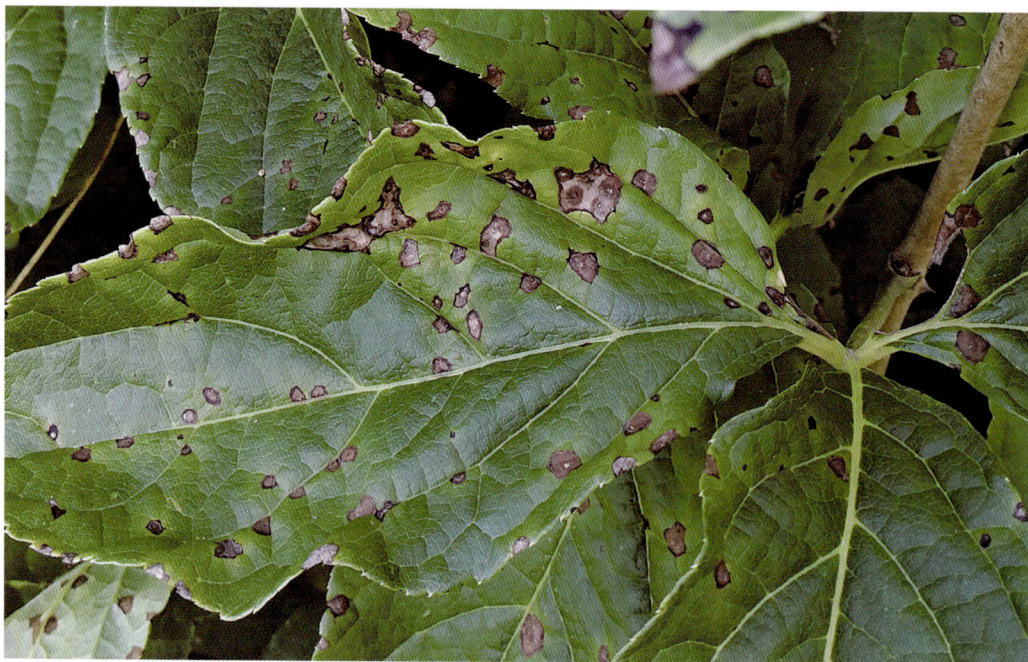

发病症状

参考文献

［1］魏书琴，刘俊霞. 刺五加黑斑病的室内药剂筛选［J］. 安徽农业科学，2009，37（20）：9530-9531.

［2］魏书琴，沈育杰. 温度对刺五加黑斑病菌的影响［J］. 安徽农业科学，2009，37（23）：11047-11048.

［3］杨坡，孙宝俊，刘娥，等. 菜用无梗五加黑斑病的发生与防治［J］. 中国蔬菜，2006（9）：55.

［4］支叶. 刺五加病害的病原学研究及室内药剂筛选［D］. 吉林农业大学，2011，（9）：55.

14.1.2 刺五加煤污病 *Capnodium* sp.

分布与危害

辽宁省丹东有分布。是刺五加的叶部主要病害之一，导致短梗五加提早落叶，影响果实成熟，造成落果落粒，严重时可导致植株死亡。

寄主

短梗刺五加。

症状

叶面初呈污褐色圆形或不规则形霉点，后扩大连片，使整个叶面、嫩梢上布满黑霉层，可布满叶、枝，严重时几乎看不见绿色叶片。

病原

该病由煤炱菌属 *Capnodium* sp. 引起，属子囊菌亚门核菌纲。

发病规律

病菌主要以分生孢子及菌丝体在被害叶及枝梢上越冬。丹东地区一般 7 月中旬始见病斑。病菌的菌丝体覆盖叶表，阻塞叶片气孔，妨碍正常的光合作用，导致短梗五加提早落叶，影响果实成熟，造成落果落粒，严重时可导致植株死亡。高温多湿、通风不良，蚜虫、蚧壳虫等分泌蜜露害虫发生多，均加重该病发生。

防治方法

（1）秋季落叶后及时清理田园。将枯枝落叶集中烧毁深埋，可减少田间病原菌，同时消灭以卵、蛹在被害叶及枝梢上越冬的虫源，控制传染源。

（2）化学防治。喷药防治蚜虫、蚧壳虫等是减少发病的主要措施。于 7 月初使用 40% 克菌丹可湿性粉剂 400 倍液、代森铵 500~800 倍液、40% 多菌灵胶悬剂 600 倍液、50% 多霉灵（乙霉威、万霉灵）可湿性粉剂 1500 倍液、65% 抗霉灵（硫菌·霉威）可湿性粉剂 1500~2000 倍液，隔 10~15 天使用 1 次，视病情连续使用 2~3 次。于 7 月下旬使用 40% 氧化乐果 2000 倍液，每 10 天 1 次，连续使用 3 次。

参考文献

[1] 刘凤菊. 人工栽培短梗五加病、虫、草害综合防治 [J]. 特种经济动植物，2014（01）：50-51.

[2] 田甜，杨坡，孙宝俊. 丹东地区短梗五加病虫害种类及防治 [J]. 园艺与种苗，2011（2）：29-31.

[3] 杨坡，孙宝俊，刘娥，等. 菜用短梗五加主要病害种类及防治技术 [J]. 中国果菜，2006（3）：36.

14.1.3 刺五加枯枝病 *Leptosphaeria* sp.

分布与危害

辽宁分布于沈阳、抚顺、本溪、丹东等；国内未见文献记录。该病害在野生和种植的五加上均能发生，常常造成严重危害。经济林常见主要病害。

寄主

五加、刺五加、短梗五加。

症状

发病初期，可见枝条逐渐枯萎，失水，皱缩，不久染病枝条出现突起并纵向开裂，然后从裂缝处出现小黑点（子座），小黑点一般呈椭圆形或近圆形，大小为（0.5~2）mm×（0.3~1）mm，释放完孢子后，在皮层上留下明显的椭圆形痕迹。

病原

子囊菌门菌，五加生小球腔菌 *Leptosphaeria* sp.。

发病规律

病原菌以菌丝和有性子囊果在发病的枝条上越冬。翌年6月初发育，并开始释放孢子进行初侵染，孢子借气流、风雨传播。7—9月为发病期，8月为发病峰期，9月初子囊孢子成熟并释放侵染，部分未释放的孢子越冬。遮阴过重、密度大、土壤瘠薄等均发病较重。

防治方法

（1）清除侵染源。剪除发病枝条或枯死株，集中烧毁。

（2）药剂防治。发病期间喷洒65%代森锰锌可湿性粉剂600倍液，或用75%百菌清可湿性粉剂800~1000倍液，或用40%灭病威400~500倍液，或70%百菌清可湿性粉剂600倍液每隔7~8天1次，连续2~3次。

枯枝病田间症状

参考文献：

[1] 高国平，单峰，赵瑞兴，等. 辽宁树木病害图志［M］，沈阳：辽宁科学技术出版社，2016.

14.1.4 刺五加叶枯病 *Alternaria panax* **Whetzel**

分布与危害

辽宁分布于抚顺、本溪、丹东、铁岭、沈阳等；国内分布于东北、山东、河北、北京、陕西、云南、广西、广东等，是主要常见经济林病害。该病害在苗圃、森林中均有发生，常常导致叶片枯死，提前 2 个月落叶，严重影响生长发育。

寄主

五加、刺五加、短梗五加。

症状

发病初期，在叶片的边缘出现褪色并枯死，随着时间的推移，叶缘枯死不断向内扩大，呈黑褐色或暗褐色，病健组织的交界处有明显黑色纹线，后期枯死的叶片开始向背面反卷或皱缩，最后叶片全部枯死，提前脱落。

病原

子囊菌门无性型菌物，人参链格孢 *Alternaria panax* Whetzel。

发病规律

病原菌以菌丝或休眠孢子越冬。翌年 5 月开始发育，产生分生孢子进行初侵染，孢子借空气传播。5—6 月展叶时开始发病，7—8 月为发病高峰期，10 月停止发育。高温高湿发病重、连续阴雨天蔓延快。

防治方法

（1）清除侵染源。秋季清除地面的枯落叶，生长期间及时摘除初病叶，均集中烧毁或深埋处理。

（2）栽培管理。合理密植，通风透光，及时排灌，适当施肥。

（3）药剂防治。发病期间用 80% 代森锰锌可湿性粉剂 500 倍液，或 10% 世高 2000 倍液，或多抗霉素 100~200mg/kg 喷洒。每 7 天 1 次，连续 3 次。

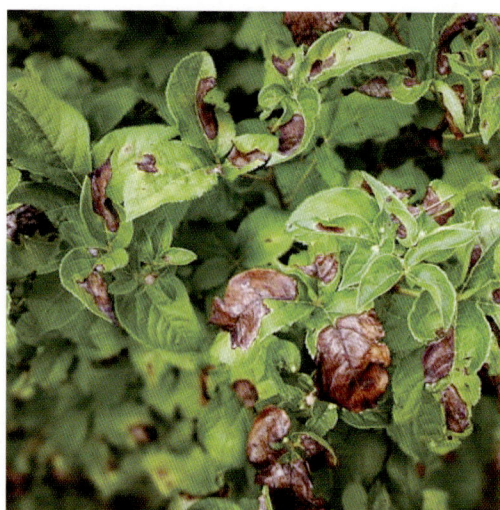

田间发病症状

参考文献：

［1］雷增普. 中国花卉病虫害诊治图谱［M］. 北京：中国城市出版社，2005.

［2］高国平，单峰，赵瑞兴，等. 辽宁树木病害图志［M］，沈阳：辽宁科学技术出版社，2016.

14.1.5 刺五加叶斑病 *Phyllosticta acanthopanacis* Sydow

分布与危害

辽宁分布于沈阳、抚顺、本溪、丹东、铁岭等；国内未见其他省份记录。该病害发生严重可导致整株叶片全部枯死早落，严重影响生长发育。该病害为森林经济林中的重要病害。

寄主

五加、刺五加、刺楸等五加科树木。

症状

初期感病叶片产生许多黑色的小点状病斑，以后斑点逐渐增多、增大，病斑呈近圆形、椭圆形或不规则形。有时几个病斑相互连接，病斑有明显的边缘，初期灰黄色，后期黑褐色，中央灰褐色，多数有较明显的轮纹，并出现小黑点（即病原菌的子实体）。叶片的背面病斑比正面的明显，病斑近圆形或不规则形，最后病叶枯萎脱落。

病原

子囊菌门无性型，五加叶点霉 *Phyllosticta acanthopanacis* Sydow。

发病规律

病原菌以菌丝在落地病叶组织内越冬，翌年 5 月中下旬展叶后，形成分生孢子并飞散侵染五加叶片。每年 6 月上旬开始发病，6 月下旬至 7 月下旬为发病盛期，到 7 月末发病重的植株叶片全部落光。一般纯林发病最重，栽植密度大、雨水过多、生长势差等均发病较重。

防治方法

（1）清除侵染源。生长期间摘除初病叶片，秋季清除地面的枯落叶，集中烧毁。

（2）栽培管理。合理密植，通风透光，及时排灌，适当施肥，增强树势。

（3）药剂防治。发病期间喷洒 75%百菌清可湿性粉剂 500~600 倍液，或 20%多菌灵可湿性粉剂 200 倍液，或 50%退菌特可湿性粉剂 500 倍液。每隔 7~10 天 1 次，连续 3 次。

发病症状

参考文献：

［1］雷增普. 中国花卉病虫害诊治图谱［M］. 北京：中国城市出版社，2005.

［2］高国平，单峰，赵瑞兴，等. 辽宁树木病害图志［M］，沈阳：辽宁科学技术出版社，2016.

14.2 刺五加虫害

14.2.1 五加肖个木虱 *Triozidus acanthopanaicis* Li

分布与危害

为害短梗五加的专食性害虫，属同翅目个木虱科。辽宁分布于本溪、清原、北镇、西丰等；国内分布于吉林、黑龙江。其成虫、若虫刺吸寄主嫩枝嫩茎、叶片汁液，被害部位形成大小不等的瘿瘤。若虫在瘿瘤内分泌大量絮状蜡质，堵塞枝干、嫩茎、叶片的气孔，严重时造成枝、茎干枯，叶片枯黄早落。

寄主

是危害短梗五加的专食性害虫。

形态特征

成虫：雌虫体长 4.94~4.98mm，翅展 8.08~8.12mm；雄虫体长 4.62~4.68mm，翅展 7.64~7.68mm。体黑褐色。触角 10 节；末端分叉，黑红色；复眼暗红色，半圆形，明显向外突出，单眼橙红色。胸部显著隆起；前翅长 4.17~4.19mm，宽 1.65~1.67mm，后翅长 2.5~2.52mm，宽 0.84~0.86mm。前胸背板淡黄褐色，上具 2 块紫红色斑纹，中胸背板具 4 条紫红色纵条纹，后胸背板淡黄褐色，中央紫红色，翅透明，翅脉淡黄褐色。后足胫节具 2 个黑褐色端距。雌虫腹部末端尖，雄虫腹末钝圆，交配器弯向背面。

卵：长椭圆形，长 0.34~0.36mm，宽 0.14~0.16mm。初产时乳白色，孵化前呈灰白色。

若虫：体扁平，长椭圆形，淡黄白色。复眼红色。触角短，灰白色，末端黑褐色。翅芽明显，前翅淡灰黄色，后翅外缘灰褐色，翅芽外缘具较长而密的细缘毛；腹部背面淡黄白色，腹面乳白色，腹部四周具细而密的绿毛，均白色。胸足灰白色；喙乳白色，端部黑褐色。腹末常具细白蜡丝。

生物学特性

该虫在抚顺地区 1 年发生 2 代，以成虫越冬。翌年 4 月下旬开始活动，补充营养，5 月上中旬交配产卵，5 月中旬若虫孵化，若虫共 6 龄，若虫期 50~60 天。第 1 代成虫 6 月下旬至 7 月上旬出现。7 月上旬至 7 月中旬开始产卵，7 月中旬若虫孵化，若虫期 40~50 天。第 2 代成虫 8 月下旬至 9 月上旬出现，以成虫在树干基部皮缝处及枯枝落叶层中越冬。

防治方法

（1）农业防治。秋冬季随同修枝清除地面枯落叶等杂乱物，集中烧毁。春季搂除地面杂物，并覆地膜，可有效控制越冬成虫。

（2）物理防治。利用黄色粘虫板，春季 4 月下旬越冬成虫活动期，粘虫板在贴近地面至树高处悬挂；7~9 月 1~2 代成虫期，在高于枝条上面 10cm 左右悬挂，防治效果良好。7—9 月成虫集中为害花及产卵时，用吸尘器吸捕成虫效果良好。

（3）化学防治。成虫期采用吡蚜酮（25%）+吡虫（5%）+异丙威（40%），②氟苯虫酰胺（20%），③烯啶虫胺（20%）+吡蚜酮（60%），④噻虫嗪（25%）+吡蚜酮，⑤吡虫啉（70%），⑥噻虫嗪（21%），⑦杀虫双（29%）等 7 种药剂组合，按各药剂说明书浓度使用，防治效果均达 98% 以上。

短梗五加肖个木虱刚羽化雄虫

短梗五加肖个木虱雌虫——吸取叶片汁液

成虫交尾

在果实上产卵

初孵若虫

低龄若虫

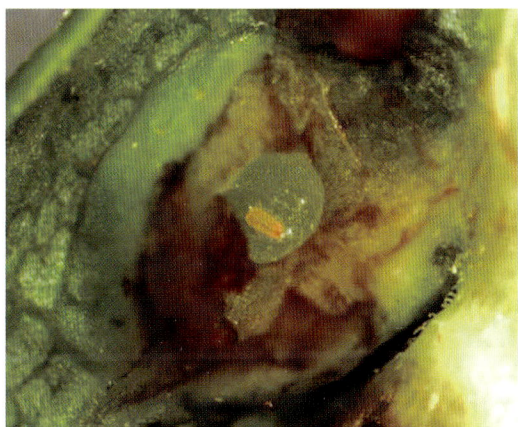

高龄若虫

叶部受害初期、中期、晚期

花期为害与受害状

粘虫板诱杀与覆地膜防治

参考文献

[1] 王维翊，王维中. 五加肖个木虱研究初报 [J]. 森林病虫通讯，2000，4：18-19.

[2] 杨坡，孙宝俊，刘娥，等. 五加肖个木虱发生为害与防治 [J]. 中国植保导刊，2007，2：28-29.

[3] 李晓飞. 短梗刺五加肖个木虱发生规律及防治 [J]. 特种经济动植物，2009（3）：53.

14.2.2　东方蝼蛄 *Gryllotalpa orientalis* Burmeister

分布与危害

辽宁以及国内各地均有分布。主要为害各种树木、短梗五加、果树苗木根部及农作物种子。

寄主

各种树木、短梗五加、果树苗木、农作物根部。

形态特征

成虫：雌成虫体长 31~35mm，雄成虫体长 30~32mm。淡茶褐色，密生细毛。前胸背板卵圆形，中央有明显长心脏形暗红色凹斑，凹斑长 4~5mm。腹部近纺锤形，前翅超过腹末端，后足胫节内缘有刺 3~4 个。前足为开掘足，腹末有尾须 1 对。

卵：椭圆形。长 2.8mm。初产乳白色，后变黄褐色，孵化前暗紫色。

若虫：若虫共 8~9 龄，末龄若虫体长 25mm，体形与成虫相近，有翅芽，色淡。

生物学特性

2 年发生 1 代，以各龄期若虫、成虫越冬。4 月上旬上升到地表活动，4—5 月是春季危害期，9—10月为秋季危害期。主要习性，若虫群居性，趋光性、趋化性、趋湿性。

防治方法

（1）利用东方蝼蛄的趋光性，羽化期间在地里设置黑光灯进行诱杀。

（2）毒谷是传统方法，把谷子炒到不能发芽即可，按农药使用措施拌上适量化学农药，可以随种撒到园地地下，或者傍晚撒在林地表面，以雨后撒效果更佳。

（3）林地或苗圃挖若干30cm×30cm×20cm的坑，内堆湿润马粪并盖草，每天清晨捕杀蝼蛄。

东方蝼蛄

参考文献

［1］雷增普.中国花卉病虫害诊治图谱［M］.中国城市出版社，北京：2005.

［2］田甜，杨坡，孙宝俊.丹东地区短梗五加病虫害种类及防治［J］.园艺与种苗，2011，（2）：29-31.

14.2.3 华北蝼蛄 *Grylloyalpa unispina* Saussure

分布与危害

辽宁分布于大连、营口、锦州、葫芦岛、朝阳、丹东等；国内分布于东北、华北、西北、华东。属地下害虫，常将幼根咬断。

寄主

各种树木、短梗五加、果树苗木。

形态特征

成虫：雌成虫体长45~50mm，雄成虫体长39~45mm。体色比东方蝼蛄浅，黄褐色或灰色，前翅覆盖部不到 1/3，腹部近圆筒形，前足为开掘足，后足胫节背面内侧有 1 个刺或无刺。腹末有尾须 1 对。

卵：椭圆形。长 1.6~1.8mm。初产时黄白色，孵化前呈深灰色。

若虫：若虫体似成虫，有翅芽，色淡，体较小，

生物学特性

丹东地区 2~3 年发生 1 代，以成、若虫在土中越冬，翌春开始活动，随着气温上升，危害渐趋严重，4—5 月在 10cm 表土、地温 10~20℃ 时危害最重。蝼蛄白天躲在土下，夜间在表土层或在地面上活动；以 21—23 时为取食高峰，有强烈的趋光性、趋湿性和趋厩肥的习性，还对香、甜食物嗜食。成、若虫为害幼苗的根、茎，造成植株死亡。对 2 年生以上的植株几乎没有影响。

防治方法

参照东方蝼蛄的防治方法。

华北蝼蛄

参考文献

[1] 刘娥，郭军，戴文佳. 短梗五加丰产栽培技术 [J]. 北方园艺，2010（7）：191-192.

[2] 杨坡，郭日晖，孙宝俊，等. 菜用短梗五加四种害虫的为害习性及防治 [J]. 昆虫知识，2007，44（4）：577-578.

[3] 徐明，李晓波，陶玉良. 短梗五加幼苗期病害与防治 [J]. 吉林蔬菜，2009（4）：41.

[4] 杨坡，孙宝俊，刘娥，等. 菜用短梗五加主要病害种类及防治技术 [J]. 中国果菜，2006（3）：36.

15　葡萄病虫害

15.1　葡萄病害

15.1.1　葡萄霜霉病 *Plasmopara viticola*（Berk. et Curt.）Berl et de Toni

分布与危害

除高温干旱地区外，世界各葡萄产区均有发生。辽宁以及国内各葡萄产区均有分布，尤其在多雨潮湿地区发生普遍，是葡萄主要病害之一。发病严重时，叶片焦枯早落，新梢生长不良，果实产量降低、品质变劣，植株抗寒性差。

寄主

葡萄。

症状

主要为害叶片，也能侵染新梢、幼果等幼嫩组织。叶片被害，初生淡黄色水渍状边缘不清晰的小斑点，以后逐渐扩大为褐色不规则形或多角形病斑，数斑相连变成不规则形大斑。天气潮湿时，于病斑背面产生白色霜霉状物，即病菌的孢囊梗和孢子囊。发病严重时病叶早枯早落。嫩梢受害，形成水渍状斑点，后变为褐色略凹陷的病斑，潮湿时病斑也产生白色霜霉。病重时新梢扭曲，生长停止，甚至枯死。卷须、穗轴、叶柄有时也能被害，其症状与嫩梢相似。幼果被害，病部褪色，变硬下陷，上生白色霜霉，很易萎缩脱落。果粒半大时受害，病部褐色至暗色，软腐早落。果实着色后不再侵染。

病原

葡萄霜霉菌 *Plasmopara viticola*（Berk. et Curt.）Berl et de Toni，属鞭毛菌亚门，卵菌纲霜霉目，单轴霉属。

发病规律

病菌以卵孢子在病组织中越冬，或随病叶残留于土壤中越冬。翌年在适宜条件下卵孢子萌发产生芽孢囊，再由芽孢囊产生游动孢子，借风雨传播，自叶背气孔侵入，进行初次侵染。经过7~12天的潜育期，在病部产生孢囊梗及孢子囊，孢子萌发产生游动孢子进行再次侵染。孢子囊萌发适宜温度为 $10\sim15℃$。游动孢子萌发的适宜温度为 $18\sim24℃$。秋季低温，多雨多露，易引起病害流行。果园地势低洼、架面通风不良树势衰弱，有利于病害发生。

防治方法

（1）清除菌源，秋季彻底清扫果园，剪除病梢，收集病叶，集中深埋或烧毁。

（2）加强果园管理，及时夏剪，引缚枝蔓，改善架面通风透光条件。注意除草、排水、降低地面湿度。适当增施磷钾肥，对酸性土壤施用石灰，提高植株抗病能力。

（3）生物防治。在病害常发期，使用奥力克（霜贝尔）50mL，兑水 15kg 进行喷雾，7 天 1 次。发病中前期：使用霜贝尔 50mL+大蒜油 15mL，兑水 15kg 全株喷雾，5 天 1 次，连用 2~3 次。发病中后期：使用奥力克 50mL+靓果安 50mL+大蒜油 15mL，兑水 15kg 喷雾，3 天 1 次，连用 2~3 次即可。

（4）药剂防治。发病前喷施 1：0.7：200~240 波尔多液进行预防。发病期间喷施 1：1：200~240 波尔多液，或 75%百菌清可湿性粉剂 700 倍液，或 50%甲霜铜500 倍液。每隔 10~15 天防治 1 次，连续 3~5 次。

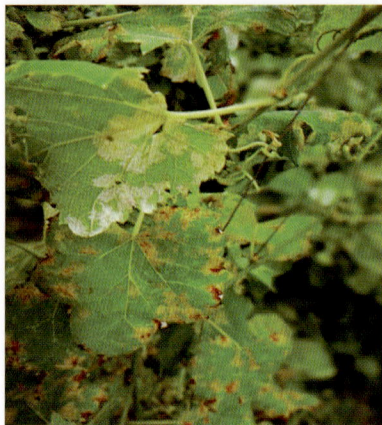

葡萄霜霉病田间发病症状

参考文献

［1］雷增普. 中国花卉病虫害诊治图谱［M］. 北京：中国城市出版社，2005.

［2］高国平，单峰，赵瑞兴，等. 辽宁树木病害图志［M］，沈阳：辽宁科学技术出版社，2016.

15.1.2　葡萄叶斑病 *Septoria ampelina* **Berk & Curt**

分布与危害

辽宁分布于本溪、沈阳、营口、铁岭、锦州等。该病害主要发生在山葡萄的嫩叶上，一般新梢顶端第3、第4片叶最先发病，严重时整个叶片枯死。

寄主

葡萄。

症状

一般新梢第3、第4叶先发病。发病初期，叶面呈现近圆形、多角形、不规则形的浅褐色或褐色小斑块，逐渐扩大为直径0.2~1cm的病斑。中央灰白色，病斑周缘为深褐色，后期在病斑正面生出稀疏的黑色小粒点（病菌的分生孢子器）。一个叶片上常有多个病斑相连成不规则形大斑，后期整个叶片枯死卷曲，病斑枯脆破碎，多数病斑还会脱落穿孔，洞周边留有残痕，可以提早落叶。

病原

葡萄壳针孢菌 *Septoria ampelina* Berk & Curt。属半知菌亚门。

发病规律

病原菌以分生孢子器在病残体中越冬。翌年春天遇雨或潮湿天气，孢子器产生大量的分生孢子，经风雨、昆虫媒介传播进行初侵染。一般5月中下旬开始发病，7—8月为高峰期。多雨高温季节、暴风雨过后、树体生长势弱、偏施氮肥等均有利于病害发生。葡萄不同的品种对此病的抗性有明显的差异。

防治方法

（1）加强田间管理。控制氮肥施用，做好冬季清园，彻底清除葡萄园的病残叶。

（2）药剂防治。在开花前、后各喷1次1∶0.7∶250的波尔多液，或50%百菌清可湿性粉剂 500~600 倍液，每隔半月喷 1 次，喷药前如能摘除病梢、病叶、病果等则效果更佳。

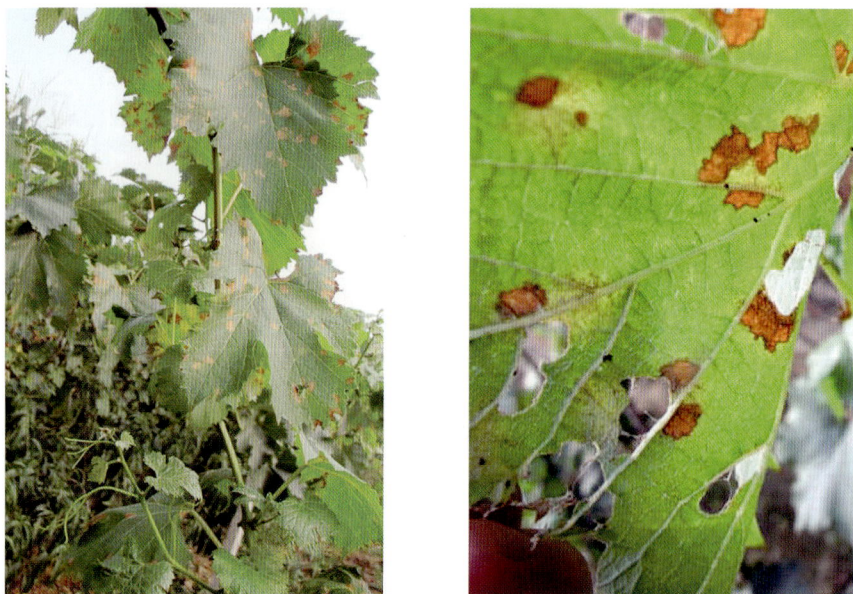

葡萄叶斑病症状

参考文献

［1］雷增普. 中国花卉病虫害诊治图谱［M］. 北京：中国城市出版社，2005.

［2］高国平，单峰，赵瑞兴，等. 辽宁树木病害图志［M］，沈阳：辽宁科学技术出版社，2016.

15.1.3 葡萄白粉病 *Uncinula necator*（Schw.）Burr.

分布与危害

辽宁主要分布于大连、营口、沈阳、丹东、本溪、朝阳、锦州等；国内葡萄栽培区均有分布，为经济林重要病害。主要寄生在葡萄属植物的叶片、嫩茎和果上，引起白粉病。该病害在野生和栽培的葡萄属植物上常见，为害比较严重，能造成果品质量和数量下降，严重减产。

寄主

葡萄科葡萄属、爬山虎属、白粉藤属植物。

症状

该病主要为害葡萄的绿色部分即果穗、叶片、新梢、果实等。叶片表面由于菌丝体和分生孢子而产生灰白色粉状物，发病严重时则布满全叶，致使卷曲枯萎脱落。另外在有性型时，因为孢子的闭囊壳而产生小黑点，当叶表面呈褐色花斑时可严重到全叶枯焦；果梗和新梢受害时，初期表面呈灰白色粉斑，后期粉斑下面形成雪花状或不规则的褐斑，致使穗轴或果梗变脆，枝蔓成熟受到影响；果实受害时，先是在果面上布满白色粉状物，然后在病斑上去粉后褐色星芒状花纹出现，则表皮细胞死亡；果实停止生长，会出现畸形，味酸，果实长大后若在多雨时感病，则病处开裂后腐烂。

病原

病原为葡萄钩丝壳菌 *Uncinula necator*（Schw.）Burr.，属于子囊菌门。

发病规律

病原菌以菌丝体在受害组织或芽鳞内越冬，翌年春产生分生孢子，借风雨传播，穿透表皮进行初次侵染，生长季节可进行多次再侵染。干旱的夏季和温暖而潮湿、闷热的天气有利于白粉病的大发生。一般 6 月开始发病，7 月中下旬至 8 月上旬发病达盛期，9—10 月停止发病。发病与高温高湿密切相关。

防治方法

化学防治。发病初期，喷洒 10%苯醚甲环唑 1500 倍液，或 70%甲基硫菌灵可湿性粉剂 1000 倍液，或 40%多硫悬浮剂 600 倍液，或 20%三唑酮乳油 2000～3000 倍液，或三唑酮·硫黄悬浮剂 2000 倍液。每 10 天喷 1 次，连续 3~4 次。

叶片发病症状

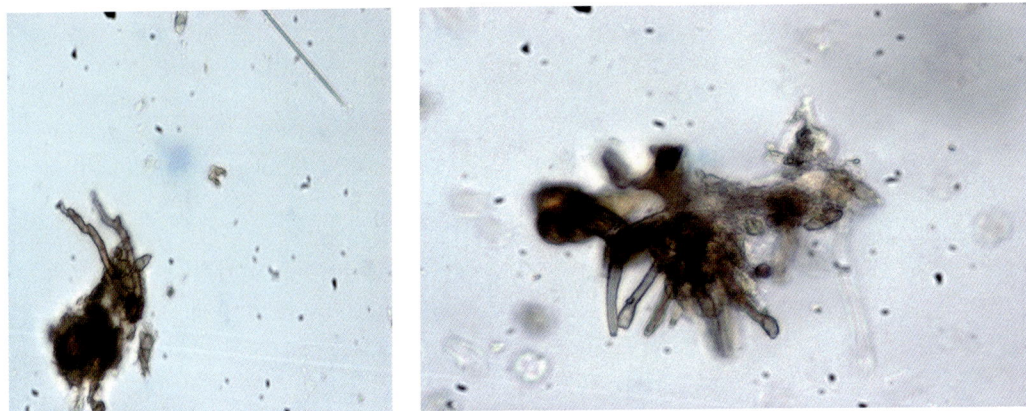

分生孢子梗

参考文献

[1] 雷增普. 中国花卉病虫害诊治图谱［M］. 北京：中国城市出版社，2005.

[2] 高国平，单峰，赵瑞兴，等. 辽宁树木病害图志［M］，沈阳：辽宁科学技术出版社，2016.

15.1.4　葡萄黑痘病 *Sphaceloma ampelinum* de Bary

分布与危害

又称疮痂病，俗称"鸟眼病"，辽宁以及全国葡萄产区均有发生。一般只为害葡萄的绿色幼嫩部位，如果实、果梗、叶片、叶柄、新梢和卷须等。并以叶片、叶脉、穗轴、果实为害最重。

寄主

葡萄。

症状

叶片受害初期形成针头大小，褐色的小斑点，周围有黄色晕圈，后期病斑扩大形成圆形病斑，中间灰白色，干枯，易穿孔，幼叶受害，叶片扭曲、皱缩、畸形，焦枯死亡；幼果发病初期，果实上形成褐色小斑点，后扩大，中央凹陷，呈灰白色，外部仍为深褐色，而周缘紫褐色似"鸟眼"状。果实发病后期多个病斑可连接，随后病斑硬化龟裂。病果小而酸，失去食用价值。

病原

葡萄黑痘病 *Sphaceloma ampelinum* de Bary，属半知菌门，其有性世代学名为 *Elsinoe ampelina*（de bary）Shear。

发病规律

病原菌主要以菌丝体潜伏于病蔓、病梢、病果、病叶和病叶痕处越冬，也可在病部形成拟菌核越冬。在病组织中可存活 3~5 年。翌年春季葡萄发芽后，当温湿度适宜的条件下，产生分生孢子传播，直接侵入寄主的幼嫩组织。侵入植株后，菌丝在表皮下蔓延。以后在病部形成分生孢子盘，突破表皮，在湿度大的情况下，不断产生分生孢子，进行重复侵染。随着温度的升高，其潜育期缩短。

防治方法

（1）氮、磷、钾肥均衡施用，提升抗病抗逆能力。生长期叶面适时追施磷钾肥，能加快幼嫩组织老熟，降低患病风险。

（2）加强枝梢管理。结合夏季修剪，及时绑蔓，去除副梢、卷须和过密的叶片，避免架面过于郁闭，改善通风透光条件。

（3）清除病源。修剪时，剪除病枝梢及残存的病果，彻底清除果园内的枯枝、落叶、烂果等，集中烧毁。生长期内，检查病情，及时摘除病叶病果。

（4）药剂防治。幼叶展开 3~4 片时，就开始喷药，直至开花前，每隔 10 天左右喷 1 次。葡萄开花及幼果生长期，是黑痘病的高发期，特别是落花后，要注意喷药防治。有效药剂有：①保护性杀菌剂有：80%水胆矾石膏（波尔多液）400~800倍液、50%保倍 3000 倍液、50%保倍福美双 1500 倍液、42%代森锰锌 800 倍液、波尔多液、30%王铜（氧氯化铜）600~800 倍液、78%水胆矾石膏+代森锰锌 600~800倍液等。②内吸性杀菌剂有：20%苯醚甲环唑 3000 倍液、40%氟硅唑 8000 倍液、80%戊唑醇 6000 倍液、70%甲基硫菌灵 1000 倍液、50%多菌灵 600 倍液等。

参考文献

[1] 商素娟, 雷玲, 于俊杰. 高温多雨季节谨防葡萄黑痘病 [J]. 果农之友, 2017 (08)：28-30.

[2] 潘凤英, 蓝霞, 黄羽, 等. 广西地区葡萄黑痘病病原菌的分离与鉴定 [J]. 植物病理学报, 2017, 47 (1)：9-14.

15.1.5　葡萄白纹羽病 *Rosellinia necatrix*（**Hart.**）**Berl.**

分布与危害

辽宁以及全国各地均有发生，是世界各地温带地区所发生的重要根部病害，能引起树林死亡。

寄主

葡萄、苹果、梨、桃、樱桃、柿子、柑橘等，还有其他木本植物、蔬菜和禾本科作物共 34 科 60 种。

症状

在潮湿情况下感染的根表面，病菌形成很多菌丝，白色羽绒状。菌丝多沿小根生长，通常在根周土粒空间形成扁的菌丝束，后期菌丝束变暗色，外观茶褐色或褐色。

病原

褐座坚壳菌 *Rosellinia necatrix*（Hart.）Berl.，无性时期为 *Dematophora necatrix*，属子囊菌亚门。

发病规律

病菌以菌丝体、根状菌丝束随土壤病残体越冬，靠接触传染，能寄生多种果树，引起根腐，最后导致全株死亡，是重要的土传病害。凡树体衰老或因其他病虫为害而树势很弱的果树，一般多易于发病，病原在土壤中生长，以侵害的根作营养基地。湿润和有机质多的土壤适宜病菌的发生，黏土上病害发生也多。病菌靠土壤传播及苗圃苗木传播，在不同区域葡萄园侵害。

防治方法

（1）农业防治。及时拔除垂死及已枯死病株，以防传染。利用抗病砧木是有效的防治手段。甜冬葡萄和欧洲葡萄中的 Carignane 及 Solonis 复合杂交种有抗病性。

（2）药剂防治。在葡萄根区范围内浇灌药液，用 50% 甲基托布津可湿性粉剂 800~1000 倍液，或 50% 苯菌灵可湿性粉剂 1000~1500 倍液，或 50% 多菌灵可湿性粉剂 600~800 倍液，或 50% 退菌特 250~300 倍液，或 2% 农抗 120 水剂 250~300 倍液。病树应早发现、早治疗，治疗前应掘土把病根晾出，切除病部，然后施用药剂。

参考文献

［1］金苹. 葡萄房枯病、褐斑病、栓皮病、扇叶病、蔓枯病和白纹羽病的识别与防治［J］. 农业灾害研究，2012，2（Z1）：14-16，22.

15.2 葡萄虫害

15.2.1 小青花金龟 *Oxycetonia jucunda* Faldermann

分布与危害

又称小青花潜，分布辽宁以及全国各地。食性杂，常群集为害。为害状成虫喜食芽、花器、嫩叶及成熟有伤的果实，幼虫为害植物地下部组织。

寄主

榆、栎、枫、葡萄、苹果、梨、杏、桃、板栗、山楂、玫瑰、葱等林木、果树、花卉及农作物。

形态特征

成虫：体中型，长 11~16mm，宽 6~9mm，长椭圆形稍扁，背面暗绿或绿色至古铜微红色及黑褐色，变化大，多为绿色或暗绿色，腹面黑褐色，密生许多黄褐色短毛具有光泽；头黑褐色，头顶多毛；前胸背板被淡色长毛；前翅有黄白色、铜锈色花斑，鞘翅外缘有白斑 3 个，近缝肋一侧有成行排列的小白斑 3 个；臀板白斑 2 对。

幼虫：老龄幼虫头部褐色，胴部乳白色，各节多皱褶。体长 32~36mm，头横宽，头暗褐色，肛腹片后部满布着长和短的刺状刚毛。覆毛区的尖刺列由十分尖细的直刺组成，每列各 16~24 根，多为 18~22 根。尖刺列的前端达到肛腹片后部的中间。

生物学特性

1 年发生 1 代，以成虫在土中越冬。翌年 4 月出土活动，4—6 月盛发，特别是在各种果树开花时数量较多。5—6 月产卵，卵期约 20 天。幼虫多在腐殖质多的枯枝落叶层下，多年腐朽的草房盖中和在土中食嫩苗和幼根，直至秋季化蛹。羽化后就地越冬。成虫昼夜活动，取食花瓣、花蕊。秋季常群集为害果实。成虫飞行力较强，有假死性，无趋光性。

防治方法

（1）人工防治。人工振落捕杀成虫。在早晨或傍晚气温较低时的活动性差，并且有假死的习性，可以在此时人工捕杀，或振落后踩死。

（2）生物防治。保护和利用捕食性鸟类。红脚隼、大斑啄木鸟、灰喜鹊、红尾伯劳。利用金龟子杆菌 0.5 亿/mL 菌液防治成虫。

（3）化学防治。用糖醋液诱杀，也可喷洒 20% 速灭杀丁乳油 2000 倍液防治。或在植物根颈周围地面撒施 5% 西维因粉剂或 2.5% 敌百虫粉剂触杀成虫；在植物开花前喷洒 1000 倍 1.2% 烟参碱乳油防治成虫或 50% 辛硫磷乳剂 1000 倍液灌施根部防治幼虫。

小青花金龟

参考文献

［1］陈仕艳. 葡萄病虫害发生特点及防治措施分析［J］. 现代园艺，2012（24）：148.

［2］李宗珍. 无公害葡萄病虫害防治技术研究［J］. 北京农业，2014（12）：137.

［3］李素娟，刘爱芝，武予清，等. 河南省主要金龟子（蛴螬）种类分布、危害特点及综合防治技术［J］. 河南农业科学，2003（7）：32-34.

15.2.2 葡萄十星瓢萤叶甲 *Oides decempunctata*（Billberg）

分布与危害

又称葡萄十星叶甲、葡萄金花虫，属鞘翅目叶甲总科萤叶甲科。分布于辽宁的本溪、丹东、营口等地；国内分布于吉林、河北、山西、陕西、甘肃、山东、河南、江苏、安徽、浙江、福建、广东、海南、广西、四川和贵州。成虫和幼虫均取食于叶片，常造成百孔千疮，只留下粗叶脉和叶柄，造成网状叶片，枯黄，严重影响城市垂直绿化效果。

寄主

葡萄、地锦、柑橘、爬山虎、紫藤、藤本月季、蔷薇和牡丹等。

形态特征

成虫：体长约12mm，宽8.5mm，椭圆形，土黄色，似瓢虫。头小隐于前胸下。复眼黑色。触角淡黄色丝状，末端3节及第4节端部黑褐色。前胸背板及鞘翅上布有细点刻，鞘翅宽大，共有黑色圆斑10个略成3横列。足淡黄色，前足小，中后足大。后胸及第1~4腹节的腹板两侧各具近圆形黑点1个。

幼虫：幼虫老熟时体长13mm左右，体长椭圆形略扁，土黄色或灰黄色。头小，胸足 3 对较小，除前胸及尾节外，各节背面均具 2 横列黑斑，中后胸每列各 4 个，腹部前列 4 个，后列 6 个。除尾节外，各节两侧具 3 个肉质突起，顶端黑褐色。

蛹：金黄色，体长 9~12 mm，腹部两侧具齿状突起。

卵：椭圆形，长约 1 mm，表面具不规则小突起，初草绿色，后变黄褐色。

生物学特性

长江以北 1 年发生 1 代，5 月下旬开始孵化，6 月上旬进入盛期，幼虫沿蔓上爬，先群集为害芽叶，后向上转移，3 龄后分散。早晚喜在叶面上取食，白天隐蔽，有假死性。老熟后于 6 月底入土，在 3~6 cm 处做土茧化蛹，蛹期约 10 天，7 月上中旬羽化。成虫白天活动，有假死性，经 6~8 天交配。交配后 8~9 天开始产卵，多产在距植株 30 cm 左右土表，以葡萄枝干接近地面处居多。8 月上旬至 9 月中旬为产卵期，每雌可产卵 700~1000 粒，以卵越冬。成虫寿命 60~100 天，进入 9 月陆续死亡。

防治方法

（1）秋末及时清除葡萄园枯枝落叶和杂草，及时烧毁或深埋，消灭越冬卵。

（2）震落捕杀成虫、幼虫，尤其要注意捕杀群集在下部叶片上的小幼虫。必要时，喷洒 5% 氯氰菊酯乳油 3000 倍液、2.5% 功夫乳油 3000 倍液、30% 桃小灵乳油 2500 倍液、10% 天王星乳油 6000~8000 倍液。

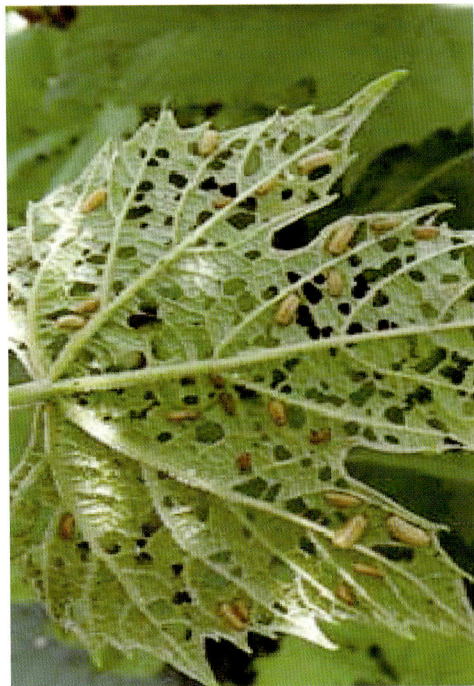

葡萄十星瓢萤叶甲

参考文献

[1] 李艳艳，胡美绒，卢春田，等. 十星瓢萤叶甲在葡萄上的发生与防治 [J]. 西北园艺（果树）. 2011（01）：29-30.

[2] 易金全. 5种杀虫剂对葡萄十星叶甲的防治效果 [J]. 植物医生. 2015（4）：41-42.

[3] 郑霞林，杨永鹏. 葡萄十星叶甲的为害及无公害防治 [J]. 科学种养. 2009（9）：28.

15.2.3 葡萄天蛾 *Ampelophaga rubiginosa* Bremer et Grey

分布与危害

属鳞翅目天蛾科。辽宁营口、本溪、丹东等有发生；国内黑龙江、吉林、河北、天津、北京、江苏、浙江、上海、福建、江西、湖南、湖北、山东、山西、陕西、安徽、广东、广西等均有发生，多零星为害。幼虫食叶成缺刻与孔洞，高龄可将叶片吃光仅留主脉和叶柄，发生严重时可将叶片全部吃光。受害葡萄架下常有大粒虫粪，依此人工捕捉幼虫。

寄主

葡萄、爬山虎、猕猴桃等花木。

形态特征

成虫：体长45mm左右，翅展80~100mm，体肥大呈纺锤形，体翅茶褐色，体背有1条灰白色线条自胸背直通腹末，前翅有茶褐色横纹数条。复眼球形较大，暗褐色。触角短栉齿状，背侧灰白色。前翅各横线均为暗茶褐色，中横线较宽，内横线次之，外横线较细呈波纹状，前缘近顶角处有一暗色三角形斑，斑下接亚外缘线，亚外缘线呈波状，较外横线宽。后翅周缘棕褐色，中间大部分为黑褐色，缘毛色稍红。翅中部和外部各有1条暗茶褐色横线，翅展时前后翅两线相接，外侧略呈波纹状。

卵：球形，直径1.5mm左右，表面光滑，淡绿色，孵化前淡黄绿色。

幼虫：幼虫体长约80mm，体绿色，背面色较淡，体表布有横条纹和黄色颗粒状小点。头部有两对近于平行的黄白色纵线，分别于蜕裂线两侧和触角之上，均达头顶。胸足红褐色，基部外侧黑色，端部外侧白色，基部上方各有一黄色斑点。前、中胸较细小，后胸和第1腹节较粗大。第8腹节背面中央具·锥状尾角。胴部背面两侧（亚背线处）有1条纵线，第2腹节以前黄白色，其后白色，止于尾角两侧，前端与头部颊区纵线相接。中胸至第7腹节两侧各有1条由前下方斜向后上方伸的黄白色线，与体背两侧之纵线相接。第1~7腹节背面前缘中央各有一深绿色小点，两侧各有一黄白色斜短线，于各腹节前半部，呈"八"字形。气门9对，生于前胸和第1~8腹节，气门片红褐色。臀板边缘淡黄色。化蛹前有的个体呈淡茶色。

蛹：体长49~55mm，长纺锤形。初为绿色，逐渐背面呈棕褐色，腹面暗绿色。

足和翅脉上出现黑点，断续成线。头顶有一卵圆形黑斑。气门处为一黑褐色斑点。翅芽与后足等长，伸达第 4 腹节下缘。触角稍短于前足端部。第 8 腹节背面中央有一圆痕（尾角遗痕）。臀棘黑褐色较尖。气门椭圆形黑色，可见 7 对，位于第 2~8 腹节两侧。

生物学特性

1 年发生 1~2 代。以蛹于表土层内越冬。翌年 5 月底至 6 月上旬开始羽化，6 月中下旬为盛期，7 月上旬为末期。成虫白天潜伏，有趋光性，夜间活动、交尾和产卵。卵散产于叶背面或新梢上，每雌可产卵 400~500 粒。成虫寿命 7~10 天，卵期约 7 天。幼虫白天静伏，夜间取食，受触动时头扬起左右摆动口吐绿水，幼虫期 40~50 天，7—8 月为害较重，幼虫老熟后入土化蛹。

防治方法

（1）挖除越冬蛹。结合葡萄冬季埋土和春季出土挖除越冬蛹。
（2）捕捉幼虫。结合夏季修剪等管理工作，寻找被害状和地面虫粪捕捉幼虫。
（3）将田间患病毒病的死亡幼虫，制成 200 倍液喷洒枝叶，效果良好。
（4）成虫发生期用黑光灯诱杀。
（5）化学防治。3~4 龄前的幼虫，可喷施 20% 除虫脲悬浮剂 3000~3500 倍液，或 25% 灭幼脲悬浮剂 2000~2500 倍液，或 20% 米满悬浮剂 1500~2000 倍液等仿生农药。虫口密度大时，可喷施 2.5% 功夫菊酯乳油或 2.5% 溴氰菊酯 2500~3000 倍液。

葡萄天蛾幼虫

葡萄天蛾成虫

参考文献
[1] 庞震，龙淑文. 葡萄天蛾的观察简报 [J]. 昆虫知识，2010（2）：71. 1975（04）：24-25.
[2] 陈立清，吉志新，王长青，等. 葡萄天蛾的形态特征和生物学特性 [J]. 沈阳农业大学学报. 1996（4）：2.
[3] 张东光，付晓颖. 葡萄天蛾在吉林松原地区的发生与防治 [J]. 北方园艺. 2013（1）：200.

16 龙芽楤木病虫害

16.1 龙芽楤木病害

16.1.1 龙芽楤木叶斑病 *Ascochyta araliae* Sun et Bai

分布与危害

辽宁分布于辽阳、鞍山、营口、本溪、丹东、抚顺、沈阳、铁岭等；国内黑龙江有发生。寄生叶上，引起叶斑病。该病害在野生和栽培的龙芽楤木幼树、成株上发生普遍，严重发生可引起叶片枯萎死亡，提前落叶，是龙芽楤木经济林重要病害。

寄主

龙芽楤木（别名刺老鸦、刺龙芽、刺嫩芽）。

症状

病斑生于叶上，一般圆形、近圆形或不规则形，直径 3~8mm，初期是黄褐小点，后期病斑扩大，中央黄褐色，边缘灰白色，略带轮纹，其上生黑褐色小粒点（分生孢子器）。

病原

子囊菌门无性型菌物，为楤木壳二孢 *Ascochyta araliae* Sun et Bai。

发病规律

病原菌以菌丝和分生孢子器在病植物残体内越冬，翌年 6—7 月开始侵染发病，8—9 月陆续出现分生孢子器，9 月成熟后开始释放分生孢子，10 月中旬后停止活动进入越冬期。发病与虫害、机械伤害有很大关系，栽培过密、肥力不足、排水不良等均容易引起发病。

防治方法

（1）栽培管理。适当增强土壤肥力，提高植株抵抗力，调节通风透光，保持适当温湿度，秋季清除落地病叶集中烧毁处理。

（2）药剂防治。发病初期喷洒 1∶1∶200 倍式波尔多液，或 50% 扑海因可湿性粉剂 1000 倍液，隔 10~15 天 1 次，连喷 2~3 次。

参考文献

［1］雷增普. 中国花卉病虫害诊治图谱［M］. 北京：中国城市出版社，2005.

［2］高国平，单峰，赵瑞兴，等. 辽宁树木病害图志［M］，沈阳：辽宁科学技术出版社，2016.

16.1.2　猝倒病 *Rhizoctonia solani* Kuhn

分布与危害

又称立枯病，为世界性苗木病害，分布于辽宁以及国内各地苗圃，发生普遍且严重，为害幼苗的茎基部或地下根部。受害幼苗茎基部细小，病斑扩展后表皮变色腐烂，植株出现萎蔫现象，甚至枯死。

寄主

多种植物的苗期病害。

症状

主要在幼苗期发病，发病的幼苗茎基部病斑不但上下扩展延伸，而且使茎萎缩变细，最后幼苗倒伏死亡。

病原

学名 *Rhizoctonia solani* Kuhn，属半知菌亚门真菌侵染引起。

发病规律

育苗期多有发生，为害幼苗的茎基部或地下根部。受害幼苗茎基部细小，病斑扩展后表皮变色腐烂，植株出现萎蔫现象。病菌主要在土壤的植物残体上生活，土壤带菌是侵染幼苗的主要病菌来源。连作地、田间农事操作伤及根系、土壤雨季积水等状况都将加快加重病害的发生与蔓延。

防治方法

（1）实生苗木定植时，用 200 倍液的雷多米尔锰锌蘸根移栽。种根扦插前用上述药液浸泡 30 分钟。

（2）栽植地应选土壤疏松、排水良好的田块，雨季注意排涝，田间作业避免根系伤害。

（3）化学防治。雨季前，用 65% 敌克松 $2g/m^2$ 兑土撒施。发病时，用 65% 代森锌 500 倍液，或 50%甲基托布津 800 倍液喷施茎叶。

参考文献

［1］雷增普. 中国花卉病虫害诊治图谱［M］. 中国城市出版社，北京：2005.

16.2 龙芽楤木虫害

（花期）金龟（多种金龟）

分布与危害

辽宁分布于本溪、丹东、沈阳等。为害果树的金龟主要有黑绒金龟（东方金龟子）、毛黄褐金龟、苹毛丽金龟、小青花金龟等。为害花的金龟子主要有苹毛丽金龟和小青花金龟。成虫啃食花蕾、花瓣、雄蕊、雌蕊，使之不能坐果，对产量有很大影响。

寄主

龙芽楤木。

形态特征

参见 10.2.2（苹毛丽金龟）、11.2.2（铜绿丽金龟）、12.2.2（中华弧丽金龟）、15.2.1（小青花金龟）。

生物学特性

花期发生的金龟子主要以成虫态在土壤中越冬，10cm 土层温度达 10℃时开始出土为害，山坡地果园受害重，有假死性和群集性等特点。苹毛丽金龟体长约10mm，宽 5mm，全体除鞘翅和小盾片光滑无毛外，皆密被黄白色细绒毛。沈阳地区 4 月下旬出土活动，从早 7 时到日落前后均可为害，中午前后为取食最盛。小青花金龟体长 13~17mm，暗绿色，头部黑色，复眼和触角黑褐色，1 年发生 1 代，翌年 4—5 月成虫出土为害。在晴天无风和气温较高的 10—16 时取食，飞翔最强，属夜伏昼出型。

防治方法

（1）趋化诱杀。每亩次用 0.3kg 红糖，0.6kg 食醋，0.15kg 白酒，0.25kg 敌百虫，兑水 15kg，溶解后放入 10 个盆里，诱杀金龟子。傍晚放，早晨收。直到早晨药盆内没有金龟子结束。

（2）生物防治。傍晚用 600 倍苏云金杆菌（Bt）水溶液均匀喷洒全树嫩叶和花瓣，不滴水为宜。金龟子取食带药液的叶和花瓣后，细菌在体内大量繁殖，金龟子停止取食，造成饥饿发病死亡。

（3）果园秋施基肥时，务必用充分腐熟后的土杂肥，避免未腐熟肥携带大量金龟子的卵和幼虫。同时对全园进行翻耕一次，结合除草，清理全园，破坏其越冬场所。翌年春天成虫出土之前，再对全园进行一遍划锄，这样既破坏了幼虫和蛹的土室，又达到了提高地温、保墒，促进果树根系良好发育的效果。

（4）覆膜产生强反光，驱避金龟子。在果树行间进行起垄覆膜，垄上种植花生等矮秆经济作物。当花生出土破膜后，苹果花期已过，从而达到了防治金龟子的效果。

（5）其他防治方法参见 2.2.5（白星花金龟）、10.2.1（黑绒鳃金龟）、10.2.2（苹毛丽金龟）、11.2.2（铜绿丽金龟）、12.2.2（中华弧丽金龟）、15.2.1（小青花金龟）。

为害龙芽楤木花的金龟

为害刺五加花的金龟

参考文献

[1] 李慧峰，吕德国，刘涛. 巧防苹果花期金龟子 [J]. 果农之友，2005（02）：41.

17 平榛病虫害

17.1 平榛病害

17.1.1 榛叶白粉病 *Phyllactinia guttata*（Waller.）Lev.

分布与危害

辽宁分布于沈阳、抚顺、铁岭、本溪、丹东、鞍山、锦州等。此病在东北地区的榛树多有发生。主要为害叶片，也可侵染枝梢、幼芽和果苞。

寄主

平榛、大果榛子。

症状

叶片发病初期，叶面、叶背先出现不明显的黄斑，不久在黄斑处长出白粉，以后许多斑连成片。病斑背面褪绿，致使叶片变黄，扭曲变形，枯焦，早期落叶。嫩芽受到严重为害时则不能展叶。枝梢受害时，其上也生出白粉，皮层粗糙龟裂，枝条木质化延迟，生长衰弱，易受冻害。果苞受害时其上生白粉，然后变黄扭曲。8月在白粉层上散生小颗粒（闭囊壳），初为黄褐色后变为黑褐色。

病原

榛球针壳 *Phyllactinia guttata*（Waller.）Lev.

发病规律

白粉病病菌在叶片、芽和新梢病斑部越冬，翌年春季产生孢子，借助风力传播到榛子树上引起初次侵染，生成白粉后能多次传播侵染。榛树染病时往往由中心病株向四周邻树蔓延，如果发病条件适宜，则传播速度甚快，辽宁南部一般6月发病严重，而辽宁北部多发生在7月。植株过密、通风不良、土壤黏重、低洼潮湿等条件均有利于该病的发生。

防治方法

（1）发现病株，应及时消除病枝、病叶，如果是中心病株，则应将其全部砍掉，减少病源。对于过密的株丛可适当地疏枝或间伐，以改善通风、透光条件，增强树体的抗病能力。

（2）在放叶之前，可喷洒 0.3~0.5 波美度石硫合剂，或 50%代森铵 500 倍液；药剂防治于 5 月上旬至 6 月上旬，对榛树喷布 50%多菌灵可湿性粉剂 600~1000 倍液，或喷洒 50%甲基托布津可湿性粉剂 800~1000 倍液，或 75%百菌清可湿性粉剂 1000 倍液、20%三唑酮乳油 800 倍液。

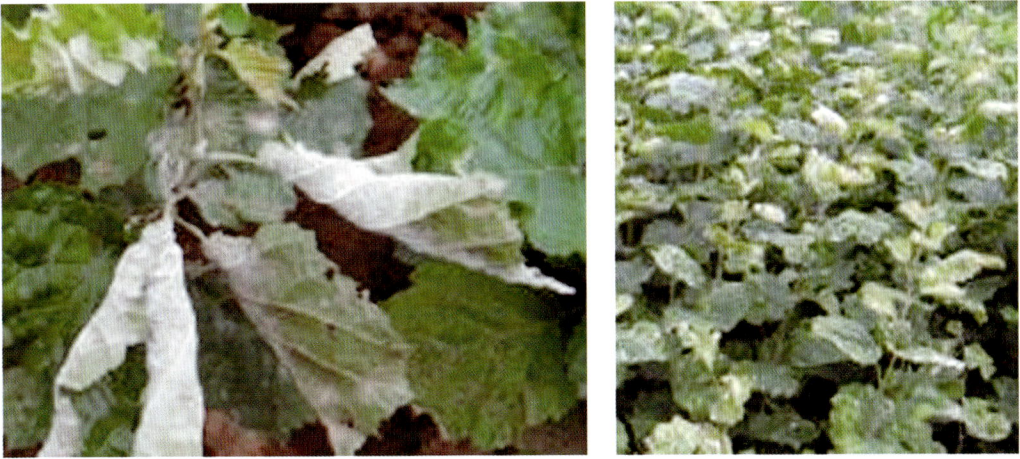

榛白粉病田间危害症状

参考文献

［1］刘义，刘春静，刘淑艳，等. 辽宁铁岭榛白粉病病原菌研究 ［J］. 菌物研究，2013，11（1）：24-26.

［2］薛光艳，孙冬伟，段鹏勇，等. 杂交榛子白粉病药剂防治试验 ［J］. 辽宁林业科技，2010（5）：10-12.

［3］胡跃华. 辽宁平榛主要有害生物的发生及防治 ［J］. 辽宁林业科技，2016（2）：76-78.

17.1.2　榛子叶枯病 *Alternaria* sp.

分布与危害

辽宁分布于沈阳、抚顺、本溪等；国内未见文献资料报道。该病害主要在栽培的榛子上发生，大量引起叶枯病和榛果苞片死亡，造成榛子产量明显下降是经济林榛子的严重病害。

寄主

榛子、毛榛等榛属植物。

症状

发病初期在叶片上和苞片上出现小的褐色斑点，圆形或近圆形，病斑不断扩大，中期一般呈多角形或不规则形，后期大多病斑连合，形成更大的斑块或枯死的斑块，褐色，病斑边缘深褐色，在病斑上隐约可见黑色的小点（分生孢子器）。在毛榛子上可出现叶缘枯死并向内侧卷曲的现象。严重发病的植株可以提前落叶。

病原

该病原菌是一种链格孢 *Alternaria* sp.

发病规律

病原菌以菌丝和休眠孢子在落地病叶组织内越冬。翌年萌发侵染，该病多从 6 月下旬开始发生，7 月中旬至 8 月中旬为该病的发病高峰期，一直持续到 9 月中旬停止。病害的发生与温湿度有密切关系，高温高湿、种植密度大、栽培环境差等均发病较重。

防治方法

（1）栽培措施。合理控制栽植密度，适当减小郁闭，增强通风透光，并适当增加磷、钾肥的比例，以提高植株的抗病力。

（2）药剂防治。6 月上中旬喷洒 1∶1∶100 倍波尔多液进行预防。发病时用 50%代森锰锌可湿性粉剂 500~600 倍液喷洒。每 7~10 天防治 1 次，连续 2~3 次。

发病初期症状

苞片发病症状

叶片发病症状

参考文献

［1］高国平，单锋，赵瑞兴，等. 辽宁树木病害图志［M］. 沈阳：辽宁科学技术出版社，2016.

17.2　平榛虫害

17.2.1　榛实象鼻虫 *Curculio dieckmanni*（Faust）

分布与危害

辽宁榛子产区均有分布，在东北地区野生平榛区发生较多。成虫取食嫩芽、嫩枝，使嫩叶呈针孔状、嫩芽残缺不全、嫩枝折断，幼虫蛀入果实，将榛仁的一部分或全部吃掉，而且在果内排便形成虫果，造成部分地区榛果减产和严重影响榛果质量。

寄主

榛子、毛榛及栎树果实。

形态特征

成虫：体长 7.5~8mm，菱形，黑色，被有褐色细毛和鳞毛。头管细长几乎是前胸 3 倍，略向下弯曲。雌成虫触角着生在头管中部两侧，雄成虫触角在中部向前。鞘翅覆有黄色鳞片形成小斑，小盾片方形，上密布黄白色鳞片。

幼虫：老熟幼虫体长 8~13mm，头黑色，胸、腹乳白色，疏生黄色细毛，前胸背板宽大，体弯曲半月形，无足。

蛹：长 7.5~8.5mm，椭圆形，黄褐色，背密生黄色细毛，头顶具乳突 1 对，臀节末端有 1 对刺突。

生物学特性

2 年 1 代，少数 3 年 1 代。以老熟幼虫及成虫在土中越冬；越冬成虫于翌年 5 月上旬出土开始在枯枝落叶层下活动，5 月中旬成虫上树活动。成虫还可以细长头管刺入幼果，蛀食幼果内的幼胚，果内形成棕褐色干缩状物，幼胚停止发育，果实早期脱落，5 月下旬成虫进入盛期。6 月中下旬为榛子幼果发育期，成虫开始交尾，6 月下旬开始产卵于幼果内，7 月上中旬为产卵盛期，于 7 月上旬在榛果内孵化成幼虫。7 月中下旬为孵化盛期。幼虫在果内取食近 1 个月左右，则发育成老熟幼虫。8 月上旬，当榛果实日趋成熟时，老熟幼虫随果附到地面，脱果后钻入土中 20~30cm 处做土室准备越冬。第 3 年 7 月上旬开始化蛹，7 月中旬出现越冬代成虫，8 月上中旬羽化盛期，新羽化的成虫当年不出土，转入越冬状态。

防治方法

（1）5 月中下旬成虫期树冠喷洒 20%高氯菊酯（百事达）2000 倍液，50%杀螟松 1000 倍液，90%晶体敌百虫 800 倍液，50%马拉硫磷 1000 倍液，2.5%功夫 2000 倍液，每隔 7 天喷 1 次。

（2）幼虫脱果前，收集提前脱落果，在幼虫脱果后集中杀死。或地面撒 5%辛硫磷粉剂。

（3）在储藏期挑出被害果深埋或烧毁。

榛实象鼻虫幼虫与为害状

榛实象鼻虫成虫

17.2.2 梨圆蚧壳虫 *Quadraspidiotus perniciosus*（**Comstock**）

分布与危害

辽宁主要分布于苹果、梨及榛子等产区；国内东北、华东地区均有发生。它常以成虫、若虫附着在树的主枝干、嫩枝、叶片及果实表面吸取养分。枝条受害后易衰弱枯死。

寄主

梨圆蚧壳虫主要为害苹果、梨，也为害核桃、榛等 100 多种植物。

形态特征

成虫：雌雄异体，雌成虫体扁圆形，橙黄色，腹面有丝状口针，体长 0.91～1.48mm，宽 0.75～1.23mm，眼、足退化。体背覆盖灰白色圆形蚧壳，蚧壳直径1.8mm 左右，有同心轮纹，蚧壳中央稍隆起部称壳点，黄色或褐色。雄成虫体长约0.6mm，橙黄色，有翅 1 对，半透明，交尾器剑状。

若虫：初孵若虫扁椭圆形，淡黄色，体长 0.2mm，足和口针发达，体尾端有 2根长毛。虫体固定后，分泌蜡质形成蚧壳，触角、眼、足均消失。3 龄若虫可区别雌雄，雌蚧壳圆形，雄蚧壳长椭圆形，壳点偏于一端。

蛹：仅雄虫化蛹，体长 0.6mm，长锥形，淡黄色藏于蚧壳下。

生物学特性

在辽宁、河北、山东省均为 1 年发生 3 代，以 2 龄若虫或少量雌成虫附着在枝条上越冬，翌年 4 月开始继续为害，5 月上中旬若虫发育为成虫。6 月上旬雌成虫开始产仔，初若虫在枝条上爬行，然后固定下来，将口器插入寄生组织内吸收养分，并分泌蜡质，形成蚧壳。由于越冬态不同，所以产仔期很长，世代重叠，一般第1代发生在5—6月，第2代发生在7—9月，第3代发生在9—11月。若虫在蚧壳内爬出经过3次脱皮后，雄虫化蛹，然后羽化。雄虫变为成虫，雌若虫脱皮2次变为雌成虫，继而交尾繁殖造成新的为害，其天敌为红点唇瓢虫。

防治方法

（1）越冬防治。如果发生量少可人工刷除枝干上的越冬虫或雌成虫。如果发生普遍而且分期，则应在早春（北方于4月上旬），即越冬虫尚未为害之前，先刮除老树皮及翘皮使缝隙中的虫体暴露，然后喷布3~5波美度石硫合剂或5%柴油乳剂。此期防治非常重要。

（2）生长期防治。在越冬雄虫及各代雄成虫羽化盛期和1龄若虫发生盛期，用0.3波美度石硫合剂，洗衣粉300倍液、或40%乐果乳剂、或50%敌敌畏乳油1500倍液喷洒。

（3）保护天敌。生长期榛园，尽量避免用残效期长的广谱性杀虫剂，以利于蚧壳虫的天敌——红点唇瓢虫发生。

（4）加强植物检疫。在该虫发生地育苗时，对调运的苗木、接穗要严格检查，以防该虫害随苗木传播，引进新园地。

17.2.3 褐盔蜡蚧 *Parthenolecanium corni*（Bouche）

分布与危害

又称扁平球坚蚧、水木坚蚧、糖槭蚧。辽宁分布于朝阳、阜新等地；国内东北、华东地区均有发生。危害枝条，吸取树液，枝条受害后衰弱枯死。

寄主

榛子、桃、杏、李、欧洲樱桃、葡萄、梨、苹果、沙果、核桃等数十种林木。

形态特征

成虫：雌成虫体椭圆或近圆形，长3~6.5mm，宽2~4mm，初期黄棕色，产卵后体黄褐、棕褐、红褐或褐色，背面隆起，硬化，前后均斜坡状，背中有光滑而发亮的宽纵脊1条，脊两侧有成排大凹坑，坑侧又有许多凹刻，越向边缘凹刻越小，呈放射状；肛裂和缘褶明显，腹面软；触角6~8节，多为7节；气门刺3根，中刺端粗钝，略弯，为侧刺长2倍或仅稍长，侧刺较尖；缘刺2列，细长而端钝，明显小于气门刺；背有杯状腺。雄成虫长1.2~1.5mm，红褐色，翅土黄色，透明，翅展3~3.5mm；腹末交尾器两侧各有白色蜡毛1根。

卵：长椭圆形，长约 0.2mm，初产乳白色，渐变黄褐色。

若虫：1 龄若虫长椭圆形，长约 0.5mm，淡黄褐色，腹末有白色尾丝 1 对；2 龄若虫椭圆形，长约 1mm，黄褐色，半透明，背长而透明的蜡丝 10 余根，背中线隆起，两侧褐色微细花纹，以胸节处色较深，体缘密排短蜡刺；3 龄若虫逐渐形成浅灰至灰黄色柔蜡壳。

蛹：长 1.2~1.7mm，暗红色。茧长椭圆，前半突起，蜡质，半透明玻璃状，全壳分割成蜡板 7 块。

生物学特性

1 年发生 1 代，小若虫在枝条上越冬。翌年 5 月下旬至 6 月上旬，雌成虫在蚧壳内产卵。卵孵化后小幼虫爬出母壳，在枝条上固定为害，然后即行越冬。

防治方法

应抓两个环节：一是在榛树发芽前，喷布 5% 重柴油乳剂，消灭越冬若虫；二是在幼虫自母壳爬出时期（约 6 月中下旬）喷洒 0.2~0.3 波美度石硫合剂或 50% 的杀螟松乳剂 1000 倍液防治。

褐盔蜡蚧

18 大果榛子病虫害

18.1 大果榛子病害

18.1.1 榛煤污病 *Fumago vagans* Pers.

分布与危害

又称煤烟病，辽宁广泛分布；国内各省广泛分布。在花木上发生普遍，影响光合作用，降低观赏价值和经济价值，甚至引起死亡。

寄主

大果榛子、文冠果、梨等经济树种，以及赤杨、杨、榆树、榆叶梅等园林绿化树种。

症状

幼树、成树的叶面上均可发生，发病初期可见沿叶片主脉发展成一条黑线，随着时间的推移，侧脉或网状脉均出现黑色的线条，最后整个叶片被黑色菌苔覆盖，严重可导致树木叶片局部或全部枯死。小枝上的症状与叶片上的症状相似。

病原

病原菌为表丝联球霉菌 *Fumago vagans* Pers.，属于子囊菌门无性型菌物。

发病规律

煤污病病菌以菌丝体、分生孢子在病部及病落叶上越冬，翌年孢子由风雨、昆虫等传播。寄生到蚜虫、蚧壳虫等昆虫的分泌物及排泄物上或植物自身分泌物上或寄生在寄主上发育。高温多湿、通风不良、蚜虫、蚧壳虫等分泌蜜露害虫发生多，均加重发病。

防治方法

（1）加强抚育管理，保持合理的密度，适当修剪，改善通风、透光条件，减少林内湿度。

（2）在冬季休眠期或春季发芽前，树冠喷施石硫合剂，消灭越冬病源。

（3）该病由蚧虫、蚜虫诱发引起，因此，应及时防治蚧虫、蚜虫虫害。一是喷药防治：用药有 600~800 倍蓟虱净、蓟甲虱 1+1、啶虫脒、1.3% 苦参碱、噻虫嗪、烯啶虫胺、菊马乳油、氯氰锌乳油、灭扫利、功夫菊酯或天王星等。二是可引入蚜小蜂。三是成虫对黄色有较强的趋性，可用黄色板诱捕成虫并涂以黏虫胶杀死成虫，但不能杀卵，易复发。

榛叶受煤污病为害的症状

榛受煤污病为害的小枝及果苞症状

榛煤污病为害的果实

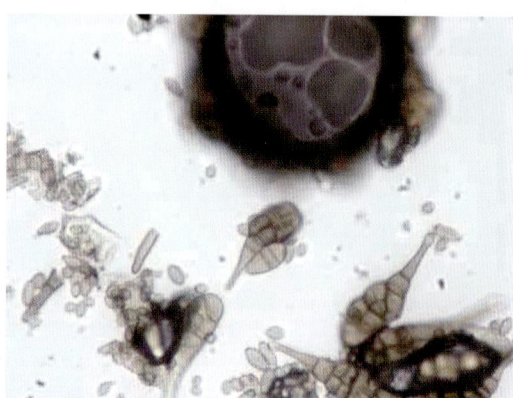

榛叶叶片与病原菌显微特征

文冠果煤污病

参考文献

［1］高国平，单锋，赵瑞兴，等. 辽宁树木病害图志［M］. 沈阳：辽宁科学技术出版社，2016.

［2］孔雪华. 文冠果的病虫害防治［J］. 特种经济动植物，2015，（4）：52-54.

［3］李巧芹，李忠红. 延安地区文冠果苗期主要病虫害的发生与防治对策陕西林业科技［J］. 陕西林业科技，2011（6）：19-21.

[4] 王花蕾. 文冠果栽培与病虫害防治 [J]. 绿色科技, 2014 (1)：97-98.

18.1.2　榛果苞干腐病 *Trichothecium roseum*（**Bull.**）**Link**

分布与危害

辽宁分布于抚顺、铁岭、本溪等。榛果苞干腐病主要为害榛子果苞，影响果实的生长发育，导致提前落果，严重影响榛果的产量和质量。

寄主

榛子。

症状

病菌寄生性不强，成熟期果实或有微伤口的果实发病重。主要侵染榛子的果苞，先在果苞边缘出现褐腐坏死斑，且病斑逐渐扩大连成片，发展到后期整个果苞干枯坏死，果壳变黑，严重影响产量。湿度大时，病部可产生粉红色霉层。

病原

榛果苞干腐病为聚端孢霉 *Trichothecium roseum*（Bull.）Link 引起，是中国新记录病害。

发病规律

该病近几年在辽宁抚顺地区发病严重，最严重的榛树有 70%～80% 的果苞被侵染，影响榛子的产量。病原菌在果苞上越冬，翌年春季通过风雨传播侵染，该病在辽宁地区 6 月中旬发病，7 月中旬为发病盛期。当日平均气温为 25～28℃ 时，平均相对湿度为 85% 以上时病原菌易侵染，发病严重。发病初期叶缘开始扭曲，叶片发生形变。叶片正反两面产生褐色病斑，随着时间的推移，病斑面积慢慢扩大并且变黑，病斑中间的颜色比边缘较深。嫩梢被侵染时出现浅褐色病斑，病斑处会凹陷，表皮表现为纵向裂纹。果苞染病后变为褐色，有凹陷。病原菌侵入榛果内时，出现黑色病斑，影响生长发育与结实。

防治方法

（1）防榛子果苞干腐病需要控制榛林的密度，保持良好通风，避免林内湿度过大。及时采摘染病果苞，集中处理，减少发病面积。

（2）化学方法。榛株发芽前喷施 1 次 0.3～0.5 波美度石硫合剂。另外 40% 多菌灵 SC、40% 苯醚甲环唑 SC 和 45% 咪鲜胺 EA，抑菌效果好；75% 百菌清 WP、46% 多抗锰锌 WP 和 70% 甲基硫菌灵 WP，抑菌作用明显。榛果苞干腐病菌对多菌灵等 6 种药剂敏感，可供生产防治应用。

榛子果苞干腐病为害状

参考文献

[1] 孙俊. 榛子营养价值及辽宁地区榛子病害研究进展 [J]. 辽宁林业科技, 2014 (5)：51-53.

[2] 孙俊. 辽宁省榛新病害—果苞干腐病病原鉴定初报 [J]. 中国果树, 2013 (6)：62-62.

[3] 孙俊, 解明, 王道明. 榛果苞干腐病菌杀菌剂敏感性测定 [J]. 辽宁林业科技, 2017 (5)：4-6+26.

18.2 大果榛子虫害

18.2.1 白粉虱 *Trialeurodes vaporariorum* （Westwood）

分布与危害

白粉虱是一种世界性害虫，辽宁以及国内各地均有发生，成虫和若虫吸食植物汁液，被害叶片褪绿、变黄、萎蔫，甚至全株枯死。此外，由于其繁殖力强，繁殖速度快，种群数量庞大，群聚为害，并分泌大量蜜液，严重污染叶片和果实，往往引起煤污病的大发生，使受害果品失去商品价值。

寄主

白粉虱寄主范围广，能为害蔬菜、花卉、果树、药材、牧草、烟草等112个科653种植物。

形态特征

成虫：体长1~1.5mm。翅及胸背披白色粉，停息时翅合拢成屋脊状，翅脉简单。淡黄白色或白色，刺吸式口器，雌雄均有翅，全身披有白色蜡粉，雌虫个体大于雄虫，其产卵器为针状。卵长椭圆形，长0.2~0.25mm，基部有卵柄，初产淡黄色，披有白色粉，近孵化时变褐色。

若虫：椭圆形，扁平，体长0.8mm，淡黄色或深绿色，体表有长短不齐的蜡质丝状突起。

蛹：椭圆形，长0.7~0.8mm，中间略隆起，黄褐色，体背有5~8对长短不齐的蜡丝。

生物学特性

白粉虱在北方温室 1 年发生 10 余代，冬天室外不能越冬，华中以南以卵在露地越冬。成虫羽化后 1~3 天可交配产卵，平均每个产 142 粒。也可孤雌生殖，其后代雄性。成虫有趋嫩性，在植株顶部嫩叶产卵。若虫孵化后 3 天内在叶背做短距离行走，当口器插入叶组织后开始营固着生活，失去了爬行的能力。白粉虱繁殖适温为 18~21℃。春季随秧苗移植或温室通风移入露地。

防治方法

（1）重视植物检疫。在引进苗木时注意检查叶背有无粉虱类虫体，杜绝此类害虫的侵入。

（2）重视清园工作。要加强林地中耕除草等清园工作和剪除虫害枝、衰弱枝、徒长枝等修剪工作，以改善林地通风透光条件，恢复树势生长。

（3）开展生物防治。保护和利用粉虱类天敌如瓢虫、草蛉、斯氏节蚜小蜂和黄色蚜小蜂等寄生蜂。

（4）物理防治。利用白粉虱对黄色有强烈的趋势，可在树旁埋插黄色木板或塑料板。板上涂黏油，然后振动枝条，促使成虫飞黏到黄板上，起到诱杀作用，也可用吸尘器吸捕成虫，降低虫口密度。

（5）药剂防治。喷药要在成虫期和幼虫盛孵期进行，药剂可用国光必治（40%啶虫·毒死蜱）2000 倍液、国光依它（45%丙溴·辛硫磷）1000~1500 倍液、国光崇刻 3000 倍液，隔 10 天左右 1 次，防治 2~3 次。如遇世代重叠时，需要每隔 7~10 天喷药 1 次，连续喷 3~4 次。

白粉虱

榛白粉虱为害状

参考文献

[1] 张芝利，陈文良，王军. 京郊温室白粉虱发生的初步观察和防治 [J]. 应用昆虫学报，1980（4）：16-18.

[2] 牛巧鱼. 白粉虱对美国棉花生产的为害及防治措施 [J]. 中国棉花，2000，27（10）：8-9.

[3] 石勇强，惠伟，陈川，等. 国内温室白粉虱的生物学习性与防治研究综述 [J]. 陕西农业科学，2002（9）：19-21.

18.2.2　榛黄达瘿蚊 *Dasinura corylifalva*

分布与危害

属双翅目长角亚目瘿蚊科，是近年来新发现危害榛子的重要害虫，国内属新记录种。辽宁分布于铁岭、抚顺、本溪、营口等；国内分布于吉林、黑龙江、内蒙古、河北、山东等，其中以辽宁省的榛林受害重，被害株率平均达80%以上，榛果被害率高达60%。以幼虫为害榛子的幼果、嫩叶、新梢。被害幼果的果苞皱缩、脱落，被害嫩叶受到刺激后叶片背部出现隆起的虫瘿。幼果果苞被害后榛果脱落，经济损失严重。

寄主

平榛、毛榛、欧洲榛、大果榛、平欧杂交榛。

形态特征

成虫：浅黄褐色，体长1.4~2.2mm，翅长1.1~1.5mm，翅宽0.48~0.75mm。体微小且十分纤弱。前翅膜质、透明，脉序简单，仅有3条纵脉，翅缘着生褐色细毛，排列整齐，翅表面布有浅褐色柔毛，显微镜下观察有金属光泽，后翅退化呈船桨状。足的跗节密被鳞和疏毛，其他各节具稀疏的毛。腹部第 2~6 节腹板各具 1 个双排的尾刚毛排，第 3~4 节背板各具 1 排尾刚毛排，中间间断。雄虫触角 2+11 节，外生殖器具尾须 2 瓣，肛下板 2 瓣状；雌虫触角 2+13 节，产卵器针状。细长，可套缩，具 2 个受精囊。

卵：橘色，长椭圆形，0.05mm 左右，长径是短径的 5 倍左右。

幼虫：初孵幼虫白色，蛆形，透明，0.5mm 左右。危害期幼虫白色，2mm 左右，老熟幼虫乳白色 3~4mm，前胸腹面的剑骨片近"+"形，臀节末端背部有 4 个与体同色的瘤状刺突。

茧：椭圆形，长 3~5mm，宽 2mm，丝质，灰白色，由老熟幼虫分泌液黏缀而成，其外部黏附细土粒。

蛹：近纺锤形，化蛹初期黄色，后期变为橘黄色，长 2.5~3mm。

生物学特性

榛黄达瘿蚊在辽宁地区 1 年发生 1 代，以老熟幼虫结茧在枯枝落叶层下 10cm 以上的表土中越冬。翌年榛芽萌动时开始化蛹，蛹期 13~15 天。在铁岭地区 4 月下旬出现成虫，5 月中旬为成虫羽化盛期，6 月中旬成虫羽化终了。5 月中旬幼虫开始孵化，5 月下旬至 6 月上旬是幼虫为害盛期，6 月中旬幼虫开始自虫瘿内脱落、结茧，夏眠后越冬。成虫多于 8—16 时在林间活动。夜间和风天在林冠下层的叶背上或草丛中静伏。成虫交尾产卵一般选择在温暖无风天气的 9：30—14：30，成虫将卵产在果苞的表面，雌花柱头的缝隙间，新叶背部的表面，嫩叶背面的叶脉基部。历时 20~40 分钟。从成虫产卵至出现虫瘿需 6~10 天，从出现虫瘿到幼虫脱离虫瘿需要 15~20 天，1 头幼虫的为害历期 25~30 天。成虫由于体微小纤弱不能进行长距离的飞翔，只在幼虫为害的林分 10m 左右的范围内活动、产卵、繁殖下一代，长距离的传播是借助风力和苗木移植、运输。

防治方法

（1）人工防治。强化榛园管理，对发生虫害严重的地块，在幼虫期 5 月中旬至 6 月中旬人工摘除虫瘿集中消灭或深埋。

（2）药剂防治。根据榛黄达瘿蚊生活习性和为害规律，结合药剂杀虫原理，在成虫期和幼虫期进行适时防治。在榛园燃烧烟剂，熏杀成虫将烟熏剂装于 30cm×30cm 的塑料袋中。傍晚时，按 5~6 包/亩以对角线 5 点取样方式置于树下，剪去塑料袋一角，点火熏杀同时倒入适量的 20%高氯菊酯。5~7 天熏杀 1 次，连续 3 次。

（3）生物防治。应加强保护和利用蜘蛛、瓢虫、草蛉等天敌，以控制瘿蚊的种群数量。特别是天敌数量较大时，尽量使用 1.2%苦·烟乳油等生物药剂以保护天敌。

（4）成虫期用粘虫板防治，以及用诱虫灯防治，可取得较好的防治效果。

榛黄达瘿蚊为害致叶枯

参考文献

［1］胡跃华. 榛黄达瘿蚊生物学特性及防治措施［J］. 森林保护, 2011（10）: 37-38.

［2］顾玉锋, 牛兴良. 粘虫胶板在野生榛林防虫减灾中应用试验［J］. 中国林副特产, 2016, 142（3）: 39-41.

［3］房春果. 粘虫胶在杂交榛子防虫减灾中应用试验［J］. 中国林副特产, 2016, 145（6）: 35-36.

18.2.3 绿尾大蚕蛾 *Actias selene ningpoana* Felder

分布与危害

属鳞翅目大蚕蛾科, 是一种林木上常见害虫。辽宁分布于本溪、丹东、抚顺等; 国内分布于北京、河北、河南、江苏、浙江、江西、湖南等。以幼虫食叶为害。

寄主

杨树、柳树、樟树、枫香、乌桕、板栗、榛子等。

形态特征

成虫: 翅展 90~150mm, 体长 35~45mm。体覆有浓厚的粉绿白色绒毛, 头暗紫色, 触角黄色, 羽毛状, 头、胸及肩片部基板有暗紫红色细带。翅粉绿色, 基部有白色茸毛, 前翅前缘暗紫色, 混有白色鳞毛, 翅脉明显呈灰黄色, 外缘黄褐色, 中室末端有一眼状斑, 眼状斑与外缘之中有一条从前缘至后缘的长条带, 外侧黄褐色, 内侧内方为橙黄色、外方为黑色。后翅中室端部也有一眼状斑, 形状颜色和前翅相同, 但较前翅略小, 后翅臀角延伸呈尾突, 长约 4mm, 略带有红斑, 末端卷折。足胫节和跗节淡紫色, 腹部淡黄色, 基部有厚而长的黄色鳞毛。

卵: 扁圆形, 直径约 2mm, 初产时淡绿色, 近孵化时褐色。

幼虫: 幼虫共分 5 龄。1 龄幼虫长 4.5~6.5mm, 黑色, 头较大, 体具有细绒毛, 身体黄黑相间, 胸部和腹部末节为橘黄色。2 龄幼虫通体暗红色, 着生肉突状毛瘤, 头黑褐色, 毛瘤上着生刚毛和褐色短刺。背上纵向有 4 列刺突, 具有 4 根长体毛和 3 根短体毛。5 龄幼虫体浓绿色, 体毛变硬, 体节呈六角形, 中胸、后胸毛瘤呈明显亮黄色, 其基部黑色更加明显。毛瘤上着生 8 根左右短刚毛和 1 根长黑毛。腹节上的毛瘤呈橘黄色或淡红色, 上着生 1~5 根刚毛及 1 根长黑毛, 基部黑色明显。臀板与臀足呈放射三星状, 颜色为黑色, 周围橘黄色。胸足褐色, 腹足棕褐色。

茧: 长卵圆形, 长径 50~55mm, 短径 25~30mm, 丝质, 灰褐色, 茧壳上常由丝粘连着寄主碎叶。

蛹: 长 45~50mm, 赤褐色, 额区有 1 个淡黄色三角形斑。

生物学特性

1 年发生 2 代，以茧蛹附在树枝或地被物下越冬。翌年 5 月中旬羽化、交尾、产卵。卵期 10 余天。第 1 代幼虫于 5 月下旬至 6 月上旬发生，7 月中旬化蛹，蛹期 10~15 天。7 月下旬至 8 月为一代成虫发生期。第 2 代幼虫 8 月中旬始发，为害至 9 月中下旬，陆续结茧化蛹越冬。成虫昼伏夜出，有趋光性，日落后开始活动，深夜 21—23 时最活跃，虫体大笨拙，但飞翔力强。卵多产在叶背或枝干上，有时雌蛾跌落树下，把卵产在土块或草上，常数粒或偶见数十粒产在一起，成堆或排开，每雌蛾可产卵 200~300 粒。成虫寿命 7~12 天。初孵幼虫群集取食，2、3 龄后分散，取食时先把一片叶子吃完再为害邻叶，残留叶柄，幼虫行动迟缓，食量大，每头幼虫可食 100 多片叶子。幼虫老熟后于枝上贴叶吐丝结茧化蛹。第 2 代幼虫老熟后下树，附在树干或其他植物上吐丝结茧化蛹越冬。

防治方法

（1）人工防治。通过科学管理，增强树势，提高林木综合抗虫力，是防治绿尾大蚕蛾大量发生的最有效方法。另外，也可在冬季清除落叶、杂草，并摘除树上虫茧，集中处理。在成虫盛期利用黑光灯诱蛾灭杀。

（2）生物防治。绿尾大蚕蛾在幼虫成熟期，由于虫体大，目标明显，常被胡蜂、寄生蝇、姬蜂、赤眼蜂、鸟类或病毒等天敌危害，可对其天敌加以保护和利用。也可选用苏云金杆菌（Bt）或青虫菌进行生物防治。

（3）药剂防治。当虫口密度高、杨树林木为害严重时，可使用化学防治方法。根据该虫的发生特点和为害特点，以第 1、2 代幼龄幼虫为防治重点（包括刚出蛰越冬幼虫），有利压低下一代虫口基数。可用 2.5% 溴氰菊酯 3000 倍液、10% 氯氰菊酯 2000 倍液、20% 杀灭菊酯 4000 倍液、20% 速灭杀丁 5000 倍液、20% 除虫脲 8000 倍液、80% 敌敌畏乳油 1500 倍液、90% 晶体敌百虫 800 倍液等常规农药，均能取得良好的效果。

绿尾大蚕蛾幼虫危害与成虫

参考文献

[1] 袁波，莫怡琴. 绿尾大蚕蛾生物学特性观察及防治技术 [J]. 农技服务，2007，24（7）：56.

[2] 何彬，彭树光，何根跃，等. 绿尾大蚕蛾生物学与防治 [J]. 昆虫知识，1991，28（6）：353-354.

[3] 雷冬阳，黄益鸿. 绿尾大蚕蛾生物学特性及其防治 [J]. 湖南农业科学，2003（2）：52-54.

[4] 袁海滨，刘影，沈迪山，等. 绿尾大蚕蛾形态及生物学观察 [J]. 吉林农业大学学报，2004，26（4）：431-433.

[5] 彭锦云，胡凤英，刘宵. 杨树绿尾大蚕蛾生物越特性与防治技术 [J]. 农业与技术，2009，29（6）：101-103.

18.2.4　毛榛子叶甲 Chrysomeloidea

分布与危害

属鞘翅目叶甲科 Chrysomeloidea 昆虫，为害毛榛子等。

寄主

榛子等。

形态特征

成虫：体长 6.5~7.5mm，近长方形，棕黄色至深棕色，触角后方各有 1 个三角形黑纹，头顶中央具 1 桃形黑纹。触角丝状，约为体长的 1/2，前胸背板宽阔，中央有 1 个长方形黑斑，小盾片、肩部、后胸腹板以及腹节两侧均呈黑褐色或黑色，鞘翅上具密刻点。雄虫腹部面末端中央呈弧形凹入；雌虫腹部面末端中央呈尖三角凹入。

卵：黄白色，长圆锥形，长 1mm。

幼虫：末龄体长 9.5mm。虫体长条形，稍扁平，黄色，周身的毛瘤黑色。

蛹：乳黄色稍带白色，椭圆形，背面被有黑色刺毛，体长 7mm。

生物学特性

一般先为害梢端的嫩梢，每次将叶片中部取食为害以后即行转移，叶片将千疮百孔，发生时造成树叶大面积的脱落，严重时会造成树叶全部脱落，以夏眠前取食最多，虫口密度大时，常将叶肉食尽，残留主脉。此虫一般 1 年发生 2~3 代，以成虫在屋檐或墙缝等缝隙中越冬。越冬成虫翌年 5 月中下旬开始出现，相继交配、产卵。卵期 5~8 天，第 1 代幼虫于 5 月下旬开始孵化。6 月上旬出现第 1 代成虫，此代除少部分产卵继续繁殖外，大部分寻找适宜场所越夏，6 月下旬至 7 月中旬发生第 2 代幼虫。7 月下旬出现第 2 代成虫，7 月底至 8 月初又大部分越夏、越冬。8 月中旬出现第 3 代幼虫，9 月下旬发生第 3 代成虫，10 月中旬全部越冬。成虫产卵时多选择完整无缺的叶片，在背面成块产卵，沿主脉排成 2 行，每块卵的数量不等，最少 1 粒，最多 38 粒，卵期 11~12 天。初孵幼虫群集卵壳周围剥食叶肉成网状，2 龄后咬食成孔洞，3 龄后食量大增。幼虫老熟后，在树干分叉处、伤疤、粗皮缝内群集化蛹。早期羽化时成虫在 9 月下旬和日暖的中午展翅群飞，寻觅越冬场所准备越冬。

防治方法

（1）物理防治。及时利用林区护林员农闲时节清除榛子周围的枯枝烂叶、杂草等，彻底消灭虫源；利用成虫和幼虫的假死现象，人工捕杀，注意捕杀群集叶片下部的幼虫、卵；合理进行混交林规划，可通过混交林防止其发生蔓延，选择抗逆性强的树种或品种，加强抚育，封山育林，增加生物多样性。6 月上旬及 7 月中旬第 1、2 代幼虫化蛹时人工捕杀蛹；在 9 月下旬至 10 月上旬成虫群飞寻找越冬场所时，捕杀成虫。

（2）化学防治。树干注射药物，配制 40% 氧化乐果乳油，在树干胸径每 1cm 注射 1mL 的量进行使用。在越冬代成虫产卵前期，第 1 代幼虫和成虫越冬时，配制 50% 辛硫磷乳油 2000 倍液、氯氰菊酯 3000~3500 倍液、90% 晶体敌百虫 1000 倍液等化学农药进行防治。消灭夏眠的叶甲成虫及集中化蛹的叶甲、叶甲幼虫，树干环涂氧化乐果、乐果乳剂原液或 1∶1 水溶液，根部埋呋喃丹颗粒剂防治叶甲的幼虫等。

（3）生物防治。毛榛子叶甲天敌资源不多，卵期的天敌有跳小蜂、壁虱类及草蛉幼虫取食其卵，幼虫期的天敌有长足寄蝇、黄僵菌寄生等。保护利用天敌，如成虫期的天敌有中华大蟾蜍、灰山椒鸟、啮小蜂、瓢虫、蝎敌等。

毛榛子叶甲与为害状

参考文献

[1] 杨全英. 毛榛子叶甲的发生现状与化学防治 [J]. 植物保护，2015（19）：70~71.

19 核桃病虫害

19.1 核桃病害

19.1.1 核桃黑斑病 *Xanthomonas campestris* **pv.** *juglandis*（**Pierce**）**Dowson**

分布与危害

辽宁分布于抚顺、丹东、本溪、大连等；国内分布于北京、山西、河北、陕西、甘肃、新疆等。主要为害核桃果实，造成果实变黑、腐烂、早落，核桃仁干瘪。此外，还为害叶片，嫩梢。

寄主

核桃及该属植物。

症状

主要为害果实，4—8 月发病，受害的绿色幼果，初期果皮上产生褐色油浸状小斑点，后扩大成圆形或不规则形，无明显边缘，周围有水浸状晕圈，严重时病斑凹陷，深入内果皮（核壳），并使全果皮变黑腐烂，果仁干瘪、早落。为害叶片，叶上病斑较少，黑褐色，近圆形或多角形，外缘呈现半透明油浸状晕圈，严重时病斑联合，叶片皱缩、枯焦，叶柄变黑，微凹陷。

病原

病原菌为一种黄单胞杆菌 *Xanthomonas campestris* pv. *juglandis*（Pierce）Dowson。

发病规律

病原细菌在枝梢或芽内越冬。翌春泌出细菌液借风雨传播，从气孔、皮孔、蜜腺及伤口侵入，引起叶、果或嫩枝染病。在 4~30℃ 条件下，寄主表皮湿润，病菌能侵入叶片或果实。潜育期 5~34 天，在田间多为 10~15 天。核桃花期及展叶期易染病，夏季多雨发病重。核桃举肢蛾为害造成的伤口易遭该菌侵染。

防治方法

（1）选育和栽培抗病品种。

（2）保持树体健壮生长，增强抗病力，及时清除病果、病叶等病源物。

（3）发芽前喷 3～5 波美度石硫合剂。5—6 月喷洒 1∶2∶200 倍波尔多液或 50%甲基托布津可湿性粉剂 500～800 倍液，于雌花开花前、并花后和幼果期各喷 1 次。6%春雷霉素可湿性粉剂 1200 倍液+80%代森锰锌可湿性粉剂 600 倍液处理病果率最低，仅 2.63%，防治效果最高，达 90.94%；80%代森锌可湿性粉剂 600 倍液处理，病果率为 5.66%，防治效果达 80.49%。

核桃黑斑病（果实）

参考文献

［1］杨怀斌，朱晓霞. 核桃黑斑病综合防控措施［J］. 西北园艺（果树）. 2012（02）：32-33.

［2］赵宝军，刘枫. 不同药剂（组合）对核桃细菌性黑斑病田间防治试验［J］. 中国果树. 2017（04）：50-52.

［3］宫永红. 核桃细菌性黑斑病研究进展［J］. 北方果树. 2012（06）：1-4.

19.1.2　核桃寄生（槲寄生）*Viscum coloratum*（Kom）Nakai

分布与危害

辽宁分布于抚顺、丹东、本溪、铁岭、辽阳、鞍山、沈阳等；国内分布于黑龙江、吉林、内蒙古东部、华北等。冬青是无根绿色小灌木，靠吸根深入树木枝干皮下吸取树液为害。可形成鸡腿状长瘤，枝质脆易折，造成树势衰弱，严重被害树木枯死。

寄主

核桃、杨、柳、榆、稠李、梨等多种植物。

症状

寄生在核桃树的枝条或主干上，丛生寄生植株的枝叶，冬天比较明显。寄生处的枝条稍肿大，或产生瘤状物，此处容易被风折断。

病原

冬青（槲寄生）*Viscum coloratum*（Kom）Nakai。

发生规律

冬青是无根绿色小灌木，靠吸根深入树木枝干皮下吸取树液为害。种子靠食果鸟传播，种子在树上先生胚根，下生吸盘，盘下再生吸根。被害嫩枝被害初期稍肿大，后长成瘤状，因吸根的延伸，可形成鸡腿状长瘤，枝质脆易折。

防治方法

（1）及时检查，发现受害枝即砍除，砍除时间应在种子成熟前进行。人工剪除冬青，剪除避免留细根。并除尽根出条和组织内部吸根延伸部分（在植株着生处下方约 10~20cm 处连同寄生枝条，一起砍除）。

（2）槲寄生全株可入药，可收集做药材，既可防治又有经济收入。

槲寄生

参考文献

[1] 王长宝，徐增奇，岳仁杰. 完达山地区槲寄生（Viscum coloratum）种群特征研究 [J]. 植物科学学报，2013（04）：345-352.

[2] 鲁长虎. 槲寄生的生物学特征及鸟类对其种子的传播 [J]. 生态学报. 2003（04）：834-839.

19.1.3 核桃腐烂病 *Cytospora juglandicola* Ell. et Barth

分布与危害

辽宁主要分布于葫芦岛、抚顺、丹东、本溪、大连等；国内分布于北京、山西、河北、陕西、甘肃、新疆等。受害株率可达 50%，高的达 80% 以上。主要为害树干、枝干的皮层，发生部位多在主干，其次是大枝，小枝上发生较少，造成枝枯或整株枯死。

寄主

核桃。

症状

因树龄和发病部位不同，一般幼树主干、骨干枝的病斑初期近于梭形，呈暗灰色，水渍状，微肿起，用手指按压，流出带泡沫的液体，病皮变褐黑色，有酒精味。以后病皮失水下陷，病斑上散生许多黑色小点，当空气湿度大时，从小黑点内涌出橘红色胶质丝状物，病斑沿树干纵横方向发展，至后期皮层纵向开裂，流出大量黑水。当病斑环绕枝干一周时，即导致枝干或全树死亡。大树主干上的病斑，初期隐蔽在韧皮部，一般从外表看不出明显的病变，当发现皮层外溢出黑色黏液时，皮下已扩展为纵长数厘米，甚至 20～30cm 的病斑。后期沿树皮裂缝流出黑水，干后发亮，好像刷了一层黑漆。

病原

属半知菌胡桃壳囊孢 *Cytospora juglandicola* Ell. et Barth。

发病规律

以菌丝体和分生孢子盘在枝干病部越冬，翌年春分生孢子借风雨、昆虫传播，从伤口、冻伤、剪口侵入，4 月下旬至 5 月发生最重。

防治方法

（1）增施肥料，合理修剪，使树势生长旺盛，提高抗病能力。

（2）及时检查和彻底刮除病斑，刮后涂刷 50% 退菌特或多菌灵可湿性粉剂 50～100 倍液保护伤口。

（3）及时收集并烧毁病枝病皮，尽量减少病菌侵染来源。

（4）冬季树干刷涂白剂。

核桃腐烂病（黑水病）

参考文献

[1] 岳朝阳，孔婷婷，阿衣夏木·亚库甫，等. 核桃腐烂病主要发病因子研究 [J]. 西北林学院学报. 2015, 30（01）：154-157.

[2] 于长春. 核桃腐烂病防治方法 [J]. 河北果树. 2012（03）：51-52.

[3] 高鹤，赵宝军，王云飞，等. 辽西地区主栽品种核桃腐烂病发生、流行情况调查 [J]. 新农业. 2017（9）：6-9.

19.1.4 核桃膏药病 *Septobasidium bogoriense* Pat.

分布与危害

辽宁分布于丹东、本溪等，为国内核桃产区的一种常见树干和枝条上的病害，轻者枝干生长不良，重者死亡。

寄主

除核桃外，尚能为害栎、女贞、油桐、梅、山茱萸及杨属等多种木本植物。

症状

在核桃枝干上或枝杈处产生一团平贴的圆形或椭圆形厚膜状菌体，紫褐色，边缘白色，后变鼠灰色，似膏药状。该病菌体常与蚧壳虫共生，菌体以树木皮层和蚧壳虫的分泌物为养分，蚧壳虫在菌膜保护下繁殖、扩散。有利于病菌和蚧壳虫生长繁殖的阴湿环境及枝干背光处容易发生病害，病害高峰期4—5月和9—10月。

病原

茂物隔担耳菌 *Septobasidium bogoriense* Pat.，属担子菌。

发病规律

病原菌常与蚧壳虫共生，菌体以蚧壳虫的分泌物为养料。蚧壳虫则借菌膜覆盖得到保护。病原菌的菌丝体在枝干上的表面生长发育，逐渐扩大形成膏药状薄膜。菌丝也能侵入寄主皮层吸收营养。担孢子通过蚧壳虫的爬行进行传播蔓延，以菌膜在树干上越冬。土壤黏重，排水不良或林内阴湿，通风透光不良等都易发病。

防治方法

（1）防治蚧壳虫。使用松脂合剂，冬季每500g原液加水4~5L，春季加水5~6L，夏季加水6~12L喷洒枝干，防治若虫。

（2）加强管理。结合修剪除去病枝，或刮除病菌的实体和菌膜。并喷洒1:1:100倍波尔多液，或20%石灰乳。

（3）用3种药剂松脂酸钠、代森锰锌、噻霉酮800倍液防治效果达65%以上。

核桃膏药病

参考文献

[1] 唐永奉，闫大琦，杨建荣，等. 5 种药剂防治核桃膏药病药效试验 [J]. 西部林业科学. 2014 (04)：128-131.

[2] 彭盛川. 核桃膏药病化学防治试验 [J] 防护林科技，2016 (09)：49-51.

19.1.5　核桃褐斑病 *Gnomonia leptostyla*

分布与危害

在全世界范围内广泛分布，是核桃生产的重要影响因子之一，常常导致严重的经济损失。

寄主

核桃。

症状

主要为害叶片、枝梢、果实和芽，形成坏死斑。叶片感病后，先出现近圆形和中间呈灰色的小褐斑，病斑上略呈同心轮纹排列的小黑点。病斑增多后呈枯花斑，果实表面病斑较小而凹陷。嫩苗上呈椭圆形或不规则形病斑。

病原

核桃日规壳 *Gnomonia leptostyla*，其无性世代为核桃盘二孢 *Marssonina juglandis* (Lib) Magn。

发病规律

病原菌以子囊孢子在被害叶片、枝梢和果实上越冬。翌年春天雨季时，在适宜温湿度条件下产生孢子，随风雨传播。侵染过程中可形成分生孢子，通过雨水在叶片和叶片之间反复传播，重复侵染。果实在硬核前易被病菌侵染，晚春初夏多雨时发病重。

防治方法

（1）清除病叶和结合修剪剪除病梢，深埋或烧掉。

（2）开花前后和 6 月的核桃生长前期，各喷 1 次 1∶2∶200 倍液波尔多液或 50%甲基托布津可湿性粉剂 500~800 倍液。

核桃褐斑病

参考文献

［1］朱英芝，廖旺姣，邹东霞，等. 核桃褐斑病研究进展［J］. 基因组学与应用生物学，2014，33（01）：222-227.

［2］梁丙前，李新龙. 核桃褐斑病发生与防治［J］. 西北园艺（果树），2011（06）：33-34.

19.2   核桃虫害

19.2.1   芳香木蠹蛾 *Cossus cossus orientalis* Gaede

分布与危害

辽宁分布于各地区；国内分布于东北、内蒙古、华北、华东、西北。以幼虫蛀干为害，木蠹蛾一般为害衰弱木和大树，造成树势衰弱甚至枯死。

寄主

杨、柳、榆、槐树、白蜡、栎、核桃、苹果、香椿、梨等。

形态特征

成虫：触角单栉齿状，前翅密部黑色横纹，外横线和亚外缘线在臀角处相交呈"V"形。雌体长 28.1~41.8mm，雄 22.6~36.7mm，灰褐色，头顶毛丛和领片鲜黄色。

卵：近圆形，初产时白色，孵化前暗褐色。

幼虫：前胸背板深黄色，上有"凸"形黑斑，中间有一条白纹。腹部背面紫红色，腹面桃红色。

蛹：长约50mm，赤褐色。

茧：长圆筒形，略弯曲。长 50~70mm，宽 17~20mm，由入土老熟幼虫化蛹前吐丝结缀土粒构成，极致密。伪茧扁圆形，长约 40mm，宽约 30mm，厚约 15mm，由末龄幼虫脱孔入土后至结缀蛹茧前吐丝构成。

生物学特性

2年发生1代，以当年幼虫在树干内，翌年老熟幼虫离树干在土中越冬，5月下旬出现成虫，每头雌成虫可产卵178~268粒，产卵在大树分叉以上粗枝上，在幼树树干上皮缝或伤口处。6月上旬幼虫孵化，一般从伤口和树皮缝侵入，初孵幼虫有群居性，将树干蛀食成不规则连通蛀道，并与外部排粪孔相连。9月上旬至9月下旬老熟幼虫从蛀入孔爬出，在靠根际处地下 2~3cm 处结茧越冬。

防治方法

（1）成虫有趋光性，成虫期夜间林间可用灯光诱杀成虫。

（2）在老熟幼虫离树转移入土期，人工集中扑杀老熟幼虫或在被害树木根际喷洒20%杀灭菊酯1500倍液。

（3）在卵和幼虫初孵期，向树干喷洒 40% 杀螟松 800 倍液，20% 杀灭菊酯 3000 倍液。

（4）树干较低的树木，可用磷化铝颗粒堵孔或用 80% 敌敌畏 20~30 倍液用注射器注入蛀道，外用黏土泥封闭侵入孔，封堵熏杀幼虫。

芳香木蠹蛾幼虫

芳香木蠹蛾成虫

参考文献

［1］李殿锋，刘伟杰，李红霞，等. 芳香木蠹蛾生物学特性及防治技术［J］. 吉林农业，2010（10）：73.

［2］刘菲，王亚明，侯军铭，等. 芳香木蠹蛾生物学特性及综合防治对策［J］. 河北林业科技，2013（1）：15-16.

［3］萧刚柔. 中国森林昆虫［M］. 北京：中国林业出版社，1992.

19.2.2　榆木蠹蛾 *Holcocerus vicarius* **Walker**

分布与危害

辽宁分布于各地区；国内分布于东北、内蒙古、河北、华东、西北、西南。木蠹蛾一般为害衰弱木和大树，造成树势衰弱甚至枯死。

寄主

白榆、核桃、刺槐、杨、麻栎、栎、柳、丁香、银杏、稠李、苹果、花椒、金银花等。

形态特征

成虫：触角线状，前翅满布弯曲横纹，由肩至中线至肘脉形成深灰色暗区。雌体长 25~40mm，雄 23~34mm，灰褐色，头顶毛丛和领片暗褐灰色。

幼虫：前胸背板褐色有"倒心形"浅色斑，腹部背面鲜红色。幼虫 5 龄转移根茎和粗根，主要为害榆树。

生物学特性

2 年发生 1 代，以当年幼虫在干基或根部越冬，翌年春老熟幼虫活动，5 月在虫道内化蛹，6 月中旬至 7 月下旬羽化，卵产在根基附近，每头雌成虫可产卵 134～940 粒，幼虫孵化后在干基蛀食，一般从伤口和树皮缝侵入，初孵幼虫有群居性，在虫道内数头或数十头在一起。将树干蛀食成不规则连通蛀道，并与外部排便孔相连。

防治方法

防治参照芳香木蠹蛾。

榆木蠹蛾成虫

榆木蠹蛾幼虫

参考文献

［1］杨美红，牛辉林，张金桐，等. 榆木蠹蛾生物学特性观察 ［J］. 应用昆虫学报，2012，49（03）：735-741.

［2］韩国生. 林木有害生物识别与防治图鉴 ［M］. 沈阳：辽宁科学技术出版社，2011.

20　板栗病虫害

20.1　板栗病害

20.1.1　板栗干枯病 *Endothia paprastica*（**Murr.**）**P. J. et H. W. Anderson**

分布与危害

又称板栗疫病或栗胴枯病，在欧美各国对板栗是一种毁灭性的病害。我国的板栗被认为是高度抗病的，但仍有不少地区发现此病。辽宁分布于丹东、辽阳、锦州、本溪、鞍山等；国内分布于河北、河南、陕西、山东、江苏、浙江、江西、湖南、广东等。常造成板栗整个枝条或全株枯死。

寄主

主要危害板栗，也能侵染栎类，但影响不大。

症状

病原菌多从伤口入侵，主要为害树干和枝条，初期不易发现，用小刀轻刮树皮，可见红褐色小斑点，斑点连成块状后，树皮表面凸起呈泡状，松软，皮层内部腐烂，流汁液，具酒味，渐干缩，后期病部略肿大呈纺锤形，树皮开裂或脱落，影响生长，重者枯死。干枯病由雨水、鸟和昆虫传播，主要由各种伤口入侵，尤以嫁接口为多。

病原

寄生内座壳 *Endothia paprastica*（Murr.）P. J. et H. W. Anderson 所致。

发病规律

病菌以菌丝、分生孢子和子囊孢子在病组织中越冬，翌春温度回升，病菌开始侵染活动。在长江以南地区，一般3月底至4月初栗树上出现症状，4—5月产生大量分生孢子，借风雨、昆虫、鸟类传播，并进行多次再侵染，因而在6月即进入发病盛期。此后除夏季高温（气温在30℃以上）时病势有所减弱外，一直到10月病害才停止发展。因为病菌是由伤口侵入的，所以在高接换头的接口及其附近较易发病；冻伤、虫伤、机械伤多的栗树，也易发生干枯病。

防治方法

（1）加强肥水管理，增强树势。

（2）剪除病枝，清除侵染源。

（3）避免人畜损伤枝干树皮，减少伤口。

（4）冬季树干涂白保护。

（5）于4月上旬和6月上中旬，刮去病斑树皮，各涂1次碳酸钠10倍液，治愈率可达96%。也可涂刷50%多菌灵或50%托布津400~500倍液，或5波美度石硫合剂，或50%代森铵500倍液。刮削下来的树皮要集中烧毁。

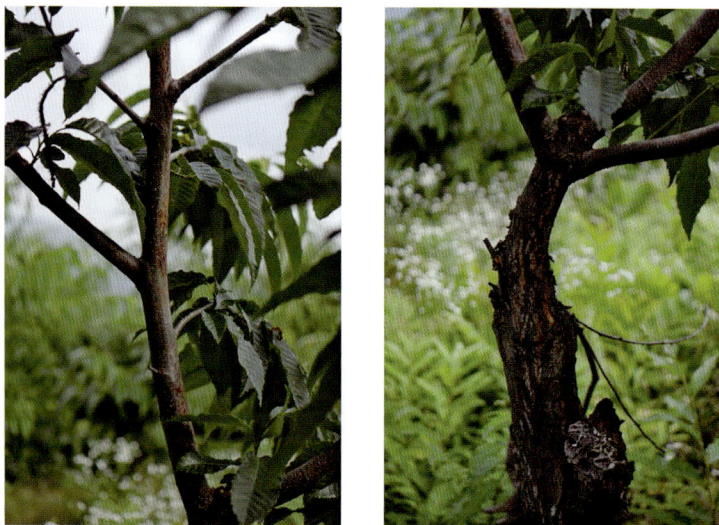

板栗干枯病症状

参考文献

［1］郑瑞杰，王德永. 辽宁省日本栗主要病虫害及防治技术［J］. 辽宁林业科技，2010，（05）：57-60.

［2］高国平，单锋，赵瑞兴. 辽宁树木病害图志［M］. 沈阳：辽宁科学技术出版社，2016.

20.1.2　白粉病 *Phyllactinia roboris*（**Gachet**）**Bium.**

发生与危害

辽宁以及全国板栗栽培区均有发生。可造成提前落叶、不能挂果或形成大量空苞。

寄主

栎、榛、栗、白蜡等80多种树木。

症状

主要为害树叶、新梢和幼芽。发病初期叶的正反面出现黄斑，随后叶片正反面上出现白色粉状霉层，后期出现褐色至黑色颗粒为子囊壳。嫩叶感病处生长停滞，叶片扭曲变形，受害严重的嫩梢枯萎，嫩芽不能展开。树叶枯黄提前脱落，造成栗树不能挂果或形成大量空苞。

病原

栎球针壳 *Phyllactinia roboris*（Gachet）Bium.。

发病规律

白粉病为真菌性病害，主要为害苗木及幼树，被害株的嫩芽叶卷曲、发黄、枯焦、脱落，严重影响生长。受害嫩叶初期出现黄斑，叶面、叶背呈白色粉状霉层，秋季在白粉层上出现许多针状，初黄褐色后变为黑褐色的小颗粒物，即病原菌的闭囊壳。病菌在落叶上越冬，于3—4月借气流传播侵染。

防治方法

（1）冬季清除落叶并烧毁，减少病源。
（2）发病期间喷0.2~0.3波美度石硫合剂，或0.5：1：100~1：1：100的波尔多液，或50%退菌特1000倍液。
（3）加强栽培管理，增强抗病能力。

参考文献

　[1] 杨霁虹，张海宾，陈礼斌，等. 豫南板栗幼树白粉病的防治研究 [J]. 信阳师范学院学报（自然科学版），1999，（04）：459-460.

　[2] 陈英林，李燕轻. 新型杀菌剂铜高尚防治板栗白粉病 [J]. 林业科技通讯，1998，（12）：12-14.

20.1.3　栗锈病 *Pucciniastrum castaneae* Diet.

发生与危害

辽宁分布于丹东等栗产区；国内分布于我国南北栗产区。该病主要为害板栗叶片和幼苗，造成早期落叶。

寄主

栗等。

症状

初期叶背散生淡黄绿色小点，叶正面相对部位呈褪绿色小点，后成黄色或暗褐色，无光泽。被害叶片于叶背上出现黄色或褐色泡状斑的锈孢子堆，破裂后散出黄色的锈孢子。冬孢子堆为褐色，蜡质斑，不破裂。严重时导致果实近熟时大量落叶，影响产量和品质。

病原

栗膨痂锈菌 *Pucciniastrum castaneae* Diet.，属于担子菌亚门。

发病规律

栗锈病病原菌以冬孢子越冬，以夏孢子进行多次再侵染。主要为害幼苗，造成早期落叶。一般于每年的 6 月底 7 月初开始发病，9 月中旬为发病盛期，感病严重植株，从 9 月下旬开始落叶。

防治方法

（1）选用抗病品种。

（2）冬季清理枯枝落叶，集中烧毁，以减少病源。

（3）药剂保护。在栗树发病前喷 1∶1∶160 波尔多液或粉锈宁 600 倍液进行预防。

（4）发现病株，立即挖出烧毁，并用 20% 的石灰水灌注周围土壤。

参考文献

［1］叶玉珠，王林伟，王淑媛，等. 板栗粉锈病初步研究［J］. 浙江林学院学报，2003（03）：104-106.

20.2　板栗虫害

20.2.1　栗瘿蜂 *Dryocosmus kuriphilus* Yasumatsu

分布与危害

辽宁以及国内板栗产区几乎都有分布，发生严重的年份，栗树受害株率可达 100%，是影响板栗生产的主要害虫之一。以幼虫为害芽和叶片，形成各种各样的虫瘿。被害芽不能长出枝条，直接膨大形成的虫瘿称为枝瘿。虫瘿呈球形或不规则形，在虫瘿上有时长出畸形小叶。在叶片主脉上形成的虫瘿称为叶瘿，瘿形较扁平。虫瘿呈绿色或紫红色，到秋季变成枯黄色，每个虫瘿上留下一个或数个圆形出蜂孔。自然干枯的虫瘿在一两年内不脱落。栗树受害严重时，虫瘿比比皆是，很少长出新梢，不能结实，树势衰弱，枝条枯死。

寄主

板栗等。

形态特征

成虫：体长 2~3mm，翅展 4.5~5mm，黑褐色，有金属光泽。头短而宽。触角丝状，基部两节黄褐色，其余为褐色。胸部膨大，背面光滑，前胸背板有 4 条纵线。两对翅白色透明，翅面有细毛。前翅翅脉褐色，无翅痣。足黄褐色，有腿节距，跗节端部黑色。产卵管褐色。仅有雌虫，无雄虫。

卵：椭圆形，乳白色，长 0.1~0.2mm。一端有细长柄，呈丝状，长约 0.6mm。

幼虫：体长 2.5~3mm，乳白色。老熟幼虫黄白色。体肥胖，略弯曲。头部稍尖，口器淡褐色。末端较圆钝。胴部可见 12 节，无足。

蛹：离蛹，体长 2~3mm，初期为乳白色，渐变为黄褐色。复眼红色，羽化前变为黑色。

生物学特性

栗瘿蜂 1 年 1 代，以初孵幼虫在被害芽内越冬。翌年栗芽萌动时开始取食为害，被害芽不能长出枝条而逐渐膨大形成坚硬的木质化虫瘿。幼虫在虫瘿内做虫室，继续取食为害，老熟后即在虫室内化蛹。每个虫瘿内有 1~5 个虫室。在长城沿线板栗产区，越冬幼虫从 4 月中旬开始活动，并迅速生长，5 月初形成虫瘿，5 月下旬至 6 月上旬为蛹期。化蛹前有一个预蛹期，为 2~7 天，然后化蛹，蛹期 15~21 天。6 月上旬至 7 月中旬为成虫羽化期。成虫羽化后在虫瘿内停留 10 天左右，在此期间完成卵巢发育，然后咬一个圆孔从虫瘿中钻出，成虫出瘿期在 6 月中旬至 7 月底。成虫白天活动，飞行力弱，晴朗无风天气可在树冠内飞行。成虫出瘿后即可产卵，营孤雌生殖。成虫产卵在栗芽上，喜欢在枝条顶端的饱满芽上产卵，一般从顶芽开始，向下可连续产卵 5~6 个芽。每个芽内产卵 1~10 粒，一般为 2~3 粒。卵期 15 天左右。幼虫孵化后即在芽内为害，于 9 月中旬开始进入越冬状态。

防治方法

（1）冬季剪除纤弱枝、病虫枝并烧毁，以消灭越冬幼虫。

（2）保护天敌跳小蜂。

（3）成虫羽化出瘿前后（6—7 月）喷 40% 氧化乐果 1000 倍液；或于 4 月上旬（栗芽发红膨大而未开放）对树枝干涂刷 40% 增效氧化乐果，可选粗约 10cm 的枝干刮去长 30cm 半圆环上的木栓层，涂刷药液约 10mL。

（4）合理地修剪，修剪量以总枝量的 20%~30% 为宜；修剪时间以 3 月中旬以后到树液流动前最好。通过修剪，当年即可消灭栗瘿蜂 50% 以上，降低枝被害率（瘤枝率）15%~20%，提高天敌指数 2~3 倍。

栗瘿蜂虫瘿

参考文献

［1］孙羽，孙琳，于薇薇，等. 栗瘿蜂发生规律与防治研究［J］. 辽宁农业科学，2014（06）：83-84.

［2］韩国生. 林木有害生物识别与防治图鉴［M］. 沈阳：辽宁科学技术出版社，2011.

20.2.2 柳蝙蛾 *Phassus excrescens* Butler

分布与危害

辽宁分布于丹东、阜新等产区；国内分布于黑龙江、吉林、内蒙古、河北、山东、江西和广西等。幼虫蛀入树干后，向下钻蛀形成坑道，坑道口常呈现环形凹陷，周围有木屑包。受害轻时树势衰弱，重时易遭风折或整株枯死。

寄主

食性很杂，可为害杨、柳、榆、刺槐、银杏、板栗和桦树等 200 多种林木，初龄幼虫取食杂草。

形态特征

成虫：体长 32~36mm，翅展 61~72mm，体色变化较大，多为茶褐色，刚羽化绿褐色，渐变粉褐，后茶褐色。前翅前缘有 7 个半环形斑纹，翅中央有 1 个深褐色微暗绿的三角形大斑，外缘有由并列的模糊的弧形斑组成的宽横带。后翅暗褐色狭小，腹部长大。雄后足腿节背侧密生橙黄色刷状毛。

卵：球形，直径 0.6~0.7mm，黑色。

幼虫：体长 50~80mm，头部蜕皮时红褐色，后变成深褐色，胸、腹部污白色。圆筒形，布有黄褐色瘤状突似毛片。

蛹：圆筒形，黄褐色。

生物学特性

一般 1 年 1 代，少数 2 年 1 代，以卵在地上或以幼虫在枝干髓部越冬。翌春 5 月中旬开始孵化，6 月上旬转向果农林木或杂草等茎中食害，8 月上旬开始化蛹 9 月下旬化蛹终了，8 月下旬羽化为成虫。羽化盛期为 9 月中旬，终见于 10 月中旬。成虫羽化后就交尾产卵。以卵越冬，部分后期孵化的幼虫，或受其他干扰发育迟缓的幼虫即以幼虫越冬。翌年在 7 月旬开始羽化为成虫，随即产卵 2 年完成 1 代。

防治方法

（1）冬天清除园内杂草，集中深埋或烧毁。

（2）4—5 月，枝干涂白防止受害。及时剪除被害枝并烧毁。幼虫从地面转移上树期，20%氰戊菊酯（茶叶上禁用）2000 倍液、40%甲氰菊酯 1000 倍液等喷洒地面树干。

（3）6—9 月，用磷化铝片或磷化铝毒签堵孔。幼虫钻入树干后进行，用药后以泥封孔口。

柳蝙蛾幼虫

柳蝙蛾成虫

柳蝙蛾为害状

参考文献

［1］国家林业局森林病虫害防治总站. 林业有害生物防治历［M］. 北京：中国林业出版社，2010.

［2］韩国生. 林木有害生物识别与防治图鉴［M］. 沈阳：辽宁科学技术出版社，2011.

20.2.3 栗实象鼻虫 *Curculio davidi* Fairmaire

分布与危害

我国各板栗产区均有分布。该虫以幼虫为害果实，是影响安全贮藏和商品价值的一种重要害虫。成虫咬食嫩叶、新芽和幼果；幼虫蛀食果实内子叶，蛀道内充满虫粪。

寄主

栗属植物，还有榛、栎等植物。

形态特征

成虫：雌虫体长 7~9mm，头管长 9~12mm；雄虫体长 7~8mm，头管长 4~5mm；黑褐色。前胸背板后缘两侧各有一半圆形白斑纹，与鞘翅基部的白斑纹相连。鞘翅外缘近基部 1/3 处和近翅端 2/5 处各有一白色横纹，这些斑纹均由白色鳞片组成。鞘翅上各有 10 条点刻组成的纵沟。体腹面被有白色鳞片。

卵：椭圆形，长约 1.5mm，表面光滑，初产时透明，近孵化时变为乳白色。

幼虫：成熟时体长 8.5~12mm，乳白色至淡黄色，头部黄褐色，无足，体常略呈"C"形弯曲，体表具多数横皱纹，并疏生短毛。

蛹：体长 7.5~11.5mm，乳白色至灰白色，近羽化时灰黑色，头管伸向腹部下方。

生物学特性

2 年发生 1 代，以幼虫在土中越冬，第 3 年 6—7 月入土化蛹，7 月上旬开始羽化至 10 月，9 月产卵盛期，产卵前在球苞上刺孔，卵产在果实基部。接近采收时在果皮上产卵，幼虫在种子内为害 1 个月，9 月下旬全 11 月上旬陆续离开种子入土越冬。被为害果实中充满灰白色或褐色粉末虫粪，虫道半圆形，果实采收后还在果内取食，幼虫共 6 龄，老熟时在果皮咬一直径 2~3mm 圆孔爬出果外入土。由于此虫在丹东板栗产区经常发生，严重影响果实质量和产量。

防治方法

（1）秋冬季耕翻栗园，破坏土室，杀死幼虫。

（2）拾净栗蓬。栗果成熟后及时采收，彻底拾净栗蓬，减少幼虫在栗园中脱果入土越冬的数量是减轻来年为害的主要措施。

（3）选择脱粒、晒果及堆果场地。脱粒、晒果及堆果场地最好选用水泥地面或坚硬场地，防止脱果幼虫入土越冬。

（4）热水浸种。栗果脱粒后用50~55℃热水浸泡10~15分钟，杀虫效率可达90%以上，捞出晾干后即可用砂贮藏。

（5）栗果熏蒸。有条件的栗果收购点，在密闭条件下用溴甲烷或二硫化碳等熏蒸剂处理，能彻底杀死栗果内的幼虫。溴甲烷每立方米用量2.5~3.5g，熏蒸处理24~48小时；二硫化碳每立方米用量30mL，处理20小时，灭虫率均可达100%。一般在正常用药量范围内对栗果发芽力无不良影响。

（6）药杀。成虫发生严重的栗园，可在成虫即将出土时或出土初期，地面撒施5%辛硫磷颗粒剂，每亩10kg，或喷施50%辛硫磷乳油1000倍液，施药后及时浅锄，将药剂混入土中，毒杀出土成虫。成虫发生期如密度大，可在产卵之前树冠选喷80%敌敌畏乳油、50%杀螟硫磷乳油、50%辛硫磷乳油1000倍液，90%敌百虫晶体1000倍液，2.5%溴氰菊酯乳油或20%杀灭菊酯油3000倍液等，每隔10天左右1次，连续喷2~3次，可杀死大量成虫，防止产卵为害。

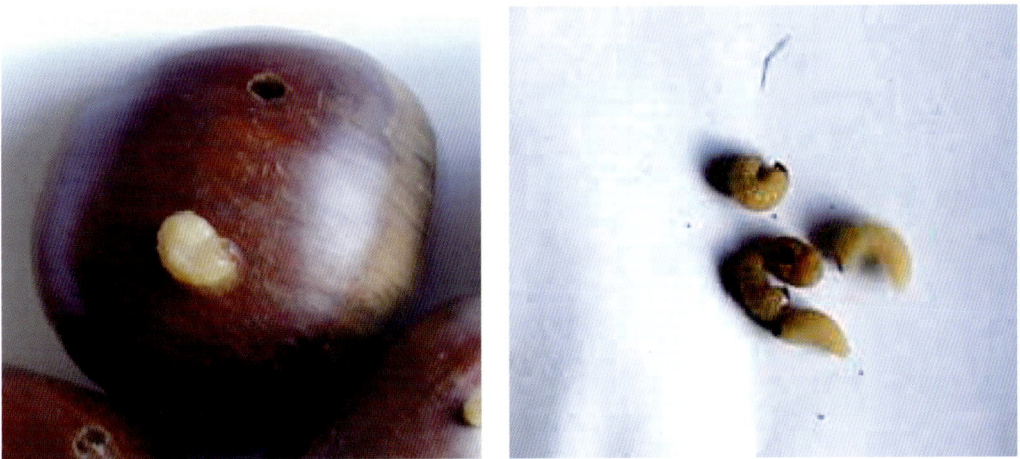

栗实象鼻虫

参考文献

[1] 国家林业局森林病虫害防治总站. 林业有害生物防治历 [M]. 北京：中国林业出版社，2010.

[2] 韩国生. 林木有害生物识别与防治图鉴 [M]. 沈阳：辽宁科学技术出版社，2011.

[3] 郑瑞杰，王德永. 辽宁省日本栗主要病虫害及防治技术 [J]. 辽宁林业科技，2010，（05）：57-60.

20.2.4　云斑天牛 *Batocera horsfieldi*（Hope）

分布与危害

辽宁分布于各产区；国内分布于东北、华北、华东、华南、西南等地区。以幼虫蛀食树干为害，被害树木树势衰弱甚至枯死。

寄主

杨、悬铃木、苹果、枫杨、桑、柳、栎、板栗、榆、女贞、核桃、山毛榉。

形态特征

成虫：体长 32~65mm，黑色或黑褐色，密被灰色绒毛，前胸背板中央有 1 对肾形黄白色毛斑，两侧有刺突。小盾片被白毛。鞘翅白斑或淡黄色形状不规则，一般排成两三纵行，由多个斑排成，白斑变异较大，有时翅中部前有许多小圆斑，有时斑点扩大呈云片状。触角鞭状，雌成虫略超出体长，雄成虫超出体长约 1/3 节。翅末端向内切，外端角略尖，内端角刺状。

卵：土黄色，稍弯。

幼虫：老熟幼虫体长 70~80mm，淡黄白色，粗肥多皱，触角短小，前胸背板前缘后方密生短刚毛 1 排，并有大小不等褐色颗粒，在前方中线处有 2 个黄白色小点，小点上各有刚毛 1 根。

蛹：长 40~70mm，淡黄白色，末端锥尖，尖端斜向后上方。

生物学特性

2 年发生 1 代，以幼虫或成虫在蛀道内越冬，翌年 4 月中旬羽化，在树皮咬产卵槽，产卵后用黏液和木屑封堵，初孵幼虫在韧皮部为害，树皮肿胀变黑，后蛀入木质部，蛀道长约 25mm，道内光滑无物。被害处树皮向外纵裂，可见丝状粪。翌年继续为害，于 8 月幼虫老熟化蛹，9—10 月成虫在蛹室内羽化，不出孔就地越冬。被害树木树势衰弱甚至枯死。

防治方法

（1）5—7 月捕杀成虫于产卵前。

（2）6—7 月刮除树干虫卵及初孵幼虫。

（3）用钢丝钩杀已蛀入树干的幼虫。

（4）从虫孔注入 80%敌敌畏 100 倍液或用棉球蘸 50%磷胺（或 50%杀螟松）40 倍液塞虫孔。

云斑天牛

参考文献

［1］韩国生. 森林昆虫生态原色图册［M］. 沈阳：辽宁科学技术出版社，2015.

20.2.5　板栗透翅蛾 *Sesia molybdoceps* Hampson

分布与危害

属鳞翅目透翅蛾科，又称赤腰透翅蛾、串皮虫，是为害栗树的主要害虫。辽宁分布于各产区；国内分布于东北、华北、华东等。板栗透翅蛾幼虫在栗树枝干韧皮部和形成层串食，破坏皮层输导组织，影响树木养分的输送，造成虫枝枯死或者全株死亡。

寄主

栗树的主要害虫，还为害栓皮栎、麻栎等树木。

形态特征

成虫：体长 14~21mm，翅展 37~42mm。翅透明，翅脉及缘毛为茶褐色或黑褐色。触角棍棒状，基半部核黄色，端半部赤褐色，稍向外弯曲，顶端具 1 束由长短不等的黑褐色细毛组成的笔形毛束。下唇须黄色。头顶由着生于颈部的 1 排刷状黄色鳞毛向前覆盖，前胸背部亦由着生于颈部的 1 排黑色羽状鳞毛向后覆盖，在肩部形成 1 个"肾"形斑。中胸背面覆有核黄色鳞毛。后胸、翅基及腹部第 2~7 节的后缘鳞毛均为黑色。腹部第 1 节前线具向后覆盖的黑色鳞毛，后缘为 1 条细而鲜亮、鳞毛向前覆盖的橘黄色横带；第 2、第 3 节具着生于前缘向后覆盖的赤褐色鳞毛；第 4 至末节前缘均具向后覆盖的橘黄色鳞毛横带。3 对足腔节均着生黑色杂有赤褐色的长鳞毛，尤以后足胫节鳞毛最发达。雄蛾略小，鳞毛较艳，尾部具红褐色毛丛。

卵：椭圆形，长约 0.8mm，初产时浅褐色，后为暗褐色，无光泽，一端稍平。

幼虫：初孵幼虫和越冬幼虫乳白色，半透明，取食后颜色变暗。老熟幼虫体长 26~42mm，污白色；头部淡栗褐色，稍嵌于前胸；前胸背板淡黄色，后缘中部有 1 个倒"八"字形褐色细斑纹。气门褐色，椭圆形；第 8 节气门较大，是第 7 节气门的 2 倍，位置亦偏向上方。胸足 3 对，粗壮，跗节褐色，尖削。腹足趾钩单序 H 横带，臀足趾钩仅 1 列。臀板淡黄色骨化，后缘有一个向前弯曲的角状突刺。

蛹：体长 14~20mm，初为黄褐色，后渐变为深褐色，羽化前呈棕黑色。蛹体微向腹面弯曲。腹部背面第 2 节有 2 横列隐约可见的微刺；第 2~6 节各有 2 横排短刺，前排粗大，后排细小；雄蛹第 7 节具 2 横排短刺，雌蛹为 1 横排短刺；第 8、第 9 节各具 1 横排短刺。腹部末端周围有 10 多个短而坚硬的臀棘。

茧：椭圆形，长 20~28mm。褐色。茧壁厚实，表面连缀木屑和粪便。

生物学特性

幼虫在枝干皮层下越冬，翌年 4 月开始活动，8 月下旬至 9 月下旬成虫羽化盛期，产卵于树干粗皮裂缝或虫道内，以地上 10~70cm 树干上最多。主要为害树干、主枝韧皮部，被害处肿瘤状隆起，皮层翘裂，伤疤经久不愈，严重时树枯死。

防治方法

（1）成虫盛发期树干喷 80% 敌敌畏 1000 倍液，杀灭成虫及初孵幼虫。
（2）找有虫粪部位刮除幼虫。
（3）80% 敌敌畏 1 份加煤油 30 份涂树干。

参考文献

［1］贾云霞. 板栗透翅蛾发生规律及综合防控措施［J］. 河北果树，2017，（01）：52-53.

20.2.6　栗红蜘蛛 *Oligonychus ununguis*

分布与危害

辽宁分布于本溪、丹东、抚顺等；国内分布于北京、河北、山东、江苏、安徽、浙江、江西等，以及世界许多国家。以幼螨、若螨及成螨刺吸叶片。栗树叶片受害后呈现苍白色小斑点，斑点尤其集中在叶脉两侧，严重时叶色苍黄，焦枯死亡，树势衰弱，栗实瘦小，严重影响栗树生长与栗实产量。

寄主

板栗、锥栗、麻栎、云杉、杉木、橡等树种。

形态特征

雌成螨体长约 420μm，宽约 315μm，椭圆形，红褐色并有褐绿色斑。须肢端感觉器顶端略呈方形，其长约为宽的 1.5 倍。背感器小枝状，较细，短于端感器。口针粗大刚毛 26 根，不着生于突起上，肛侧毛一对。背表皮纹在前足体者纵向，后半体第 1、第 2 对背中毛之间横向。雄螨体绿褐色，长约 280μm，宽约 180μm，腹部近三角形，末端尖，阳具末端与柄部呈直角，弯向腹面。越冬卵暗红，卵顶向四周有放射状纹，中央有一白色丝毛。夏卵黄白色。幼螨足 3 对，冬卵初孵幼螨红，夏卵初孵幼螨乳白色，取食后渐变为绿褐色。若螨足 4 对，绿褐色。

生物学特性

栗红蜘蛛以成虫和若虫为害叶面，使受害叶片呈苍白小点，最后呈黄褐色焦枯和早期落叶。它以卵在枝背越冬，4 月下旬至 5 月中旬孵化，5 月中旬至 7 月上旬为发生盛期。

防治方法

（1）发生期树冠喷布三氯杀螨醇 800~1000 倍液，或 40%乐果 1000 倍液。

（2）5 月上中旬以药剂涂树干，在树干基部刮 10cm 环带（仅刮去粗皮，稍露出嫩皮），涂 40%乐果 1~10 倍液或 50%久效磷 1~20 倍液，药液稍干后再涂 1 次，干后用塑料薄膜包扎。

参考文献

［1］杜拥军，阮飞虎. 栗红蜘蛛生物学特性及综合防治技术研究［J］. 陕西林业科技，2013（06）：129-130.

［2］郑瑞杰，王德永. 辽宁省日本栗主要病虫害及防治技术［J］. 辽宁林业科技，2010（05）：57-60.

21 红松果材林病虫害

21.1 红松果材林病害

21.1.1 红松根朽病 *Armillariella mellea*（Vahl ex Fr.）. Karst.

分布与危害

辽宁分布于本溪等；国内分布于东北、华北、云南、四川、甘肃、山东、北京等，能够侵染多种阔叶树和针叶树。

寄主

红松、落叶松、蒙古栎、槭树、纸皮桦、鞑靼忍冬、苹果、沼松、欧洲赤松、栎树、玫瑰、椴树属等。

症状

被害树最初在外观上无明显的变化，后期（对 20 年左右的红松来说为 1~2 年后）冠稀、色淡、针叶变细，直至全冠枯死。地际处，干基肿大，流脂，有时病皮溃烂开裂变黑。病皮碎片和流出的树脂常与土壤结成黏块，日久变硬。剥去外皮可见形成层部分有白色扇状菌丝膜，向上伸长可达 20~30cm。菌丝体在皮层下发展，破坏韧皮部、形成层和树脂道，引起溃烂和流脂病状。当形成层中养料消耗殆尽时还可进而侵染木质部边材，造成海绵状白色腐朽。病根皮层内有黄白色或褐色菌索，粗 1~2mm，由皮层内伸出根外及土壤中的根状菌索，细长、黑褐色，迷走于土壤表层中，伸向远方。在发病严重的活立木的干基部，以及 1~2 年前伐下的新伐桩，在 8—10 月，可见丛生成群的子实体，少者 3~5 个，多则 30 余个。常在一株病树、死树或伐桩周围，可观察到邻近树木也多半感染了根朽病，病害多呈团块状分布。

病原

蜜环菌（俗称榛蘑）*Armillariella mellea*（Vahl ex Fr.）. Karst.，属于担子菌蜜环菌属。

发病规律

从蜜环菌子实体上产生的大量担孢子成熟后，随气流传播，飞落在林木残桩上，在适宜的环境条件下，担孢子萌发，长出菌丝体，从树桩向下延伸至根部，又从根部长出菌索，在表土内扩展延伸，这些菌索看起来像黑色鞋带，内部组织有明显的分化。当菌索顶端接触到活立木根部时，沿根部表面延伸，长出白色菌丝状分枝，以机械和化学的方法直接侵入根内，或者通过根部表面的伤口侵入。侵入活立木根部组织的菌丝体，在形成层内延伸直达根基，然后又蔓延到主根及其他侧根内。在受害根部皮层与木质部间形成肥厚的白色伞形菌膜，并从已经死亡的根部长出新的菌索来。当菌丝体在受害林木根颈部分形成层内引起环割现象后，林木便很快枯萎死亡。

防治方法

（1）5月下旬，除去被害树干周围地表覆盖物，露出主要根系，用钻头钻出直径约0.5cm、深2cm的小洞，选用最大号注射针头，用塑料布缠住针头外侧放入小洞里，药剂选用50%多菌灵可湿性粉剂800倍液。喷洒1次75%多菌灵可湿性粉剂、熟石灰粉、65%代森锌可湿性粉剂、70%托布津可湿性粉剂、熟石灰+硫黄粉1:1防治效果较好。

（2）8月上旬，被害林分用硫酸铜200倍液、70%代森锰锌800倍液、5%百菌清800倍液喷洒1次。除去被害树干周围地表覆盖物，尽量多露出根系，树干周围用土围好，避免药液流出，用50%多菌灵可湿性粉剂800倍液浇灌树干根系。

红松根朽病为害状

引起红松根朽病的蜜环菌菌丝、子实体与菌素

参考文献

［1］李忠荣，李文光. 松根朽病的防治［J］. 林业勘察设计，2010（4）：92.

［2］武兰义，任凤伟，张凤杰，等. 红松人工林主要病虫害种类及营林治理技术［J］. 辽宁林业科技，2006（5）：16-18，25.

［3］董双波，曹月平，朱宝珠. 勃利县红松根朽病防治技术的研究［J］. 防护林科技，2011（5）：36-37.

［4］鞠国柱，项存悌，季良杞，等. 红松根朽病的研究［J］. 东北林学院学报，1979（2）：49-56.

［5］宋微. 种子园落叶松、红松根朽病综合防治技术的研究［D］. 哈尔滨：东北林业大学，2003.

21.1.2 红松烂皮病 *Cenangium ferruginosuw* Fr.

分布与危害

辽宁分布于本溪、丹东、抚顺等；国内分布于黑龙江、吉林、山东、江苏、河北等，国外分布于英国、美国、德国、日本、荷兰等国家，是一种枝干部传染病。在东北三省人工红松林内普遍发生，该病多发生在15年以上，造林密度较大的林分。枝干部发病时，皮下腐烂和木质部分离，患病绕树一周时，自侵染部位往上呈干枯病状；干部患病，久病部凹陷流脂，皮下粗糙发软，年久形成瘪干，树干枯死。导致立木腐朽，易遭风折，重者引起全株枯死，给林业生产造成一定的损失。

寄主

红松、黑松、赤松、油松、窄果松、小干松、欧洲黑松、海岸松、美国黄松、火炬松等 25 种松树。

症状

该病多发生在密度大、生长弱的林分，侧枝或树干发病时，初期病部表皮无明显变化。病部以上的针叶渐变黄绿色、灰绿色及至红褐色。这时病斑已形成环状烂皮并伴有大量树脂溢出。剥开皮层，韧皮部呈黄褐色腐烂。受害部位因失水收缩起皱最后枯死。干部染病部位，多发生在枯枝基部的干皮上，如患病处停止烂皮，在病健交界处可见突破烂皮长出的愈伤组织。大量枯死症状显于 5 月中旬。6 月下旬在病皮上，可见突破表皮外露的褐色瘤状物，即有性子实体，9、10 月发育成明显的子囊盘。翌年 5 月下旬子囊盘成熟后呈高脚杯状。该病还可造成树干畸形，病部又成为其他木腐菌、虫害的侵入门户，导致立木腐朽，易遭风折，重者引起全株枯死。

病原

此菌属盘菌纲的松铁锈薄盘菌 *Cenangium ferruginosuw* Fr.

发病规律

该菌以未成熟的子囊盘及菌丝在病皮上越冬。翌年 5 月下旬，在病枯枝干上越冬的子囊盘逐渐成熟释放子囊孢子。子囊孢子借风传播、侵染，发展为闭合环状烂皮的病枝干，翌年 5 月呈枯死状，到 6 月下旬逐渐形成子实体，9、10 月子实体发育为明显的子囊盘，又以未成熟的子囊盘越冬。该菌子囊孢子的传播期为 5 月下旬至 6 月下旬。传播高峰出现于 6 月中下旬，传播时间较集中。孢子传播的多少与降雨量、林内空气和相对湿度关系密切。降雨量大，林内空气湿度高，孢子传播的数量就多。反之干旱天气孢子就停止传播。

防治方法

（1）3—4 月，当幼林郁闭后，及时修枝、间伐、清除病枝、病树和清理林内杂草，使林内通风、透光、降湿，可维持 3~5 年，坚持到下一次抚育。

（2）5 月上中旬，35%汽油焦化腊溶液涂干，病变部位可明显好转，子实体全部脱落，肿胀部位明显消瘦，裂缝愈合，停止流脂，长出新皮。

（3）5 月下旬至 8 月，重病林分，可在孢子传播高峰期施放杀菌烟剂来控制侵染。并在适宜防治适期清除病皮，以 1%氢氧化钠+25%石灰水或 10%百菌清油剂+松焦油 1:1 药液涂于患部，可收到明显防治效果。

（4）认真防治松大蚜和松干蚧等害虫，减少伤口，避免病菌侵染。

红松烂皮病

参考文献

[1] 魏作全，石宝荣，黎明，等. 红松烂皮病防治技术研究［J］. 沈阳农业大学学报，1993，24（4）：317-320.

[2] 张殿仁，杨玉林，尹文光，等. 红松烂皮病的研究［J］. 吉林林业科技，1992（4）：25-29.

[3] 齐兴武，张海宽，刘进财. 红松烂皮病的防治试验［J］. 林业科技，1982（4）：21-22.

[4] 魏作全，黄桂菊，黎明，等. 红松烂皮病病情及发病规律的研究［J］. 沈阳农业大学学报，1991，22（4）：296-301.

[5] 王云章，王永民，任玮，等. 中国森林病害［M］. 北京：中国林业出版社，1984：40-41.

21.1.3　红松立枯病 *Rhizoctonia solani* Kuhn

分布与危害

辽宁分布于本溪、丹东、抚顺等；国内分布于黑龙江、吉林等，主要为害松树幼苗。松苗立枯病又称苗木猝倒病，是苗圃中针叶树苗木常见且危害严重的传染性病害。幼苗被害后，死亡率很高。东北地区该病害发生十分普遍。

寄主

红松、樟子松、黑松、赤松、落叶松属等树种。

症状

种芽腐烂型：播种后，种子发芽出土前被病菌侵入，病菌破坏种芽的组织，引起腐烂，苗床上常发生缺苗断条现象。

猝倒型：幼苗出土后扎根时期，由于苗木茎部尚未木质化，外表未形成角质层和木栓层，病菌自根茎侵入，产生褐色斑，病斑扩大呈水渍状。病菌在苗颈组织内蔓延，破坏苗颈组织，使苗木迅速倒伏，是典型的幼苗猝倒症状。

茎叶腐烂型：幼苗出土后，由于苗木过密或空气湿度过大，被病菌侵染，幼苗常茎叶黏结，使茎叶腐烂，出现白毛状丝，造成苗木萎蔫死亡。

立枯型：苗木木质化后，根皮和细根感病后，组织腐烂、坏死，使地上部分失水萎蔫，但直立不倒伏。拔起病苗时，根皮脱落留于土中。

病原

红松立枯病病原为 *Rhizoctonia solani* Kuhn，*Pythium* spp. 和 *Fusarium* spp.。

发病规律

病原菌一般以菌丝和厚壁孢子在多种寄主的残体上及土壤中越冬，靠菌丝蔓延于行株间而传播。天气不良和管理不当，致使红松苗生机衰弱，各种弱寄生菌乘虚而入。低温阴雨，光照不足是引起红松立枯病的重要因素，其中尤以低温影响最大。在阴雨天，病菌能从气孔直接进入根部。病菌先侵染根部，立枯丝核菌以菌核在植物病残体上以菌丝形式度过不良的环境条件。当土壤温度达到 15~18℃ 时，菌丝开始生长。气温升至大约 30℃，夜间温度在 21~24℃ 或更高时，病菌能明显地侵染叶片。

防治方法

（1）3—4 月，播种前后用代森锌 4g/m²、硫酸亚铁 30g/m²、敌菌灵 2g/m²、40%拌种双，用药量 6~8g/m² 对土壤进行消毒，能较好地控制种芽腐烂和猝倒型立枯病的发生和为害。

（2）5 月中旬，红松出苗后发病时，可喷施化学药剂霉灵 D +72%农用硫酸链霉素 WP 或 35%甲霜灵 BS+72%农用硫酸链霉素 WP 对红松立枯病有较高防效。药液每隔 10 天左右施用 1 次，共 2~3 次，可抑制病害的发展。经 25g/L 咯菌腈 FS 处理的红松种子，其出苗率比不经过处理的红松种子出苗率有明显提高。

（3）药剂防治。防效较好的药剂有：50%咯菌腈 WP，50 %异菌脲 WP、50%乙烯菌核利 WG、75%百菌清 WP、25%丙环唑 EC 、50%福美双 WP、70%代森锰锌 WP、80%代森锌 WP、68%精甲霜灵 WG、64 % 霜灵 WP、40%嘧霉胺 SC。

猝倒型　　　　　　　　　　　　　立枯型

参考文献

［1］张立军，王佰平，倪田波，等. 红松立枯病的发生规律及防治技术［J］. 农业与技术，2008，32（9）：116.

［2］于宗宝. 红松常见病虫害防治［J］. 农业科技与装备，2014（8）：14-16.

［3］吴友三，高雅，顾嗣芳，等. 松树立枯病的研究［J］. 植物保护学报，1963，2（2）：179-186.

［4］佟颖. 松苗立枯病及其防治［J］. 吉林林业科技，1979（2）：117-120.

21.1.4 红松落叶病 *Lophodermium maxium* B. Z. He et Yang

分布与危害

辽宁分布于本溪、丹东、抚顺等；国内的黑龙江、吉林、陕西、贵州也有分布，为害红松人工林和苗木，引起红松落叶病。

寄主

红松、华山松。

症状

该病通常为害2年生针叶，有的1年生针叶也可受害。感病针叶5月上旬开始显现灰绿色，随之出现淡黄色多呈半透明状的褪绿斑，以后逐渐变为黄褐色至红褐色，远望红松林似火烧状。受害针叶于5月中旬开始落叶，5月下旬到6月上旬为落叶盛期。落地针叶最早于6月中旬出现灰色或灰黑色的船形子囊盘，7月上中旬为子囊盘形成盛期。翌年春季，感病针叶上产生较大的、黑色或灰色、长椭圆形或椭圆形突起的粒点，具油漆光泽，中央有一条纵裂缝，为病原菌的子囊盘。有的病叶枯死而不脱落，并于其上产生子实体；还有的针叶仅上部感病枯死，也产生子实体，下部仍保持绿色。

病原

大散斑壳菌 *Lophodermium maxium* B. Z. He et Yang，隶属子囊菌亚门、盘菌纲、星裂盘菌目、散斑壳属。

发病规律

病原菌以病叶中菌丝或子囊盘越冬，翌春子囊孢子继续发育成熟后释放，随风传播，通过气孔侵入或表皮直接侵入。该病害的病原菌子囊孢子开始飞散期在每年4月下旬至10月上旬，盛期在5月下旬至8月上旬。子囊孢子6月下旬即可成熟开裂，散放子囊孢子，随后子囊盘成熟开裂比例急剧增加，至7月下旬达到高峰，以后逐渐减少。翌春气温回升，前一年落地的针叶未成熟的子囊盘仍可继续发育，待成熟后可继续开裂，飞散出子囊孢子。所以，子囊孢子的飞散盛期恰是新生针叶的生长期，因此，这段时间为红松落针病的侵染期。

红松落针病的发生，先从树冠下部枝叶开始，逐渐向上蔓延，距离地面越近被害越重。随时间的延续、气温的升高、湿度的增加，逐渐向树冠中上部发展，直至整株针叶全部枯黄脱落。树势强、生长旺盛的林分发病轻，生长矮小衰弱的林木发病严重。感病程度随海拔增高、林龄增加而下降，随林分密度增大而上升。林分一旦感病，病情逐年加重，对红松生长产生显著影响。

防治方法

（1）造林时避免营造大面积人工纯林，要适地适树、合理密度，合理搭配树种，营造混交林。对未发病的林分要定期抚育，以改善林内卫生状况，增强透光通风，提高林分的抗病能力。对发病的林分要及时修枝或伐除重病株，以控制侵染源，防止病害的扩散蔓延。

（2）4 月中下旬，病害发生初期，可向苗木喷波尔多液（1∶1∶100），保护新老针叶，要严格控制病苗外运和上山造林。

（3）5 月中旬至 8 月上旬，子囊孢子飞散盛期，使用 7.5kg/hm² 硫黄烟剂、45%代森胺 200～300 倍液、65%代森锌 500 倍液、百菌清防治落针，可获得较好的防治效果。

红松落叶病

参考文献

［1］郭锡华，高国平，崔瑞业，等. 红松落针病及其防治技术的研究［J］. 林业科技通讯，1987（5）：10-11，27.

［2］冯斌，关晓铎，王学文. 红松落针病的烟剂防治［J］. 辽宁林业科技，1997（5）：42-44.

［3］宋玉双，何秉章，王福生. 我国松落针病研究的新进展［J］. 森林病虫通讯，1994（2）：42-46.

［4］原戈，贾云，齐乐贤，等. 红松落针病流行规律及最佳防治期的确定［J］. 东北林业大学学报，1988，16（6）：14-25.

21.1.5 红松疱锈病 *Cronartium ribicola* J. C. Fischer ex Rabenhorst

分布与危害

辽宁分布于本溪、丹东、抚顺等；国内分布于黑龙江、吉林、内蒙古、河北、河南、安徽、山东、山西、湖北、陕西、四川、甘肃、青海、宁夏、新疆、云南、贵州等。主要为害红松，是红松毁灭性病害。

寄主

红松、北美乔松、美国五针松、西伯利亚红松、美国白皮松、大枝松、糖松、日本松、兰松、日本五须松、台湾白松。

症状

发病初期，树皮会出现肿胀，还伴有裂纹产生。在东北特有的马先蒿类植物以及茶藨子植物上发生转移。生病的树木一旦出现黄色粉末状的锈孢子，就会通过风力进行传播，对东北的马先蒿和茶藨子植物进行侵染，之后这些植物的孢子再向红松进行侵染，这样就会产生循环侵染，传播的速度非常快。

病原

病原菌茶生柱锈菌 *Cronartium ribicola* J. C. Fischer ex Rabenhorst，属担子菌亚门冬孢菌纲栅锈菌科柱锈菌属。

发病规律

红松疱锈病多发生在 20 年生以下红松的枝干部位，特别在红松生长 10 年左右发生红松疱锈病最为严重，在每年 9 月中旬至 11 月中旬左右发生红松疱锈病的感染初期，表现为树木枝干部位的树皮发生肿胀，感染病害的红松树皮表面有淡黄色蜜滴出现，内含大量孢子，在翌年 4 月下旬至 6 月中旬病部产生很多杏黄色、后期呈灰白色或白色的泡状物，这叫锈孢子囊。囊成熟破裂后散发出黄粉状的锈孢子。感染红松疱锈病的红松树冠常呈扫帚状，一般连续发病 2~3 年枯死。红松疱锈病的黄粉状锈孢子可以借风力传播，在地势低、湿度较大的红松林内发生概率较高。

防治方法

（1）2—4 月，应用松焦油+柴油（1：1）在春季刮涂防治轻病株，可收到显著的治愈和控制效果。但组织中的菌丝仍有部分存活，翌年仍可产生锈子器。托布津、粉锈宁等涂干防效较好。

（2）5—7 月，用粉锈宁、多菌灵和硫黄胶悬剂等防治红松疱锈病，且刀砍法、针刺法、钢刷法再涂药效果更好。

（3）20 年生红松人工林经营密度以 1700 株/hm² 左右为宜，既能降低疱锈病害的发生，又能促进林木的生长，对林分密度为 2000 株/hm² 的林分，应进行 20%～30%强度的间伐。

（4）大多数红松疱锈病斑发生在距地 1m 以内的侧枝或枝基，并由此蔓延至主干。修除 1.5m 以下侧枝是控制病菌蔓延促进林木健康生长的有效措施。

（5）7 月中下旬用波尔多液、代森锌等保护剂向红松的松针上喷雾，可以积极预防担孢子的侵染，保护苗木健康。

红松疱锈病林间为害状

参考文献

[1] 胡红莉. 五针松疱锈病国内研究概况 [J]. 西南林学院学报, 2004, 24 (4): 73-78.

[2] 钟建文, 孙丽娟, 赵经周, 等. 红松疱锈病防治指标的研究 [J]. 东北林业大学学报, 1991, 19 (5): 26-32.

[3] 于宗宝. 红松常见病虫害防治 [J]. 农业科技与装备, 2014 (8): 14-16.

[4] 钟建文, 孙丽娟, 王世忠, 等. 红松疱锈病综合防治技术的研究 [J]. 东北林业大学学报, 1990, 18 (5): 89-95.

21.2 红松果材林虫害

21.2.1 松大蚜 *Cinara pinitabulaeformis* Zhang et Zhang

分布与危害

辽宁分布于本溪、丹东、抚顺等；国内分布于内蒙古、河北、河南、山东、山西、陕西、宁夏和华南地区；朝鲜、日本及欧洲。从 1~2 年生的幼树到几百年生的过熟林均被为害，吸食 1~2 年的嫩梢或幼树的干部。严重发生时，松针尖端发红发干，针叶上也有黄红色斑，枯针、落针明显。盛夏，在松大蚜的为害下，松针上蜜露明显，远处可见明显亮点，当蜜露较多时，可沾染大量烟尘和煤粉，当煤污积累到一定的程度时，松树可得煤污病，影响松树生长。

寄主

寄主包括红松、油松、赤松、樟子松、马尾松。

形态特征

成虫：松大蚜分为有翅蚜型和无翅蚜型。

无翅蚜：雌无翅蚜是繁殖的主体。它头小，腹大，黑褐色，体长 3~4mm，宽 3mm，近球形，腹 9 节，头 5 节渐宽，较腹硬，后 4 节渐窄为软腹。触角刚毛状，6 节，第 3 节较长。复眼黑色，突出于头侧。秋末，雌成蚜腹末被有白色蜡粉。

有翅蚜：雄蚜腹部窄，雌蚜腹部宽，但窄于无翅蚜。翅透明，在两翅端部有一翅痣，头方圆形，大于无翅蚜，前胸背版有明显圆环和水 "X" 形花纹。触角长 1.5mm，嘴细长，可伸达腹部第 5 节。

卵：长 1.3~1.5mm，黑绿色，长圆柱形。两卵间有丝状物连接，多由 7~15 个卵整齐排列在松针叶上，有时可发现白色、红色、灰绿色卵粒。初产白绿色，渐变为黑绿色。不太饱满卵中部有凹陷，卵上常被有白色蜡粉粒。

若蚜：松大蚜若虫有卵生型和胎生型，它们的形态多相似于无翅雌蚜，只是体形较小，初孵化若虫淡棕褐色，体长为1mm，4~5天后变为黑褐色。腹全为软腹，喙细长，相当于体长的1.3倍。

生物学特性

松大蚜以卵在松针上越冬。在辽宁，4月下旬或5月上旬若蚜开始孵化。刚孵化出的若蚜多在松梢的松针基部刺吸为害，逐渐向枝干上扩展。4月中旬出现无翅雌成虫，这类第一次出现的雌成虫称"干母蚜"，经3~4天"干母蚜"由棕色渐变为黑褐色，并开始进行孤雌生殖，胎生繁殖小若蚜，若蚜长成后继续胎生繁殖。无翅雌蚜是繁殖的主体。6月上旬出现有翅胎生雌蚜，但数量少，密度不足10%，有翅雌蚜可以到处迁飞，扩散和孤雌繁殖，它一次可胎生若蚜10多头，陆续可产若蚜30多头，到6月中下旬第2代胎生若蚜时，有翅胎生雌蚜明显增多，密度可达30%左右。此时是松大蚜为害的最严重季节。从4月中旬到10月上旬期间，可以同时看到成虫和各龄期的若虫为害，5—6月和9—10月为害最为严重。10月中下旬出现性蚜（有翅雄、雌成虫），此时雌成虫腹末生出白色蜡粉。成虫交配后，于11月初雌蚜产卵在松针上，并把蜡粉涂抹到卵粒上加以保护。卵常8粒，偶有9粒、10粒等，最多22粒，整齐排列在松针上越冬，两卵之间有丝状物连接。产卵后，雌蚜虫不离开松树，而是潜伏在松针上，能耐-4℃以上的低温，最后死在松针丛中。

防治方法

（1）人工防治。冬季剪除附卵针叶，集中烧毁，消灭越冬虫源。干旱时，如虫害发生不太严重，可用高压水枪喷射一定压力清水冲刷虫体进行集中防除。

（2）农业防治。坚持科学规划，适地适树，选良种壮苗进行栽植，避免从蚜虫发生严重地区引苗栽植，确保新植松树苗木不带或少带越冬卵，减少虫源；营造混交林，提高森林生态系统稳定性，降低虫害风险；合理密植，改善松树通风透光条件，提高树体抗性；加强栽后抚育管理，尤其是幼龄林，要科学肥水，增强树势，提高树体抗病虫害能力。

（3）生物防治。利用松大蚜的天敌七星瓢虫、异瓢虫、二星瓢虫、星集瓢虫。当松大蚜虫口密度达到一定程度，通过昆虫的信息反应，瓢虫便会被吸引来。瓢虫是成虫和幼虫都食蚜虫的昆虫，七星瓢虫1年可繁殖4~5代，每雌虫可产卵50多粒，最多可产卵2000粒。每日成虫可食蚜虫150头，幼虫可食蚜虫130头。异色瓢虫成虫日食蚜虫量可达100~200头。

（4）化学防治。越冬代卵初孵若虫的防治，当卵初孵若虫达到 50%~70% 时，连续喷 3 次药剂进行防治，效果非常好。为害期防治，蚜虫繁殖快、世代多，用药易产生抗性，建议用复配药剂或轮换用药。可用 50% 久效磷乳油 1000 倍液、20% 氰戊菊酯乳油 3000 倍液、10% 吡虫啉可湿性粉剂 1000 倍液、或 50% 啶虫脒水分散粒剂 3000 倍液、或 40% 啶虫·毒乳油 1500~2000 倍液，或啶虫脒水分散粒剂 3000 倍液 +5.7% 甲维盐乳油（国光乐克）2000 倍混合液喷雾防治；公园、街道、广场等公众场所可用植物源农药 1% 苦参碱可溶性液剂 1000 倍液或 1.2% 烟碱·苦参碱乳油 1500 倍液喷雾防治。防治时建议在常规用药基础上适当缩短用药间隔期，连用 2~3 次。对被有蜡粉的蚜虫，施药时最好加 1‰ 中性肥皂水或洗衣粉，提高防效。对林木的平均高度 8m 以上，且郁闭度大的林分，可利用烟雾机，采用 4.5% 的高效氯氰菊酯与 25% 的灭幼脲混用，每亩用氯氰菊酯为 1000 g，灭幼脲 500g，进行喷烟防治。

松大蚜

松大蚜为害红松嫩梢（松针尖端发红）

松大蚜为害红松幼树的干部

松大蚜为害红松致枯针落针

参考文献

[1] 任月刚，崔建业，李耀辉. 松大蚜的生活习性及综合防治措施 [J]. 内蒙古林业科技，2001（增刊）：122.

[2] 李晓华，高蓓. 松大蚜生物学特性及其防治技术 [J]. 陕西林业科技，2005（4）：35-36.

[3] 方三阳，孙江华，金永顺. 红松大蚜的形态特征和生物学观察 [J]. 山东林业科技，1987（1）：45，47-48.

21.2.2　中穴星坑小蠹 *Pityogenes chalcographus* Linnaeus

分布与危害

辽宁分布于本溪、丹东、抚顺等；国内分布于黑龙江、吉林、内蒙古、上海、四川和新疆等；国外分布于朝鲜、韩国、日本、蒙古和欧洲。该虫在辽宁省、黑龙江省为害红松，在 1 株 20 年生红松上的虫口可达数千头。在欧洲，中穴星坑小蠹是挪威云杉上危害最严重的害虫之一。

寄主

寄主包括云杉属，少见于其他针叶树类群，如松属、冷杉属和落叶松属。国内报道的寄主为云杉、红皮云杉和红松。

形态特征

成虫：体长 1.4~2.3mm，圆柱形，初期淡黄色，后变褐色，少毛，无光泽。眼椭圆形，眼前缘中部无缺刻。触角锤状部正圆形，共 3 节，触角鞭节 4 节。雄虫额面上部突起，下部平凹，底面光滑；中隆线不明显。额面的刻点微小突起成粒均匀散布；额毛细长舒展。雌虫额面正中有一扁圆形陷坑，陷坑以下额面微突，底面颜色浅淡，呈黄褐色，上面遍生微毛，茸茸细密，颇似天鹅绒，额下外侧和额中陷坑外侧生少许长毛；陷坑上部额面平展，颜色深黑，散布着圆小刻点，点心生短毛，疏散下垂。

卵：长约 0.7mm，宽约 0.5mm，近圆形，乳白色，底部稍扁平，表面光滑光亮。

老熟幼虫：体弯曲长约 2.6 mm，乳白色。体表有稀疏的小毛，并密布微小的突起。口器颜色稍深，淡黄褐色。

蛹：长约 2.6mm，乳白色，鞘翅向两侧分开，鞘翅末端在腹面相交，腹背每节有较大的突起，突起上有数根小刺，腹面末端有两根较大的刺突，刺端淡黄色。

生物学特性

该虫每年发生 1 代或 2 代，以成虫越冬。翌年 5 月中旬是越冬成虫活动时期，5 月 20 日左右开始侵入为害新的立木。5 月下旬至 6 月上旬是成虫产卵期，该虫的虫态在每一阶段都不很整齐，6 月是幼虫期，6 月下旬有一部分幼虫化蛹，7 月上旬就开始羽化新成虫，7 月中旬是成虫羽化盛期，8 月以后是成虫期直至越冬。该虫在红松人工林抚育卫生伐下的侧枝上可以完成第 2 代繁殖。第 2 代 7 月中旬侵入并产卵，7 月下旬个别卵已孵化，8 月是幼虫期，8 月中旬有一部分化蛹，8 月下旬可见羽化的新成虫，9 月上旬多数羽化为成虫，中旬几乎全是成虫，个别有蛹和幼虫。

该虫侵入为害新的立木时，雄虫先在树皮的叶痕处蛀一圆形直径约 0.9mm 的侵入孔，侵入孔倾斜，并在侵入孔的外侧经咬食树皮下的韧皮层和边材扩展呈一规则的交配室，交配室宽约 5mm，长宽较接近。然后雄虫时常把腹部堵在侵入孔中招引雌虫，而后雌虫进入交配室交配后，雌虫按不同的方向蛀食韧皮部和边材成母坑道。而雄虫忙于从侵入孔往外清除蛀屑，木屑红褐色和白色（边材），蛀屑堆在侵入孔周围呈漏斗状由树皮向外伸出，侵入孔外部围有粪便、松脂及木屑。雄虫从侵入孔推出木屑时，时而用腹末端堵在孔中，时而用腹末端的毛和鞘翅的凹面倒退着把蛀屑推出，孔表面堆满褐色和白色的蛀屑时，雄虫把尾部从孔中伸出，逆时针或顺时针方向转几圈，把木屑扩散到孔的边缘，使孔露出。雌虫蛀食的母坑道长 10~41mm，宽约 1.1mm，母坑道 2~4 个，有的母坑道常使一交配室与另一交配室相通，交配室相距约为 16~33mm，母坑道内非常清洁，畅通无阻，在长约 13、16、18、21mm 不等长处有一圆形通气孔，孔表面很薄，从外表不易看到，从树皮里向外看透明。母坑道多数略弯曲，在交配室的不同方向呈辐射状。雌虫在母坑道两侧以不等距离咬一长、宽约 0.8mm 的半圆形卵室，卵室在两侧的数量有显著的差别，一侧较密可达 18 个，另一侧少则 1 个，多则 6 个，数量不等。中穴星坑小蠹通常侵害树干中下部，蛀孔位置一般在较薄的树皮（通常 2~4mm）处。长势弱的低龄植株若被侵害，有死亡的危险。此外，雄虫产生聚集信息素，吸引大量其他雄虫和雌虫聚集成群，侵害健康植株，造成树势明显衰弱。成虫钻蛀时将真菌孢子传播至寄主植物内部以供幼虫取食。同时，传播的真菌也降低了树木产生树脂进行自我保护的能力，有助于成虫和幼虫钻蛀。该虫大量发生，造成树势显著衰弱，也会引来其他小蠹为害，如在为害云杉时可同时发生云杉八齿小蠹 *Ips typographus* Linnaeus。另外，该虫在风倒木或者林地搁置的大量新鲜木材上更易大量聚集为害，对韧皮部损害严重，大大降低木材质量。瑞典报道在 1995 年飓风过后的 2 年间，中穴星坑小蠹对挪威云杉风倒木为害率分别为 21% 和 44%。

防治方法

（1）及时彻底清除林内小蠹虫是控制扩大为害的十分有效的措施，采取如上措施最好在 5 月下旬至 6 月中旬进行，因此时小蠹虫不在外部活动，用专人清除后集中用火烧烤消灭虫源。

（2）对红松人工林疱锈病发生的地区要进行一次普遍调查，一旦发现要及时处理，以免虫源扩大。

（3）根据中穴星坑小蠹雄虫释放聚集信息素的生物学特性，可使用人工合成信息素诱芯配套诱捕器的方法进行防治。具体实施方法为在成虫扬飞前，将中穴星坑小蠹信息素诱芯及配套诱捕器（三角形诱捕器、船型诱捕器或桶型诱捕器）悬挂于林间 1.5~2m 树干上。使用人工信息素诱芯诱捕中穴星坑小蠹节能环保，可有效降低小蠹成虫交配率，减少子代幼虫的发生量，保护寄主免受虫害。

中穴星坑小蠹为害的红松幼树林

中穴星坑小蠹为害红松幼树初期及致死

中穴星坑小蠹成虫羽化孔及流脂

中穴星坑小蠹为害流脂

中穴星坑小蠹成虫与为害状

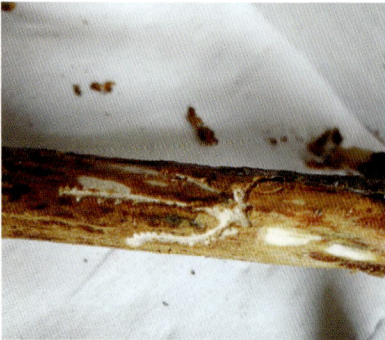

中穴星坑小蠹坑道

中穴星坑小蠹成虫、幼虫与坑道

参考文献

［1］殷惠芬，黄复生，李兆麟. 中国经济昆虫志第二十九册（鞘翅目：小蠹科）［M］. 北京：科学出版社，1984：121 - 123.

［2］蒋玉才，王树林. 中穴星坑小蠹的调查研究［J］. 辽宁林业科技，1989（2）：39 - 41.

［3］Hedgren P O. The bark beetle *Pityogenes chalcographus*（L.）（Scolytidae）in living trees：reproductive success, tree mortality and interaction with *Ips typographus*［J］. Journal of Applied Entomology，2004，128：161 - 166.

21.2.3 红松球果螟 *Dioryctria abietella* Denis et Schiffermüller

分布与危害

又称冷杉梢斑螟，辽宁分布于本溪、丹东、抚顺等；国内分布于黑龙江、吉林、北京、陕西、江苏、浙江、湖北、湖南、广东、四川等；国外分布于捷克、波兰、芬兰、俄罗斯、美国、加拿大、朝鲜、日本等。以幼虫为害嫩梢、干部和球果。幼虫蛀入主干嫩梢蛀食木质部，排出白色木屑及褐色虫粪，表面不流脂。或者幼虫为害嫩梢轮生枝基部的韧皮部，流出的大量松脂和红褐色虫粪粘在一起，形成一个大瘤包。为害干部时，从修枝或机械碰伤的伤痕处侵入，被害部流脂，形成瘤包。或者从受病害侵染的衰弱木的病斑处侵入，特别是红松疱锈病的病斑，形成瘤包。从球果的中下部侵入，被害部位流出白色透明的松脂，并排出红褐色的虫粪。

寄主

寄主树种有红松、冷杉、马尾松、湿地松、火炬松、云杉、西伯利亚红松、太平洋银杉、加勒比松、银杉等。

形态特征

成虫：体长 10~15mm，翅展 24~32mm，头、胸、腹部呈灰色，前翅狭长，灰褐色，有两条明显的弯曲的淡色横线，中室端有一明显的肾形白斑，后翅淡褐色，无花纹。

卵：椭圆形，两侧向中间凹陷，形如小米粒，0.7~0.9mm，初产为乳白色，后渐变为樱桃红色。卵具不规则排列许多红点，透过卵壳明显可见。

老熟幼虫：体长 12 ~27mm，头及前胸背板褐色，胸部背线及亚背线暗色。胸部腹面粉红色或淡绿色，各体节上散布着对称的大小黑色毛瘤，上长刚毛 1 根，前胸气门前骨片上有 2 根毛。幼虫色泽变化较大，幼龄幼虫为乳白色，渐变为粉红色、淡褐色、黑色，老熟幼虫漆黑色。

蛹：红褐色，长 10~17mm，宽 3mm，羽化前黑褐色，尾端有 6 根钩状臀棘，中央 4 根靠近，两侧两根距离较远。

生物学特性

红松球果螟在黑龙江伊春林区每年发生 1 代，以老熟幼虫越冬，越冬幼虫翌年 5 月上旬开始活动，直至 6 月中旬仍有越冬幼虫。5 月中旬开始化蛹，7 月下旬为化蛹末期，6 月上旬羽化，7 月下旬为羽化盛期，8 月上旬为羽化末期，羽化期约 2 个月。6 月上旬发现卵，7 月中旬为产卵盛期，8 月上旬为产卵末期。幼虫于 6 月中旬开始孵化，6 月下旬至 7 月上旬是为害盛期，8 月中旬开始进入越冬期，直至 9 月下旬幼虫全部离开球果，进入树梢越冬。红松球果螟幼虫期约 3 个月，此虫生活史极不整齐，6 月中旬至 7 月下旬有各龄期幼虫、蛹、成虫、卵。

防治方法

（1）冷杉梢斑螟的防治应以营林措施为主，即在营造红松林时，以林冠下造林为好，而且在进行透光抚育时，应始终保持一定数量的阔叶树，并将郁闭度控制在 0.8 以上，可有效地抑制红松球果螟的发生。

（2）在春秋两季，剪除有虫枝，并集中烧毁。

（3）加强天敌的保护和利用。

（4）7 月中旬，初龄幼虫期间，用 40% 氧化乐果 2 倍液涂干，3% 呋喃丹于干基挖沟施药，效果尚佳。

红松球果被害状

红松球果螟幼虫与为害状

参考文献

［1］陆文敏，田丰，罗瑞聪. 冷杉梢斑螟研究初报［J］. 林业科技，1990（6）：15-16.

［2］姚远，齐恒玉，唐立斌. 松果梢斑螟研究初报［J］. 东北林业大学学报，1996，24（1）：107-110.

［3］李淑华，李晓坤，顾喜光. 天然红松林卫生清理后红松球果螟危害及动态［J］. 林业科技，1996（6）：21-22.

［4］于大志，闫德发，许玉军，等. 冷杉梢斑螟生物学特性及防治技术的研究［J］. 林业勘查设计，2005（4）：51-53.

21.2.4 红松球蚜 *Pineus cembrae pinikoreanus* Zhang et Fang

分布与危害

辽宁分布于本溪、丹东、抚顺等；国内分布于黑龙江、吉林。该虫以为害幼树的顶梢为主，被害幼树生长迟缓，干旱年份甚至可以使幼树死亡。

寄主

红松、鱼鳞云杉。

形态特征

干母：1龄干母体长约0.5mm，黑色，卵圆形，腹面平，背面凸出，触角3节，全体密被向后伸展的白色粗蜡毛。有3个呈三角形排列的单眼。前胸有长方形大盾板。

干母成蚜：体长约2mm，宽约1.5mm，全体密被白色厚蜡毛。触角3节，很短小。头部、胸部及腹部第1~6节具有由许多不规则圆形组成的横带。

若蚜：体椭圆形，红棕色，被白粉。

成蚜：有翅，体长平均1.77mm，翅展平均5.99mm。头、胸部黑色，腹部红褐色，头、胸和腹部末端有白色蜡毛。触角5节，第3~5节几乎等长，第3~4节呈三角形，第 5 节呈长卵形，基部细，端部粗；端部各有 1 个近长方形的感觉圈。前翅前缘较直，斜脉 3 条，M 脉向翅端略呈弓形弯曲，Cu2 脉较直，Cu1 脉略向翅基部弯曲。后翅一条斜脉与纵脉成锐角分出。

虫瘿：细长，只在云杉嫩枝一侧针叶基部膨大而形成，另一侧针叶发育正常，整个虫瘿向一侧弯曲而且端部嫩梢继续生长。瘿室松散，彼此分开。整个虫瘿长度不一，短的只有 3cm，长的可达 7.3cm。

无翅孤雌侨蚜：体长 1.3mm，宽 1mm。活体红褐色，被长蜡丝，呈绒球状。

有翅性母：体长 1.3mm，宽 0.6mm。活体棕红色，头部、胸部背面黑色，腹面只有中胸腹板为黑色。

生物学特性

第一寄主是鱼鳞云杉，第二寄主是红松。在红松幼树上，以 2 龄无翅孤雌侨蚜在针叶束基部内侧白色蜡毛团内越冬。4 月中旬越冬若蚜开始活动，脱皮，逐渐长大，它们从针叶束基部内侧移到外侧。5 月上旬，越冬代侨蚜成熟并开始产卵。到 5 月下旬还在大量产卵，但大部分早孵的幼蚜已爬入正在生长的嫩梢芽缝内，吮吸嫩梢汁液，造成严重为害。若蚜到 2 龄时，开始分化，其中大部分若蚜分化为带翅芽的性母若蚜，而小部分仍旧是无翅孤雌侨蚜。

6 月上旬，在红松针叶上出现有翅性母，羽化后不久即迁飞到鱼鳞云杉上。到 6 月中旬在红松上性母完全消失，在嫩梢芽缝内只有正在产卵的第 1 代侨蚜成虫。6 月下旬卵开始孵化，初孵若蚜（第 2 代侨蚜）都集中在新叶束内危害。7 月末至 8 月初第 2 代侨蚜成熟，分泌白色蜡毛并产卵于其中，在针叶束内出现第 3 代侨蚜，8 月上旬末，第 3 代侨蚜成熟并开始产卵，一直到 8 月中旬末。8 月下旬第 4 代（即越冬代）侨蚜大量孵化，并向针叶束基部转移。9 月上旬孵化结束，中旬所有若蚜（大部分若蚜已成长为 2 龄）进入越冬状态。在红松上侨蚜在生长季节内可以发生 4 代。在鱼鳞云杉上，6 月上旬可见干母成虫，中旬新虫瘿及其带翅芽的瘿蚜若蚜（2 龄）出现，12 月中旬 1 龄干母若蚜在鱼鳞云杉老针叶基部越冬。

防治方法

（1）1—4 月，3% 呋喃丹颗粒剂配制 40% 药量拌细土根部施药。

（2）5 月上中旬，第一代若虫，40% 乐果乳油 800~1000 倍液用毛刷将药液涂于树干 0.3~0.5m 处，圆环宽 5~10cm。2.5% 功夫 2000~3000 倍液或者使用杀螟松乳剂喷洒。在郁闭的红松幼林里释放百菌清烟药剂毒杀红松球蚜成虫和若虫。3000 头 / 亩异色瓢虫，可有效控制其危害。

（3）6—8 月，喷洒 10% 吡虫啉可湿性粉剂 3000 倍液，或 10% 氯氰菊酯乳油 2000 倍液，或 80% 敌敌畏乳油 1500 倍液，50% 抗蚜威可湿性粉剂 2000 倍液。林间施放百菌清烟药剂毒杀成虫和若虫。

红松球蚜

参考文献

[1] 萧刚柔. 中国森林昆虫 [M]. 北京：中国林业出版社，1992.

[2] 田丰，毕湘虹，申国涛，等. 应用三种农药防治红松也球蚜的试验 [J]. 林业科技，1992，17（6）：26-27，31.

[3] 刘清虎. 应用异色瓢虫防治红松球蚜实验效果调查 [J]. 吉林林业科技，1988（6）：23-26.

[4] 孙江华，张学科，胡春祥，等. 红松球蚜的发生与树龄和林分光量的关系 [J]. 森林病虫通讯，1994（1）：5-7.

21.2.5　松阿扁叶蜂 *Acantholyda posticalis* Matsumura

分布与危害

属膜翅目，扁叶蜂科，是为害红松等针叶树种的一种重要食叶害虫。辽宁分布于本溪、丹东、抚顺、铁岭、辽阳、鞍山等；国内分布于黑龙江、山东、山西、陕西、甘肃、四川、河南等，该虫发生量大，防治难度大，常将针叶吃光，严重影响树木生长，造成树势衰弱，使整个林分质量遭受破坏。

寄主

红松、油松、樟子松等。

形态特征

成虫：体黑色，具光泽，翅淡灰黄色、透明；翅面基本为黄褐色，翅脉黑褐色。腹部与胸部相接面宽，背腹向扁平；触角 34~36 节；前足胫节内侧具一亚端距。雌蜂体长 13~15mm，翅展 25~26mm。雄蜂体长 9~11mm，翅展 22~23mm。雌蜂个体较雄蜂大，大雄蜂头部侧线上无黄白色斑纹，其他特征雌雄相同。

卵：半月形或舟形，初产乳白色，2~3 天后为污白色，孵化前肉红色，尖端变黑，长 3.5~4mm。

幼虫：幼虫 5~7 龄。初孵幼虫头黄绿色，头胸部乳白色，略带红色。4 龄幼虫背线和气门线紫红色；老熟时浅黄色至黄褐色，体绿色，长 15~23mm，背线深绿色；头盖板暗褐色、淡褐色。

蛹：离蛹。雌蛹棕黄色，长 15～19mm；雄蛹浅黄色，长 10～11mm；蛹羽化前呈黑色。

生物学特性

辽宁 1 年发生 1 代，以老熟幼虫在树冠下 3～20cm 的土壤内越冬。翌年 3 月下旬开始化蛹，成虫羽化始见于 4 月中旬，4 月下旬至 5 月上旬为成虫羽化盛期。4 月中旬成虫开始产卵，5 月上旬为产卵盛期。5 月中旬幼虫开始孵化，下旬为孵化盛期。初孵幼虫以蠕动至叶基，群居在新嫩枝与旧枝交接处，先吐丝结网隐蔽其中，3～5h 后开始咬食叶基，并把咬断的针叶拖入网内取食，其中部分针叶丝网交织在一起，随着虫体的长大，丝网越来越紧密。3 龄以前的幼虫营群居生活，4 龄幼虫分散为害时，先吐丝做一圆筒形的虫巢，6 月中旬幼虫进入为害盛期，下旬幼虫全部下树入土越夏越冬。卵历期 15～19 天。

防治方法

（1）林业措施。营造针阔叶混交林，加强抚育，促使幼林郁闭成林。对于中龄纯林，在抚育过程中有意识保留一些林窗，林窗密度为 15～20 个/hm^2，每个面积 15～20m^2，促使灌木、阔叶树发育，以改变单一纯林结构。

（2）喷药防治。4 月上中旬成虫羽化期，在树冠下地面喷施 2.5% 敌杀死 3000 倍液或 1.2% 苦烟碱 1000 倍液。当松阿扁叶蜂卵基本孵化出幼虫时，可向树冠喷 1.2% 苦参烟乳油 1000～1500 倍液、森得保粉剂、3% 高渗苯氧威 2500～4500 倍液。

（3）人工施放烟剂。在成虫羽化盛期和 2～3 龄幼虫期，对树形高大、地形复杂，郁闭度 0.7 以上的林分，选择早晨日出之前或日落后，在无风或风速不超过 1 m/s 的情况下，采用星状分布或沿等高线设数条放烟带的方法，均匀布设施烟点，放烟每亩用药 1kg。放烟时将烟包竖立在没有枯枝杂草的空地上。

（4）喷烟防治。将药剂与柴油混合，混合比例为 1：5 至 1：20。装入喷烟机使用，喷烟时从里向外边喷边退，且逆风前进，穿戴好防护罩，防止中毒。常用药剂为乐果乳油、苦参烟乳油、阿维菌素乳油等。

松阿扁叶蜂幼虫

松阿扁叶蜂蛹与成虫

参考文献

［1］萧刚柔. 中国森林昆虫［M］. 北京，中国林业出版社，1992：1147-1149.

［2］萧刚柔，黄孝运，周涉芷，等. 中国经济叶蜂志（I）［M］. 杨凌：天则出版社，1992：20-21.

［3］武星煜，辛恒，马虽有. 松阿扁叶蜂发生规律及防治技术研究［J］. 甘肃林业科技，2005，30（1）：20-23，49.

［4］康怀，胡海霞. 松阿扁叶蜂生物学特性及防治对策［J］. 四川林勘设计，2013（4）：90-91.

22 仁用杏病虫害

22.1 仁用杏病害

22.1.1 杏疔病 *Polystigma deformans* Syd.

分布与危害

又称杏黄病、红肿病。辽宁分布于阜新、朝阳等；国内分布于河北、河南、甘肃、青海、宁夏等。主要为害新梢、叶片，也可为害花和果实。

寄主

杏树。

症状

新梢染病节间缩短，其上叶片变黄，变厚，从叶柄开始向叶脉扩展，以后叶脉变为红褐色，叶肉呈暗绿色，变厚，并在叶正反两面散生许多小红点，即病菌分生孢子器。后期从小红点中涌出淡黄色孢子角，卷曲成短毛状或在叶面上混合成黄色胶层。叶片染病叶柄变短，变粗，基部肿胀，节间缩短。7月以后黄叶渐干枯，变为褐色，质地变硬，卷曲折合呈畸形。8月以后病叶变黑，质脆易碎，叶背面散生小黑点，即子囊壳。黑叶于树上经久不落，病枝结果少或不结果。花染病多不易开放，花苞增大，花萼、花瓣不易脱落。果实染病生长停滞，果面生淡黄色病斑，上有红褐色小粒点，病果后期干缩脱落或挂在树上。

病原

Polystigma deformans Syd.，称杏疔座霉，该菌分类地位为子囊菌亚门疔座霉属。

发病规律

病菌以子囊壳在病叶内越冬。挂在树上的病叶是此病主要的初次侵染来源。春季，子囊孢子从子囊中放射出来，借助风力或气流传播到幼芽上，遇到适宜条件即很快萌发侵入。子囊孢子在一年中只侵染一次，无再侵染。随着幼枝及新叶的生长，菌丝在其组织内蔓延，5月间出现症状，到10月间病叶变黑，并在叶背面产生子囊壳越冬。早春低温阴雨天气，适于侵染发病。

防治方法

（1）秋、冬季节彻底剪除树上的病枯梢、残桩、病果，清除病枝叶、病死树，剪锯口及其他伤口用药剂或油漆封闭，减少病菌侵染途径。若连续数年，即可控制其为害。发芽前对树体喷 3~5 波美度石硫合剂，每隔 10~15 天喷 1 次，连喷 2~3 次，消灭病原菌。

（2）从发芽前至发病初期彻底剪除病梢、病芽、病叶，清除地面病叶、病果，集中深埋或烧毁，可收到良好的防治效果。

（3）加强栽培管理，增强树势，提高抗病力。采用配方施肥技术，增施有机肥，协调氮、磷、钾肥比例，注意疏花疏果，使树体负载量适宜，注意减少各种伤口，减少病菌侵染机会。

（4）刮治病斑。在病疤周围延出 0.5cm 用刀割一深达木质部的保护圈，然后将圈内的病皮和健皮彻底刮除，刮掉塑料布上的病组织集中烧毁。对已暴露的木质部用刀深割 1~1.5cm 后涂药处理。可用 5%菌毒清水剂 5 倍液等涂抹。处理后 20 天再涂 1 次。

（5）5—8 月，从杏树展叶期开始，每 10~14 天喷 1 次 70%甲基托布津可湿性粉剂 700 倍液或 50%多菌灵可湿性粉剂 600 倍液、70%代森锰锌可湿性粉剂 700 倍液。发病不重时，喷 1~2 次药即可。

杏疔病病叶前期症状

杏疔病病叶后期症状

杏疔分生孢子器

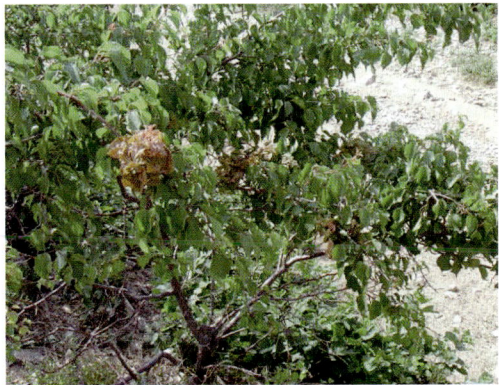

杏疔病为害症状

参考文献

［1］盖旭升. 固原市原州区退耕还林区杏疗病的发生与防治［J］. 现代农业科技，2014（6）：150.

［2］孙治军，高九思，张建林. 仰韶黄杏杏疗病的发生与防治［J］. 现代农业科学，2014（22）：117-118.

［3］张玉琴，张玉霞. 甘肃庆阳杏园杏疗病的发生危害及无公害防治［J］. 中国果树，2014（5）：68-70.

22.1.2　杏褐腐病 *Sclerotinia fructicola*（Wint.）Rehm

分布与危害

辽宁分布于阜新、朝阳等，全国各地杏产区均有发生。主要为害杏树的果实，也为害花和枝梢。

寄主

杏树。

症状

杏褐腐病有两种症状，第一种在近成熟时为害果实，初形成暗褐色、稍凹陷的圆形斑，后迅速扩大，变软腐烂，上面生有黄褐色绒状颗粒，轮生或不规则，被害果早期脱落，腐烂，少数挂在树上形成僵果。第二种为害果实、花及叶片，果实染病，生出灰色绒状颗粒，有时引起花腐；叶片染病，形成大型暗绿色水渍状病斑，多雨时导致叶腐。

病原

病原有 3 种：即果生核盘菌 *Sclerotinia fructicola*（Wint.）Rehm，异名为 *Monilinia fructicola*（Winter）Honey，其无性态为果生丛梗孢 *Monilia fructicola* Poll.；桃褐腐核盘菌 *Sclerotinia laxa*（Ehrenb.）Aderh. et Ruhl.，异名为 *Monilinia laxa* Honey，其无性态为灰丛梗孢 *Monilia cinerea* Bon.；果生核盘菌 *Sclerotinia fructigena* Aderh. et Ruhl.，异名为 *Monilinia fructigena* Honey，其无性态为仁果丛梗孢 *Monilia fructigena* Pers.。均属子囊菌亚门核盘菌属 *Sclerotinia*。不同的病原菌引起的症状不同。

发病规律

主要以菌丝体在病僵果中越冬，翌年春季形成大量分生孢子，借风雨或昆虫传播，通过伤口或自然孔口侵入，引起发病。因此开花期及幼果期低温潮湿，容易发生花腐；果实近成熟期温暖多雨多雾，容易发生果腐。虫害的发生程度和病害的为害轻重密切相关。食心虫、蜷象和桃象甲等害虫的为害不仅直接传播病菌而且造成大量虫伤，增加果实感病机会，加重病害的发生程度。

防治方法

（1）冬季结合修剪，彻底清除树上和地面僵果病枝和枯枝落叶，集中烧毁或深埋，减少越冬菌源。

（2）杏树萌芽前喷布80%五氯酚钠+石硫合剂或1∶1∶100波尔多液，发芽展叶后，绝对不能用波尔多液，以免引起药害。落花后10天至采收前20天可喷施下列杀菌剂：70%甲基硫菌灵、40%博舒、50%多菌灵、5%代森锌、苯菌灵、福代锌、扑海因、炭疽福美和多病灵等。在花腐多的地方，可于初花期再喷1次药。

（3）及时修剪和疏果，不要过于密植，使树体通风透光。搞好排水设施，保持果园干燥。及早发现发病部位，及时清除，以减少以后的传染。合理施肥，增强树势，提高抗病能力。同时要及时防治害虫，包括咀嚼式口器害虫和刺吸式口器害虫，如桃蛀螟、桃蜷象、桃象虫、桃食心虫等，减少伤口，减轻为害。发病严重地区，可实施套袋措施。

杏褐腐病

参考文献

［1］于忠峰. 杏树主要病虫害及其防治方法［J］. 辽宁林业科技, 2011（1）：60-62.
［2］胡玉芳. 大扁杏病虫害发生特点与防治措施［J］. 西北园艺, 2014（6）：37-38.
［3］王玉柱, 孙浩元, 杨丽. 国内外杏研究最新进展［J］. 北方果树, 2003（2）：1-2.

22.1.3　杏树流胶病 *Botryosphaeria dothidea*（Moug. ex Fr.）Ces. et de Not.

分布与危害

辽宁分布于各产区；国内分布于黑龙江、河北、河南、甘肃、青海、宁夏、新疆等的杏树产区。主要发生在果树的主干、主枝或果上，其中以主干发病最为突出，严重的可摧毁整个果园，直接影响到果树的稳产、高产。

寄主

蔷薇科桃、樱桃、杏、李、苹果以及芸香科柑橘、柠檬、甜橙等。

症状

主要发生于枝干和果实上，树干、枝条被害时，春季流出透明的树胶，与空气接触后，树胶逐渐变褐，成为晶莹柔软的胶块，最后变成茶褐色硬质胶块。流胶处常呈肿胀状，病部皮层及木质部逐渐变褐腐朽，再被腐生菌感染，严重削弱树势。果实流胶多在伤口处发生，流胶粘在果面上，使果实生长停滞，品质下降。流胶病影响到植物的输导组织，造成流胶、枯枝，使树势逐渐衰落甚至死亡。

病原

病原菌为葡萄座腔菌科真菌。其中，葡萄座腔菌属 *Botryosphaeria dothidea* (Moug. ex Fr.) Ces. et de Not. 是最常发的流胶病病原菌。

发病规律

流胶病的病原菌在树干、树枝的染病组织中越冬，翌年在开花萌芽前后产生大量分生孢子，借风雨传播，并且从伤口或皮孔侵入，以后可再侵染。桃、杏树种植地区，每年在3月下旬开始发生流胶病。高温多湿的4—6月是发病盛期。病原菌通过风雨传播，再到枝条和树皮进行初侵染。病菌在树干、枝条病斑中越冬，于翌年3月下旬至4月中旬开始喷射分生孢子，随气流、降水滴溅传播，从枝条皮孔或伤口侵入树皮再侵染。5—6月为侵染高峰期，9月下旬至10月中旬侵染缓慢停止。

防治方法

（1）改善土壤结构和通气状况，锄树盘，严防杂草丛生；尽量减少树体损伤，及时解除拉枝绑绳，解绑要彻底。合理修剪，加强夏季修剪，保持树体通风透光；控制氮肥施肥量，及时消灭蛀干害虫。

（2）发病期，先用刀将病部干胶和老翘皮刮除，再用刀纵向划几道（所画范围要求超出病斑病健交界处，横向1cm，纵向3cm；深度达木质部），并将胶液挤出，然后使用奥力克溃腐灵原液或5倍液+渗透剂如有机硅等，对清理后的患病部位进行涂抹，一般涂抹2次，间隔3～5天，必要时，在流胶高峰期再涂抹1次。

（3）防治流胶病要及时检查，随发展随涂抹随包扎，以防病斑扩大。浇灌硫酸铜水溶液，在距主干周围1m处，挖30cm深的坑施入，随即埋土。1月1次，共3～4次。浇灌标准：每株用100g硫酸铜和20kg水。在树体休眠期用胶体杀菌剂（1kg

乳胶+100g 50%退菌特）涂抹病斑，杀灭病原菌。或刮除病斑流胶后，用5波美度石硫合剂进行伤口消毒，用涂蜡或煤焦油保护。

（4）采果后及时深施基肥，基肥以优质农家土杂肥为主，与腐烂的农作物秸秆混合施入，同时撒入少量尿素，开挖施肥沟，破除土壤板结，雨涝时及时排水，养根壮树，这是预防杏树流胶病的根本措施。冬季剪除病虫枝，并对较大伤口抹清油铅油合剂等保护性药剂。对流胶严重的树采用更新修剪法，重新培养树体。

杏流胶病

参考文献

［1］李树江，孙爱群，杨友联. 真菌感染性果树流胶病研究进展［J］. 北方园艺，2015（3）：179-183.

［2］李长虹，岳亚梅. 杏树流胶病的发生与防治［J］. 现代农业科学，2011（5）：7-8.

［3］蒋萍，阿依努尔. 塔依尔. 新疆库车县杏树流胶病发生危害的调查研究［J］. 新疆农业大学学报，2011，34（5）：399-402.

22.2 仁用杏虫害

22.2.1 桃红颈天牛 *Aromia bungii* **Faldermann**

分布与危害

属鞘翅目天牛科。辽宁分布于本溪、丹东、抚顺、营口、阜新、朝阳等地；国内分布于陕西、内蒙古、河北、河南、山西、山东、江苏、浙江、湖北、江西、湖南、福建、广东、广西、四川、贵州、云南、安徽、上海等。幼虫蛀入木质部为害，造成枝干中空，树势衰弱，严重时可使植株枯死。

寄主

主要为害核果类，如桃、杏、樱桃、郁李、梅等，也为害柳、杨、栎、柿、核桃、花椒等。

成虫：体黑色，有光亮；前胸背板红色，背面有 4 个光滑疣突，具角状侧枝刺；鞘翅翅面光滑，基部比前胸宽，端部渐狭；雄虫触角超过体长 4~5 节，雌虫超过 1~2 节。体长 28~37mm。有两种色型：一种是身体黑色发亮和前胸棕红色的"红颈型"，另一种是全体黑色发亮的"黑颈"型。

卵：卵圆形，乳白色，长 6~7mm。

幼虫：老熟幼虫体长 42~52mm，乳白色，前胸较宽广。身体前半部各节略呈扁长方形，后半部稍呈圆筒形，体两侧密生黄棕色细毛。前胸背板前半部横列 4 个黄褐色斑块，背面的两个各呈横长方形，胴部各节的背面和腹面都稍微隆起，并有横皱纹。

蛹：体长 35mm 左右，初为乳白色，后渐变为黄褐色。前胸两侧各有一刺突。

生物学特性

辽宁地区 2~3 年发生 1 代，以幼虫在寄主枝干内越冬。成虫于 5—8 月间出现；成虫终见期在 7 月上旬。成虫产卵于枝干上皮缝隙中，卵期 7 天左右。幼虫孵化后蛀入韧皮部，当年不断蛀食到秋后，并越冬。翌年惊蛰后活动为害，直至木质部，逐渐形成不规则的迂回蛀道。蛀屑及排泄物红褐色，常大量排出树体外，老龄幼虫在秋后越第二个冬天。第三年春季继续为害，于 4—6 月化蛹，蛹期 14~30 天。

防治方法

（1）4—5 月，成虫发生前可在树干和主枝上涂刷"白涂剂"。把树皮裂缝，空隙涂实，防止成虫产卵。涂白剂可用生石灰、硫黄、水按 10∶1∶40 的比例进行配制；也可用当年的石硫合剂的沉淀物涂刷枝干。用 1 份敌敌畏、20 份煤油配制成药液涂抹在有虫粪的树干部位；用杀灭天牛幼虫的专用磷化铝毒扦插入虫孔；用植物根切成段塞入虫孔，并将孔封严熏杀幼虫。及时砍伐受害死亡的树体，也是减少虫源的有效方法。

（2）6—8 月，成虫羽化期可进行人工捕捉。捕捉的最佳时间，一是早晨 6 点以前，二是大雨过后太阳出来之前。在树体上喷洒 50% 杀螟松乳油 1000 倍液或 10% 吡虫啉 2000 倍液，7~10 天 1 次，连喷几次。再就是虫孔施药，大龄幼虫蛀入木质部，喷药对其已无作用，可采取虫孔施药的方法除治。清理一下树干上的排粪孔，用一次性医用注射器，向蛀孔灌注 50% 敌敌畏 800 倍液或 10% 吡虫啉 2000 倍液，然后用泥封严虫孔口。

（3）成虫有趋光性。晚间，使用黑光灯或者太阳能灯诱杀成虫，或者使用手电筒林间引诱、捕捉成虫。

（4）9月前孵化出的桃红颈天牛幼虫即在树皮下蛀食，这时可在主干与主枝上寻找细小的红褐色虫粪，一旦发现虫粪，即用锋利的小刀划开树皮将幼虫杀死。也可在翌年春季检查枝干，若枝干有红褐色锯末状虫粪，即用锋利的小刀将在木质部中的幼虫挖出杀死。

桃红颈天牛及为害状

参考文献

［1］张旭，曾超，张金良. 桃红颈天牛生物学特性及防治技术研究［J］. 森林病虫通讯，2000（2）：9-11.

［2］马文会，孙立，于利国，等. 桃红颈天牛发生及生活史的研究［J］. 华北农学报，2007，22（增刊）：247-249.

［3］龚青，黄爱松，唐艳龙，等. 桃红颈天牛综合治理技术概述［J］. 生物灾害科学，2013，36（4）：430-433.

22.2.2　多毛小蠹 *Scolytus seulensis* **Murayama**

分布与危害

属于鞘翅目，小蠹科，小蠹属。辽宁分布于阜新、朝阳等；国内分布于黑龙江、吉林、北京、河北、山东、河南、陕西、宁夏、甘肃、江苏等。

寄主

梨、桃、杏、樱桃、李、酸梅、榆等。

形态特征

成虫：体长 2.7~4.5mm。头部黑褐色，有刻点，额上生有黄褐色茸毛，触角锤状赤褐色。前胸黑褐色，前胸背板发达，两侧有饰边，背部散生梭形刻点并排列成行，背部生有稀疏的黄褐色短毛。鞘翅和 3 对足均为赤褐色并有光泽。腹部腹面从第 2 节起向背面端部收缩成斜削面，第 2 腹节中央有 1 个明显的瘤状突起。多毛小蠹雌雄性成虫的区别：雌虫额部短阔平突，额毛细短疏少，均匀分布；雄虫额部狭长平凹，额周有棱角，额毛稠密细长，额毛环绕周缘上并拢向额心。多毛小蠹与脐腹小蠹的区别：脐腹小蠹雄虫第 7 背板后面有 1 对长刚毛；多毛小蠹雄虫第 7 背板后面无刚毛。

卵：尖椭圆形，长径约 0.8mm，短径约 0.5mm。初产时白色，后变为淡褐色。

幼虫：肥胖弯曲呈"C"字形，头部黄褐色。胴部乳白色，体节多横皱纹，无足。老熟幼虫体长 5mm 左右。

蛹：乳白色，微透明，体长 3mm 左右。

生物学特性

坑道在寄主树皮韧皮部与木质部之间。由雌成虫咬蛀的母坑道为单纵坑，长 4~5.5cm，宽 2~2.8mm。侵入孔在母坑道的上端，交配室在母坑道的末端。由幼虫咬蛀的子坑道稠密，40~50 条，自母坑道两侧水平伸出，然后向上下方伸展，由小变大，蛹室位于坑道尽头，子坑道长 3.5~6.2cm。

多毛小蠹在新疆 1 年发生 2 代，以幼虫在子坑道内越冬。翌年春越冬幼虫开始取食为害，4 月下旬化蛹，4 月中旬出现越冬代成虫，5 月下旬为羽化盛期。当年第 1 代成虫于 7 月下旬出现，8 月下旬为羽化盛期。卵期一般为 8~10 天。蛹期 15 天左右。幼虫期两代相差很大，越冬代幼虫历期 8 个月之久，当年第 1 代幼虫 60~70 天。多毛小蠹为 1 雌 1 雄型，1 生交尾多次。雌雄成虫多在侵入孔下的交配室交尾。交尾后雌虫在母坑道两侧的卵室产卵，卵单产，单雌 1 生产卵量平均为 35 粒。卵孵化后，幼虫咬蛀子坑道，老熟幼虫在子坑道末端化蛹。成虫羽化后咬蛀羽化孔飞出树皮，成虫出孔时间在 10—18 时，14—16 时最活跃，在寄主枝干上爬行，1 次飞行距离 8~10m。多毛小蠹成虫自然传播一般是以虫源为中心向周围扩散，侵害对象是当年死亡树木或衰弱濒死的枝干。发生为害与寄主韧皮部含水量有密切关系。韧皮部含水量 24%~26% 时最易发生小蠹为害。韧皮部含水量大于 28% 的树木生长旺盛，小蠹虫不易侵入。干枯树木韧皮部含水量低于 13%，小蠹虫也不能完成生活史。故多毛小蠹多发生在生长衰弱濒死树木和新死亡且未干枯的树木上。

防治方法

（1）清洁果园。在越冬代成虫羽化前，将受害的死树、枯枝进行处理，采用剥皮、烧毁或深埋。

（2）加强检疫。由于多毛小蠹能随苗木传播，所以苗木调运中，采取检疫措施，以防止远距离传播。

（3）药剂防治。在成虫羽化盛期（6月上旬、7月下旬、9月上旬）分别对树体喷布2.5%高效氯氰菊酯1500倍液，或20%速灭杀丁2000倍液。在成虫羽化初期用白涂剂涂抹树干和大枝，阻止成虫蛀孔为害。孵化初期（5月上旬），在被害树和附近健壮树的枝杈上放置饵木（用剪下的大枝），诱引成虫产卵，化蛹前将饵木烧毁或剥皮处理。

多毛小蠹成虫

多毛小蠹幼虫为害状

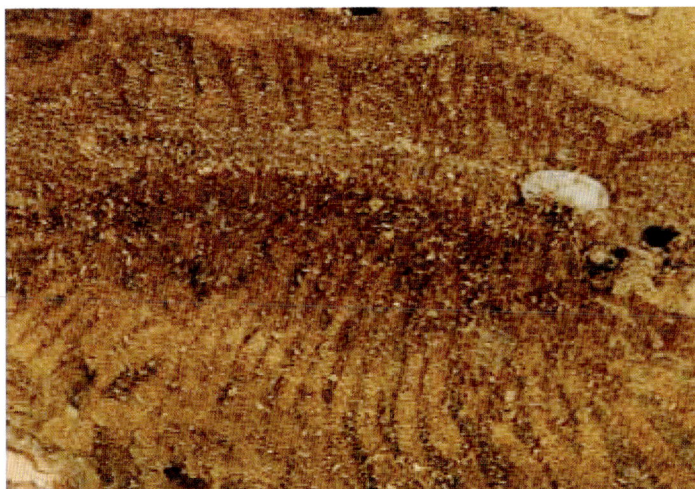

多毛小蠹幼虫及坑道

参考文献

[1] 张鲁豫，赵莉，李军如，等. 轮台县杏树多毛小蠹生物学特性研究 [J]. 新疆农业科学，2011，48（9）：1655-1660.

[2] 李宏，朱晓锋，阿布都克尤木，等. 喀什地区多毛小蠹发生与为害规律 [J]. 植物保护，2009，35（6）：135-138.

22. 2. 3　杏仁蜂 *Eurytoma samsonvi* Wass

分布与危害

又称杏核蜂，属膜翅目，广肩小蜂科，辽宁分布于阜新、朝阳等；国内分布于河北、河南、陕西、山西、新疆等。以幼虫为害山杏、大扁杏的杏仁，常将仁食光，果实逐渐萎缩、发黄、脱落或形成僵果。

寄主

山杏、大扁杏。

形态特征

成虫：雌雄异型，雌成虫体长 4~7mm，翅展 10mm 左右。头大黑色，复眼大赤色，触角 9 节，呈橙黄色，其他各节均为黑色，并生有短毛。胸部及足的基节黑色，其他各节为橙黄色，胸、腹部橘红色，有光泽，翅膜质透明，前翅翅脉简单，由基部伸出 2 条，至翅中部各分 2 叉，后翅近前缘具 1 条翅脉，翅面均被短毛。雄虫较小，平均 5mm 左右。触角的 3~9 节上，有成环状排列的长毛，腿节或胫节上有时杂有黑色，腹部为黑色，第 1 节细，长柄状，其他各节短小，聚合而成圆形，生殖器在尾端。

卵：卵长圆形，似鸭梨状，长径 0.71~1.08mm，短径 0.56~0.65mm，近孵化时淡黄色。

幼虫：初孵体长 1.1~1.6mm，老熟幼虫乳白色，体长 6~10mm，纺锤形两端尖，中间肥大，略弯曲呈弧形。

蛹：初期乳白色微黄，至羽化前变为黄黑相间颜色，裸蛹体长 5.5~8mm。

生物学特性

蛹在杏核内完成羽化，羽化后仍在杏核内停留 2~3 天钻出核外。成虫 4 月中旬始见活动，4 月下旬至 5 月上旬为活动盛期。飞翔能力较强，发生期总是与幼杏果的形成期保持一致。

产卵具有单寄生特性，即 1 个幼果内只产下 1 粒卵。成虫多从果面中部直接将卵产于幼果胚乳中。刚产过卵时，在果面产卵处出现直径约 2mm 的圆形水渍状晕斑，2 天后在晕斑中央出现略突出的褐色小点。从外表难以分辨杏果是否被寄生。

当杏果已基本长成，内果皮开始硬化，胚乳浓缩，子叶开始生长时，卵才进行孵化。5月中旬开始出现新一代的幼虫，初孵幼虫在杏核内从子叶的顶部开始取食，当将子叶取食大半或基本取食完时，完成其幼虫发育阶段，同时引起果实的脱落。幼虫期长达10个月之久，均在杏核内。

防治方法

（1）大批量调运杏核时，用56%磷化铝片熏蒸，用药量为12g/m³，熏蒸时间为2~3天。对食用的杏仁禁止熏蒸。

（2）可在杏树开始落花时，喷2.5%高效氯氟氰菊酯乳油1500~2000倍液或2.5%溴氰菊酯乳油2000~2500倍液，连续喷洒2次，及时消灭羽化成虫。

（3）诱捕成虫。杏仁蜂成虫具有趋光和趋黄色的习性，4月下旬将太阳能诱虫灯放置于地头或将黄色粘虫板挂于杏树枝条上，诱捕杏仁蜂成虫。

（4）杏核采收后，用水洗法淘汰被害杏核。结合秋季果园耕翻，深翻15cm将虫果翻入土下，使成虫来年不能羽化出土，减少发生基数。及时清除园内落果。杏仁蜂以幼虫在落果内越冬越夏，在生长季及秋后，彻底清除树下落果、杏核及树上干枯杏果，集中烧毁，可减少杏仁蜂的越冬虫数，减少或消灭杏仁蜂危害，减轻树上防治压力。

杏仁蜂

参考文献

［1］张坤鹏，于欣，夏文霞，等. 杏仁蜂成虫习性观察及防治药剂筛选［J］. 农药，2011，50（12）：926-928.

［2］王宇飞，王维升. 浅谈桃仁蜂与杏仁蜂的形态识别［J］. 植物检疫，2002，16（3）：153-155.

［3］于忠峰. 杏树主要病虫害及其防治方法［J］. 辽宁林业科技，2011（1）：60－62.

23 核桃楸果材林病虫害

23.1 核桃楸果材林病害

23.1.1 核桃白粉病 *Microsphaera juglandis*（Jacz.）Golov.

分布与危害

辽宁分布于本溪、丹东、大连等；国内分布于河北、山东、山西、河南、四川、云南、山西、甘肃等核桃产区，主要为害叶片、新梢、嫩芽。

寄主

核桃、核桃楸、山核桃等树种。

症状

主要为害叶片和新梢，有时也为害嫩芽。叶片发病初期在病叶表面长出黄白色斑块，继而在叶片正面出现不均匀黄白色粉斑，扩大后形成薄片状白粉层，严重时叶片扭曲皱缩。新梢染病后，节间缩短，其上叶形变狭，质地硬脆，渐变褐色枯焦，冬季落叶后，病梢呈灰白色。

病原

现报道的引起该病的病原菌有 2 种：核桃叉丝壳菌 *Microsphaera juglandis*（Jacz.）Golov. 和胡桃球针壳 *Phyllactinia juglandis* Tao et Qin。

发病规律

病菌以菌丝体在冬芽鳞片间或鳞片内越冬。翌年春天，病芽展叶现蕾后产生分生孢子，借风力、昆虫传播。每年 5—6 月和 9 月是发病高峰期。一般栽植密度过大、通风透光不良、生长衰弱的树发病重。气温高，天气干旱的情况下，病害蔓延得很快。

防治方法

（1）核桃处于萌芽、开花、果实膨大期，白粉病等开始出现发病症状，可用

50%甲基硫菌灵1000倍液，25%三唑酮可湿性粉剂1500倍液，50%代森锰锌400～500倍液，72%农用链霉素可溶性粉剂5000～7000倍液，8000IU/g农用青霉素钠等药剂进行综合防治，每20天左右喷施1次。

（2）6—8月，发病高峰期，此时要及时清除发病严重的病果、病叶、病枝、病斑，集中销埋。同时喷施75%百菌清600倍液，50%代森锰锌400～500倍液，0.2～0.3波美度石硫合剂100倍液、50%退菌特可湿性粉剂600～800倍液对病害进行综合防治，每15～20天喷施1次。配合水肥管理，调节树势增强抗病力。

（3）果实采收后，清除园内的病枯落叶、枝、果实，结合施肥，深刨树盘将土表病源翻入土层，同时对树体、土表喷施3～5波美度石硫合剂另加75%百菌清600倍液，对果园进行彻底杀菌消毒处理，减少翌年病源。

（4）越冬期，喷布75%百菌清500倍液，可清除部分越冬病源，对白粉病等有一定防治作用。休眠期进行树干涂白（涂白剂配方为石灰10份、磺粉1份、盐1份、动物油0.3份、水40份，拌匀），保护树体，预防植株受冻，减少病虫，对核桃溃疡、枝枯、腐烂有一定防治作用。另外对已有的枝干溃疡病或枝枯病的病斑要及时刮除，然后涂抹抗腐剂或10%多菌灵可湿性粉剂50～100倍液消灭病原。

核桃白粉病

参考文献

[1] 蔡万里，高宇，李海峰. 核桃楸主要病虫害及防治技术 [J]. 现代农业科技，2010（24）：162-164.

[2] 曲文文，杨克强，刘会香，等. 山东省核桃主要病害及其综合防治 [J]. 植物保护，2011，37（2）：136-140.

[3] 杨克强，程三虎，牛亚胜，等. 若干个核桃品种（系）对白粉病的抗性 [J]. 果树科学，1998，15（2）：154-157.

23.1.2　核桃黑斑病 *Xanthomonas juglandis*（Pierce）Dowson

分布与危害

辽宁分布于本溪、丹东、大连等；国内分布于河北、山东、山西、河南、江苏、浙江、四川、云南、山西、甘肃等。主要为害叶片、嫩枝、幼果及花器。

寄主

核桃、核桃楸、山核桃等树种。

症状

发病在叶片上出现圆形及多角形小褐斑，严重时相连成片，病斑外围有水渍晕圈；在枝梢上病斑长形，黑褐色，稍凹陷，严重时因病斑扩展包围枝条而使上枝枯死；花序受侵后，产生黑褐色水渍状病斑；在幼果受害时，果面发生黑色小斑点，无明显边缘，逐渐扩大成片变黑，并深入果肉，使整个果实连同核仁全部变黑腐烂脱落。

病原

普遍认为核桃黑斑病病原菌为一种细菌 *Xanthomonas juglandis*（Pierce）Dowson，也有人认为是野油菜黄单胞杆菌 *Xanthomonas campestris*、黄单胞杆菌 *Xanthomonas arboricola*。

发病规律

病原细菌在感病枝条及老病斑、芽鳞和残留病果等组织内越冬。翌春核桃展叶期借雨水传播，带菌花粉由昆虫活动传播到叶片与果实上，一般在5月中旬至6月初开始发病，发病盛期是在7—9月，并反复多次侵染。核桃黑斑病发病早晚及发病程度与温湿度有关。高温、高湿有利于病菌繁殖。雨水多的年份发病重，雨后高温情况下发病迅速。细菌侵染叶片的适温为4~30℃；侵染幼果的适温为5~27℃，一般雨后病害迅速蔓延。春、夏多雨的年份，发病早且严重。

防治方法

（1）4月，展叶期喷药1次，药剂可用1∶0.5∶200倍波尔多液、65%代森锌600倍、70%琥珀酸铜500~600倍液、50~100mg/kg农用链霉素等；72%农用链霉素可溶性粉剂4000倍液、40万单位青霉素钾盐5000倍液。

（2）落花后喷药1次，药剂同上。

（3）幼果期喷药1次，药剂可用1∶0.5∶200倍波尔多液、65%代森锌600倍液、70%琥珀酸铜500~600倍液、50~100mg/kg农用链霉素等。

（4）6—8月，发病期每隔2周喷施1次波尔多液1∶2∶200，农药交替使用，能收到好的防治效果。

（5）秋季结合秋施基肥和灌冻水，在园地上每平方米喷施50%甲基托布津可湿性粉剂5~10g。

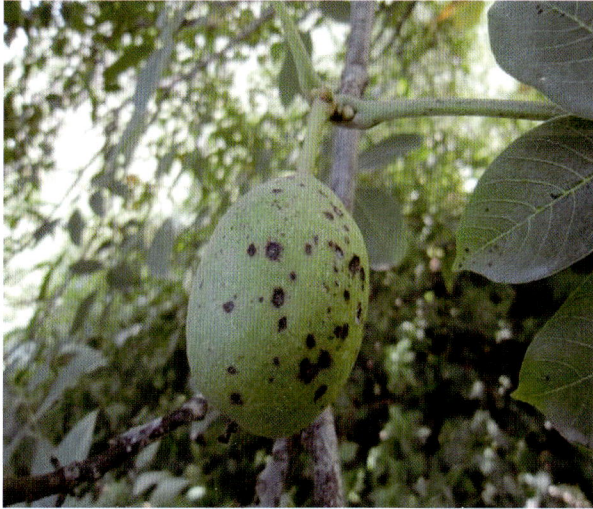

核桃黑斑病

参考文献

［1］蔡万里，高宇，李海峰. 核桃楸主要病虫害及防治技术［J］. 现代农业科技，2010（24）：162-164.

［2］陈善义，陶万强，王合，等. 北京地区核桃黑斑病病原菌的分离、致病性测定和16S rDNA序列分析［J］. 果树学报，2011，28（3）：469-473.

［3］李晓阳，刘亚东. 辽西地区核桃黑斑病的发生与防治［J］. 中国林福特产，2006（1）：18-19.

［4］李新志. 核桃黑斑病综合防治技术［J］. 陕西林业科技，2014（6）：80-81.

［5］曲文文. 山东省核桃主要病害病原鉴定［D］. 济南：山东农业大学，2011：32.

23.1.3 核桃枯枝病 *Melanconium oblongum* Berk.

分布与危害

辽宁分布于本溪、丹东、大连等；国内分布于吉林、黑龙江、江苏、浙江、河北、陕西、山东、河南、云南等，主要为害核桃楸的幼嫩枝条，影响树的生长。

寄主

核桃、核桃楸、山核桃、枫杨等树种。

成虫待产卵

幼虫 蛹

参考文献

[1] 萧刚柔等. 中国森林昆虫 [M]. 北京：中国林业出版社，1992.

[2] 仲秀林，范里. 核桃扁叶甲的危害与防治 [J]. 江苏林业科技，2001，28（2）：39.

[3] 核高锋，张兴广，郑金柱，等. 核桃扁叶甲生物学特性及防治技术研究 [J]. 山东林业科技，2011（5）：54-56.

[4] 王维翊，王维中. 核桃扁叶甲的发生与防治 [J]. 辽宁林业科技，1998（6）：55.

23.2.2 核桃举肢蛾 *Atrijuglans hetaohei* Yang

分布与危害

辽宁分布于本溪、丹东、大连等，国内分布于北京、河北、河南、陕西、四川、贵州等。幼虫钻入核桃青皮内蛀食，受害果逐渐变黑而凹陷，故有"黑核桃""核桃黑"之称。严重时果实全部脱落，被害果毫无食用价值。

寄主

核桃楸、核桃等。

形态特征

成虫：体长 5~8mm，翅展 12~14mm，全体黑褐色，有光泽，翅狭长，翅缘毛长于翅的宽度，前翅外端约 1/3 处有一月牙形银白色斑纹，后缘内方有一椭圆形银白色斑点。腹背有黑白相同的鳞毛。后足很长，静止时向侧后方举起，故称举肢蛾。

卵：长 0.3~0.4mm，长圆形，初产时呈乳白色，以后渐变为黄白色，将孵化时呈红黄色。

幼虫：老熟时体长 9.5~12mm。头部黄褐色，身体淡黄白色，背中央有紫红色斑点，体背半透明，体侧有白色刚毛。腹足趾钩单序环，臀足趾钩单横行。

蛹：纺锤形，长 5~6mm，宽约 2.5mm。初期为黄白色，将羽化时呈黑褐色，并可见红色复眼。触角伸达翅端部与后足齐。茧淡褐色，扁椭圆形，长 6~9mm，宽 3~6.5mm。上缀细土。

生物学特性

1 年发生 1~2 代，以老熟幼虫于土中结茧越冬，越冬幼虫于 4 月底 5 月初开始化蛹，越冬代成虫最早出现于 5 月初。第 1 代幼虫在 5 月中旬开始侵入果内，5 月下旬至 7 月中旬是第 1 代幼虫为害期。6 月下旬至 7 月中旬为老熟幼虫出果入土盛期，7 月中旬至 8 月上旬为化蛹盛期。7 月初即有少量成虫出现，末期可延至 9 月初。第 2 代幼虫于 7 月初侵入果内为害，大量为害期在 8 月中旬（但此时有少量老熟幼虫出果入土越冬），第 2 代幼虫出果盛期在 8 月下旬至 9 月初。9 月中旬检查被害黑果时，尚有少量未老熟幼虫。成虫略具趋光性。每雌虫可产卵 30~40 粒，卵散产，一般每果 1~2 粒，产于两果交接处、果柄基部凹陷处及果实端部残存柱头处。

防治方法

（1）成虫期，用核桃灭虫灵 2500 倍液进行高压喷雾 2~3 次，每次间隔 7~10天。30%阿维灭幼脲、毒死蜱各 1000 倍液、1800 倍液、2500 倍液，5%甲氨基阿维菌素苯甲酸盐乳油 2000 倍液、4000 倍液、6000 倍液，苦参碱 500 倍液、1000 倍液、1500 倍液，溴氰菊酯 1000 倍液、1500 倍液、2000 倍液树冠喷雾防治核桃举肢蛾，以毒死蜱 1000 倍液、苦参碱 500 倍液喷 1 遍药。

（2）幼虫期，使用 30%阿维灭幼脲、毒死蜱各 1000 倍液、1800 倍液、2500 倍液，5%甲氨基阿维菌素苯甲酸盐乳油 2000 倍液、4000 倍液、6000 倍液，苦参碱 500 倍液、1000 倍液、1500 倍液，溴氰菊酯 1000 倍液、1500 倍液、2000 倍液树冠喷雾防治核桃举肢蛾，以毒死蜱 1000 倍液、苦参碱 500 倍液防治，喷 2 遍药，2 遍间隔 10 天。

（3）对树下落果不定期拣拾，并集中销毁，以降低翌年虫口密度，此方法应集中连片进行。清除林内落叶，疏松土层，并喷洒 50% 杀螟松乳油 1000~1500 倍液，消灭越冬老熟幼虫。冬季深翻树盘 10~12cm，破坏其越冬场所，暴露越冬茧。

参考文献

[1] 萧刚柔. 中国森林昆虫 [M]. 北京：中国林业出版社，1992.

[2] 蔡万里，高宇，李海峰. 核桃楸主要病虫害及防治技术 [J]. 现代农业科技，2010（24）：162-164.

[3] 刘芳洁. 核桃举肢蛾的生物学习性与温湿度的关系 [J]. 山西农业科学，2011，39（3）：270-272.

[4] 张坤朋，王景顺，王峰. 林州市核桃举肢蛾种群动态及成因分析 [J]. 河南农业科学，2012，41（8）：107-110.

[5] 王永宏，孙益知，殷坤. 斯氏线虫防治核桃举肢蛾的研究初报 [J]. 中国果树，1996（4）：12-14.

[6] 陈川，李兴权，杨美霞，等. 核桃举肢蛾年消长动态及对色彩趋性的研究 [J]. 安徽农业科学，2015，43（2）：152，211.

23. 2. 3　四点象天牛 *Mesosa myops* Dalman

分布与危害

辽宁分布于本溪、丹东、大连等；国内黑龙江、吉林、河北、陕西、安徽、四川、广东、台湾等有分布；主要为害多种阔叶树的树干。

寄主

核桃楸、家榆、糖槭、柏、柳、蒙古栎、水曲柳、赤杨、杨、枹、榔榆、苹果等 15 属 30 余种植物。

形态特征

成虫：体长 8~15mm，宽 6~7mm。体形短阔，黑色，被灰色短绒毛，并杂有许多黄色或金黄色毛斑。前胸背板中区具丝绒般的黑色毛斑 4 个，前后各 2 个，前 2 个斑长形较大，后 2 个斑小，近卵圆形。每个黑斑两侧镶有相当宽的黄或金黄色毛斑。鞘翅上饰有许多黄色和黑色斑点，每翅中段上缘和下缘中央各具 1 个较大形不规则黑斑。

卵：乳白色，椭圆形，表面光滑。长径 2~2.5mm，短径 0.6~0.8mm。

幼虫：老熟幼虫体长 25mm，长圆筒形，稍扁，无足。体乳白色，头部及前胸背板黄褐色。腹部 1~7 节背面和腹面有粗糙的步泡突。

蛹：长 10~14mm。乳黄色，头部弯向前胸下方，触角向体背伸展到中胸，然后弯向腹面并卷曲成发条状，端部达前足。胸腹背面有小刺列，第 9 节末端具发达的臀棘。

生物学特性

辽宁地区 2 年发生 1 代，以幼虫和成虫越冬。越冬成虫 5 月初开始活动，多在晴天中午取食核桃楸、家榆、杨、柳等枝干的嫩皮；5 月中下旬是成虫产卵盛期。雌虫大多在寄主主干及侧枝，高度不超过 2.5m 范围内，选择树皮裂缝、枝节、死节，特别是枝干变软的树皮上产卵。产卵前先用上颚咬树皮成刻槽，然后产卵于刻槽内，并覆以褐色胶质物。每处产卵 1 粒，每雌能产 30 余粒。5 月末、6 月初新孵幼虫在树皮下韧皮部和边材之间钻蛀坑道为害。坑道不规则形，充塞虫粪和木屑。10 月以幼虫在树干坑道内越冬。越冬发生的虫态不整齐。新成虫在落叶层下或寄主树干裂缝内越冬。

防治方法

（1）及时清除害木，用邻二氯苯乳剂喷刷树干被害处。

（2）幼虫未扩散前，林间剪除幼虫群集的枝条，焚烧处理。幼虫危害初期，在虫孔处局部喷洒杀螟松等杀虫剂。

（3）对进入木质部的幼虫，用刻刀挖掘，直接捕杀，结合磷化锌毒扦防治。

（4）成虫羽化盛期，人工捕杀、掩埋。

四点象天牛

参考文献

[1] 萧刚柔. 中国森林昆虫 [M]. 北京：中国林业出版社，1992.

[2] 蔡万里，高宇，李海峰. 核桃楸主要病虫害及防治技术 [J]. 现代农业科技，2010（24）：162-164.

[3] 贺萍. 实验室饲养四点象天牛 [J]. 北京林业大学学报，1990，12（1）：104-106.

[4] 王佰彦，王静，葛福磊. 核桃楸营造林与病虫害防治技术 [J]. 农业可发与装备，2013（9）：121.

[5] 肖维玲. 谈柳树蛀干害虫——四点象天牛宜于应用的防治措施 [J]. 黑龙江科技信息，2011（14）：230.

23.2.4　银杏大蚕蛾 *Dictyoploca japonica* Moore

分布与危害

辽宁分布于本溪、丹东、大连等；国内分布于吉林、黑龙江、华北、河南、陕西、云南、江苏、贵州、江西、浙江、湖北、湖南、广西、广东、福建、台湾。主要以幼虫取食叶片，大发生时甚至吃光大片树叶，影响树势和结实。

寄主

银杏、核桃楸、核桃、栗、蒙古栎。

形态特征

成虫：雌蛾体长 26~60mm，翅展 95~115mm；雄蛾体长 25~40mm，翅展 90~125mm。体色不一，灰褐色、黄褐色或紫褐色。前翅内横线赤褐色，外横线暗褐色，两线近后缘处相接近，中间形成宽阔的银灰色区；中室端部有新月形透明斑，斑在翅脊部形成眼珠状，周围有白色、紫红色和暗褐色轮纹；顶角向前缘处有 1 个黑色半圆形斑；后角有一白色新月牙形纹。后翅从基部到外横线间有宽广的紫红色区，亚外缘线区橙黄色，外缘线灰黄色；中室端有 1 个大的圆形眼斑，中间黑色如眼珠（翅反面无珠形），外围有 1 条灰橙色圆圈及 2 条银白色线圈；后角有 1 个新月形白斑。前后翅的亚外缘线由 2 条赤褐色的波状纹组成并相互连接。

卵：椭圆形，表面有一层黑褐色胶质，长 2~2.5mm，宽 1.2~1.5mm。

幼虫：老熟幼虫体长 65~110mm，头宽 6~7mm。体色有黑色型和绿色型 2 种，前者从气门线至腹中线两侧均为黑色，其间夹有少数不规则的褐黄色小点；后者从气门线至腹中线两侧均为绿色。

蛹：黄褐色。雌蛹长 45~60mm；雄蛹长 30~45mm。第 4、第 5、第 6 腹节后缘呈暗褐色，形成 3 条相同的环带；腹末两侧各有 1 束臀棘；每束 7 枚，受惊扰时，蛹体在茧内能摆动发出音响。

茧：长 60~80mm，黄褐色，长椭圆形，网状，丝质胶结坚硬，网眼粗大，可透过网眼看见茧中蛹体，但茧外常黏附寄主枝叶。

生物学特性

该虫 1 年 1 代，以卵越冬。在辽宁越冬卵 5 月上旬孵化，幼虫 5—6 月为害，6 月中至 7 月上旬结茧化蛹，8 月中下旬羽化、产卵，11 月中旬羽化结束。成虫寿命 5~7 天，卵期 5~6 个月，幼虫期 36~72 天，预蛹期 5~13 天，蛹期 115~147 天。成虫白天静伏于蛹茧附近的荫蔽处，傍晚开始活动，有趋光性。卵产在茧内、蛹壳里、树皮下、缝隙间或树干上附生的苔藓植物丛中，而以产在茧内者为多。产时卵粒堆集成疏松的卵块，每块数十粒、百余粒甚至二三百粒不等。幼虫有 5~6 龄。初孵幼虫先在茧内外或其他产卵地栖息或缓慢爬行，待白天温度较高时才爬上枝条取食新叶。3 龄时较分散，活动范围扩大，食量增加，初露为害状；要脱皮时也常数条或 10 余条排列在一片叶背，脱皮时间整齐。4~6 龄分散活动，食量大增，为害状明显，甚至吃光树叶。

防治方法

（1）幼虫孵化前，人工摘除越冬卵块。在树干高 1~1.5m 处，用毛刷涂吡虫啉原液，防止幼虫上树取食。

（2）幼虫未扩散前，林间剪除幼虫群集的枝条，焚烧处理。幼虫 3 龄之前，使用 1.8% 阿维菌素 1250 倍液，1.2% 烟碱·苦参碱 625 倍液，5% 阿维·杀铃脲 625 倍液，甲氨基阿维菌素苯甲酸盐（1% 甲维盐）1000 倍液，20% 阿维·灭幼脲 625 倍液林间喷洒防治幼虫。

（3）人工摘除茧蛹，蛹可使用，茧可作为化工原料。

（4）成虫羽化盛期，利用 360nm 的单波长杀虫灯，每晚 19：30—21：30 为中心时段林间开展诱杀，装水容器置于地面 1.2m 高度。

卵块

幼虫　　　　　　　　　　　　幼虫与天敌

结茧

茧与受害状

雌虫　　　　　　　　　　　　　　雄虫

受害状

参考文献

［1］萧刚柔. 中国森林昆虫［M］. 北京：中国林业出版社，1992：996-98.

［2］王建军，栾庆书，金若忠，等. 单波长太阳能灯诱杀核桃楸大蚕蛾［J］. 东北林业大学学报，2014，42（11）：134-137.

［3］孙琼华，罗昌文，邓锡枝，等. 银杏大蚕蛾的生物学和防治技术研究［J］. 林业科学研究，1991，4（3）：273-279.

［4］许水威，叶淑琴，王立明. 用期距法预测银杏大蚕蛾发生期［J］. 辽宁林业科技，2003（2）：10-12.

［5］杨宝山，张希科，曹兰娟，等. 银杏大蚕蛾生物学特性及防治技术［J］. 农药，2008，47（2）：153-154.

24 文冠果病虫害

24.1 文冠果病害

24.1.1 文冠果黑斑病 *Pseudomonas* sp.

分布与危害

辽宁分布于朝阳；国内分布于江苏、山东、河北、河南、内蒙古、湖北、吉林、黑龙江等省。叶、叶柄、嫩枝、花梗和幼果均可受害，严重时叶片早落，影响生长。

寄主

文冠果、乌头、仙人掌、榆、赤莲、番樱桃、兰、悬钩子、蔷薇及甜菜等多种植物。

症状

病菌在病叶和土壤中越冬，翌年5月下旬开始发病。叶、叶柄、嫩枝、花梗和幼果均可受害，但主要为害叶片。症状有两种类型：一种是发病初期叶表面出现红褐色至紫褐色小点，逐渐扩大成圆形或不定形的暗黑色病斑，病斑周围常有黄色晕圈，边缘呈放射状，病斑直径约3~15mm，后期病斑上散生黑色小粒点，即病菌的分生孢子盘。严重时植株下部叶片枯黄，早期落叶，致个别枝条枯死。另一种是叶片上出现褐色到暗褐色近圆形或不规则形的轮纹斑，其上生长黑色霉状物，即病菌的分生孢子。

病原

由假单胞属 *Pseudomonas* 细菌及多腔菌属 *Asterina*、星盾炱属 *Asterinella*、小星盾炱属 *Asteroma*、星壳孢属 *Diplotheca*、小丛壳属 *Glomerella*、日规壳属 *Gnomonia*、裂盾菌属 *Microthyriella*、扁壳霉属 *Placosphaeria* 及疵霉属 *Stigmea* 许多种真菌所引致。

发病规律

病菌以菌丝体或分生孢子盘在枯枝或土壤中越冬。翌年5月中下旬开始侵染发病，7—9 月为发病盛期。分生孢子借风、雨或昆虫传播、扩大再侵染。雨水是病害流行的主要条件，降雨早而多的年份，发病早而重。地势低洼、树势衰弱、通风不良、光照不足、肥水不当或枝叶密集的文冠果林发病严重。

防治方法

（1）加强田间管理，防止因积水而湿度过大，雨季及时排除积水。同时，在修剪时要注意疏枝，改善树体通风透光条件。科学施肥，增施磷钾肥，提高植株抗病力。秋后清除枯枝、落叶，及时烧毁。

（2）在发病前或发病初期用甲基托布津、波尔多液或代森锰锌进行喷雾防治。新叶展开时，喷 4% 氟硅唑或 20% 硅唑·咪鲜胺 800~1000 倍液，或 75% 百菌清 500 倍液，或 80% 代森锌 500 倍液，7~10 天 1 次，连喷 3~4 次。

文冠果黑斑病为害状

参考文献

［1］孔雪华. 文冠果的病虫害防治［J］. 特种经济动植物，2015，（4）：52-54.

［2］楚景月. 文冠果主要病害及防治方法［J］. 辽宁林业科技，2015，（4）：66-67.

24.1.2　文冠果茎腐病 *Fusarium* sp.

分布与危害

辽宁分布于朝阳；国内分布于江苏、山东、河北、河南、内蒙古、湖北、吉林、黑龙江等。茎腐病是危害文冠果生枝的一种严重病害。木质部变褐坏死，随病部扩展，叶片、叶柄变黄，枯萎，严重时整株枯死。

寄主

文冠果、玉米、花生、苹果、树莓、向日葵、甘薯等多种植物。

症状

一般发生在新梢上，先从新梢向阳面距地面较近处出现一条暗灰色的似烫伤状的病斑，长 1.5~5.5cm，宽 0.6~1.2cm。主要为害茎基部或地下主侧根，病部开始为暗褐色，以后绕茎基部扩展一周，使皮层腐烂，地上部叶片变黄、萎蔫，后期整株枯死，病部表面常形成黑褐色大小不一的菌核。

病原

文冠果茎腐病系由镰刀菌 *Fusarium* sp. 和轮枝孢菌等几种真菌由伤口感染扩展所致。

发病规律

病菌在土壤中越冬，腐生性强，可以在土中生存 2~3 年，大水漫灌且遇到地温过高最易发病。茎腐病的病斑向四周迅速扩展，病部渐变褐色，病斑表面出现许多大小不等的小黑点，木质部变褐坏死，随病部扩展，叶片、叶柄变黄，枯萎，严重时整株枯死。

防治方法

（1）选用抗病自交系，培育抗病杂交种是首要防治措施；注意做好土壤消毒，在起苗、运输、假植、栽植过程中尽可能避免苗木损伤，酷热天做好遮阴，避免高温灼伤苗木。起苗后使用"多菌灵"或用 1%~3% 的"高锰酸钾"水溶液浸泡苗木，可减少病菌感染。合理轮作，深翻土地，清除病残和不施用未腐熟的有机肥，可以减少田间菌源，达到一定的防治效果。加强栽培管理，合理施肥，合理密植，降低土壤湿度等措施可以使植株健壮，减少茎腐病。秋季清扫园地，将病枝剪下集中烧毁，消除病原。

（2）5 月中旬至 7 月的发病初期分别在易发病的品种上喷施 38% 噁霜嘧铜菌酯 1000 倍液或 30% 甲霜·噁霉灵 800 倍液或福美双 500 倍液。药物要雾化喷洒从而解决农药残留的问题。

参考文献

［1］孔雪华. 文冠果的病虫害防治［J］. 特种经济动植物，2015（4）：52-54.

［2］楚景月. 文冠果主要病害及防治方法［J］. 辽宁林业科技，2015（4）：66-67.

24.1.3　文冠果根腐线虫病 *Pratylenchus* sp.

分布与危害

辽宁分布于朝阳、阜新；国内各地文冠果种植区都有为害。该病发生范围广，为害大，受害的叶片变黄，地上部分萎缩，逐渐枯黄而死，并长期不落。一般苗木和幼树均易患病，严重危害时导致大面积死苗。

寄主

文冠果、桃及小麦、玉米、大豆、油菜、花生、棉花、苎麻、马铃薯、番茄、草莓等 20 多种。

症状

文冠果根腐线虫病又名文冠果（病理性）黄化病，是由线虫寄生根颈部位引起。受害的叶片变黄，地上部分萎缩，逐渐枯黄而死，并长期不落。拔出病苗可见根颈以下 2cm 左右根稍呈水肿状，幼嫩的木质部由白色转变为褐色并具臭味。检视根部在根颈下 10~20cm 处，可见韧皮部和皮下组织由白色变为水渍状黄色，松散、腐烂并有臭味，也可危害维管束组织。根腐线虫侵染根部，在侵染点附近，形成小的枯斑，许多根腐线虫结集时，病斑联合形成一个较大复合病斑，长而窄，呈黑色。但病斑变色不能作为判断危害的唯一特征，因有的寄主酚含量少，受侵后变色反应很轻，可呈褐色或无色。寄主被破坏到一定程度时，根腐线虫从受病组织中游出，向新的寄主根靠拢。

病原

文冠果根腐线虫 *Pratylenchus* sp.，是存在于土壤中的小型线虫。

发病规律

根腐线虫病一般是由于在播种幼苗出土后，土壤及残根内的线虫侵染所致。在灌溉频繁的阴湿条件下发生严重，连作也会加重危害。

防治方法

（1）做好苗木的检疫。一旦发现危害，应铲除病株，焚烧处理，避免扩散蔓延。

（2）在播种育苗时，播种不宜过深，同时灌足底水，避免因多次灌溉借水传播。育苗地在秋、冬季节翻土晾茬，可减少病害发生。

（3）用鸡粪、棉籽饼等粪肥对线虫有较强的抑制作用，而碳酸氢铵、硫酸铵及未腐熟的树叶、草肥则有促进作用，应少用或充分腐熟后施用。应用内吸杀线虫剂克线磷颗粒剂，可随播种时施于种植沟中或穴中，也可在幼苗出土后，直施于株行间。发现根腐线虫时，宜选用克线磷、米乐尔颗粒剂或陶斯松乳油喷洒根际土壤，杀灭线虫，也可用阿维菌素颗粒剂均匀施用于外开的沟中，然后覆土踏实。

参考文献

[1] 孔雪华. 文冠果的病虫害防治 [J]. 特种经济动植物，2015（4）：52-54.

文冠果隆脉木虱引起煤污病

参考文献

[1] 李荣波，李永宪. 文冠果木虱越冬成虫空间分布型及其抽样技术初探 [J]. 辽宁林业科技，1988（3）：41-43+63.

[2] 孔雪华. 文冠果的病虫害防治 [J]. 特种经济动植物，2015（4）：52-54.

24.2.2　光肩星天牛 *Anoplophora glabripennis*（**Motsch.**）

分布与危害

属鞘翅目天牛科，是林木重要蛀干害虫。辽宁各地区随着不同寄主而分布；国内分布于河北、北京、天津、内蒙古、宁夏、陕西、甘肃、河南、山西、山东、江苏、安徽、江西、湖北、湖南、上海、浙江、福建、广东、广西、云南、贵州等；国外分布于朝鲜和日本。在"三北"防护林建设区及华北平原绿化区，广泛发生，严重为害杨树。受害的木质部被蛀空，树干风折或整株枯死。

寄主

杨、柳、元宝枫、榆、糖槭。

形态特征

成虫：体黑色，有光泽，雌虫体长 22～35mm，宽 8～12mm；雄虫体长 20～

29mm，宽 7~10mm。头部比前胸略小，自后头经头顶至唇基有 1 条纵沟，以头顶部分最为明显。触角鞭状，第 1 节端部膨大，第 2 节最小，第 3 节最长，以后各节逐渐短小。自第 3 节开始各节基部呈灰蓝色。雌虫触角约为体长的 1.3 倍，最后一节末端为灰白色。雄虫触角约为体长的 2.5 倍，最后一节末端为黑色。前胸两侧各有 1 个刺突，鞘翅上各有大小不等的由白色绒毛组成的斑纹 20 个左右。鞘翅基部光滑无小突起，身体腹面密布蓝灰色绒毛。腿节、胫节中部、跗节中部及跗节背面有蓝色绒毛。

卵：乳白色、长椭圆形，长 5.5~7mm，两端略弯曲。将孵化时，变为黄色。

幼虫：初孵幼虫为乳白色，取食后呈淡红色，头部呈褐色。老熟幼虫身体带黄色，体长约 50mm，头宽约 5mm，头部为褐色，头盖 1/2 缩入胸腔中，其前端为黑褐色。触角 3 节，淡褐色，较粗短，第 2 节长宽几乎相等。

蛹：全体乳白色至黄色，体长 30~37mm，宽约 11mm，附肢颜色较浅。触角前端卷曲呈环形，置于前、中足及翅上。前胸背板两侧各有侧刺突 1 个。背面中央有 1 条压痕，翅之尖端达腹部第 4 节前缘，第 8 节背板上有 1 个向上生的棘状突起；腹面呈尾足状，其下面及后面有若干黑褐色小刺。

生物学特性

1 年发生 1 代，以 1~3 龄幼虫在树干内越冬，翌年 3 月下旬开始活动取食，有粪屑排出。4 月底 5 月初在隧道上部作蛹室，6 月中下旬化蛹，蛹期 20 天左右。成虫羽化后在蛹室内停留 10 天左右，然后咬 10mm 左右的羽化孔飞出。成虫白天活动，取食寄主的嫩枝皮补充营养，对复叶槭植物趋性强。经 2~3 天后交尾，交尾多在 14—18 时。产卵前成虫咬一椭圆形刻槽，卵产于其中，每一刻槽产卵一粒，产卵后分泌黏性的胶状物把产卵孔堵住。每雌虫产卵 30 粒左右。刻槽从树干开始分布直至二三级分支的侧枝，但并不全部产卵，空槽无胶状物堵孔。成虫飞翔能力、趋光性均不强。雌虫寿命 40 天左右，雄虫寿命 20 天左右。成虫活动高峰期在 6 月下旬至 8 月上旬。卵期在夏季为 10 天左右，秋后产的卵少数可滞育至翌年才孵化。幼虫孵化后开始取食韧皮部，并将褐色粪便及蛀屑从产卵孔中排出。3 龄末到 4 龄幼虫开始蛀入木质部，从产卵孔中排出白色木丝状粪屑，初起隧道横向稍有弯曲，然后向上。在蛀入木质部后往往仍回至韧皮部与木质部之间取食，使树皮陷落，树体生长畸形。林内被害轻，林缘被害重。

防治方法

（1）5—6 月成虫活动盛期，上树或震摇树枝，捕杀成虫。

（2）将编织袋洗净后裁成宽 20~30cm 的长条，在星天牛产卵前，在易产卵的主干部位，编织袋裁成条缠绕 2~3 圈，每圈之间连接处不留缝隙，然后用麻绳捆扎，天牛将卵产在编织袋上，卵失水死亡。或用白涂剂涂刷在树干基部，防止成虫产卵。

（3）种植喜食树种复叶槭作为诱树，秋后伐除有虫木，消灭其中幼虫，减轻害虫对柳树的为害。在严重危害区彻底伐除没有保留价值的被害木或枯枝，运出林外及时处理，以减少虫源。

（4）在成虫产卵部位释放适量管氏肿腿蜂成虫或者花绒寄甲卵卡。

（5）6—7月间发现树干基部的刻槽有产卵裂口和流出泡沫状胶质时，可用击或刮除树皮下的卵粒和初孵幼虫。并涂以石硫合剂或波尔多液等消毒防腐。

（6）幼虫尚在根颈部皮层下蛀食，或蛀入木质部不深时，及时进行钩杀。

（7）树干基部地面上发现有成堆虫粪时，将蛀道内虫粪掏出，塞入或注入以下药剂毒杀：一是用布条或废纸等蘸80%敌敌畏乳油或40%乐果乳油5~10倍液，往蛀洞内塞紧；或用兽用注射器将药液注入。二是用56%磷化铝片剂（每片约3g），分成10~15小粒（每份约0.2~0.3 g），每一蛀洞内塞入一小粒，再用泥土封住洞口。三是用毒签插入蛀孔毒杀幼虫（毒签可用磷化锌、桃胶、草酸和竹签自制）。

（8）在成虫活动盛期，喷洒绿色威雷150~200倍液或触破（3%高效氯氰菊酯微胶囊水悬浮剂）600~800倍液触杀成虫，或用80%敌敌畏乳油或40%乐果乳油等，掺和适量水和黄泥，搅成稀糊状，涂刷在树干基部或距地在30~60cm以下的树干上，可毒杀在树干上爬行及咬破树皮产卵的成虫和初孵幼虫。

参考文献

［1］萧刚柔. 中国森林昆虫［M］. 北京：中国林业出版社，1992.

［2］李青，万鹰. 光肩星天牛生物学特性及防治研究初探［J］. 植物保护，2016（6）：85，87.

［3］王永军. 光肩星天牛综合防治技术［J］. 现代园艺，2015（10）：116-117.

［4］姚万军，杨忠岐. 利用管氏肿腿蜂防治光肩星天牛技术研究［J］. 环境昆虫学报，2008，30（2）：127-134.

［5］魏建荣，牛艳玲. 西安城区环境中释放花绒寄甲成虫对光肩星天牛的生物防治效果评价. 昆虫学报，2011，54（12）：1399-1405.

24.2.3　小地老虎 *Agrotis ypsilon*（**Rottemberg**）

分布与危害

又称土蚕、切根虫，主要以幼虫为害幼苗。辽宁以及国内广泛分布。幼虫将幼苗近地面的茎部咬断，使整株死亡，造成缺苗断垄。

寄主

该虫能为害百余种植物，是对农、林木幼苗为害很大的地下害虫。

形态特征

成虫：体长 16~23mm，翅展 42~54mm，深褐色，前翅暗褐色，具有显著的肾状斑、环形纹、棒状纹和 2 个黑色剑状纹。在肾状纹外侧有一明显的尖端向外的楔形黑斑。在亚缘线上侧有 2 个尖端向内的楔形黑斑，3 斑相对。后翅灰色无斑纹。雌虫触角丝状，雄虫双栉状（端半部为丝状）。

卵：半球形，直径约 0.61mm，表面有纵横交错的隆起线纹。初产时乳白色，孵化前为灰褐色。

幼虫：体长 41~50mm，体稍扁，暗褐色。体表粗糙，布满龟裂状的皱纹和黑色小颗粒，背面中央有 2 条淡褐色纵带。腹部 1~8 节背面有 4 个毛片，后方的 2 个较前方的 2 个要大 1 倍以上。腹部末节臀板有 2 条深褐色纵带。

蛹：体长 18~24mm，暗褐色。腹部第 4~第 7 节基部有圆形刻点，背面的大而色深。腹端具臀棘 1 对。

生物学特性

成虫从虫源地区交错向北迁飞为害。成虫于 4 月中下旬入土后在自造的小土室内产卵，产卵深度 15~20cm，每头雌虫产卵 9~13 粒，卵期从 5 月初至 5 月中旬末，平均 12 天，卵孵化率 80%~100%，平均 95.2%。卵从 5 月 15 日开始孵化，5 月 20 日左右进入孵化盛期。1 龄幼虫 5 月中旬出现，幼虫共 3 龄，幼虫期平均 78 天。3 龄幼虫潜入深土层筑土室，7 月中旬进入化蛹期，蛹期 7~10 天。蛹 8 月上旬羽化为成虫，发生晚的则以幼虫越冬。小地老虎对黑光灯有趋性，对糖酒醋液的趋性较强。卵多产在土表、植物幼嫩茎叶上和枯草根际处，散产或堆产。3 龄前的幼虫多在土表或植株上活动，昼夜取食叶片、心叶、嫩头、幼芽等部位，食量较小。3 龄后分散入土，白天潜伏土中，夜间活动为害，常将作物幼苗齐地面处咬断，造成缺苗断垄，有自残现象。

防治方法

（1）用稻草或麦秆扎成草把，插于田间引诱成虫产卵，每隔 5 天换 1 次，将草把集中烧毁以灭卵。

（2）秋冬季节及时进行翻耕晒田，清除田边杂草，可大量杀死土中的幼虫和蛹，有效地减少成虫产卵寄主和幼虫食料，还可减少部分卵和低龄幼虫。

（3）在幼虫 3 龄前施药防治，可取得较好效果。用 2.5% 敌百虫粉剂 2.0～2.5kg/亩喷粉。撒施毒土用 2.5% 敌百虫粉剂 1.5～2kg/亩加 10kg 细土制成毒土，顺垄撒在幼苗根际附近，或用 50% 辛硫磷乳油 0.5kg 加适量水喷拌细土 125～175kg 制成毒土，撒施毒土 20～25kg/亩。

（4）喷雾可用 90% 晶体敌百虫 800～1000 倍液、50% 辛硫磷乳油 800 倍液、50% 杀螟硫磷 1000～2000 倍液、20% 菊杀乳油 1000～1500 倍液、2.5% 溴氰菊酯（敌杀死）乳油 3000 倍液喷雾。多在 3 龄后开始取食时应用，每亩用 2.5% 敌百虫粉剂 0.5kg 或 90% 晶体敌百虫 1000 倍液均匀拌在切碎的鲜草上，或用 90% 晶体敌百虫加水 2.5～5kg，均匀拌在 50kg 炒香的麦麸或碾碎的棉籽饼（油渣）上，用 50% 辛硫磷乳油 50 g 拌在 5kg 棉籽饼上，制成的毒饵于傍晚在菜田内每隔一定距离撒成小堆。

（5）在虫龄较大、为害严重的菜田，可用 80% 敌敌畏乳油或 50% 辛硫磷乳油，或 50% 二嗪农乳油 1000～1500 倍液灌根。

小地老虎幼虫

小地老虎成虫

参考文献

[1] 向玉勇，杨茂发. 小地老虎在我国的发生危害及防治技术研究 [J]. 安徽农业科学，2008，36（33）：14636-14639.

[2] 楚景月. 文冠果主要病害及防治方法 [J]. 辽宁林业科技，2015（4）：66-67.

索引

拉丁学名—中文名称索引

虫害

病害

中文名称—拉丁学名索引

虫害

病害